生物信息学理论与实践研究

张　蕊　著

中国纺织出版社有限公司

图书在版编目（CIP）数据

生物信息学理论与实践研究 / 张蕊著. -- 北京：
中国纺织出版社有限公司, 2025.1. -- ISBN 978-7
-5229-2514-1

Ⅰ. Q811.4

中国国家版本馆 CIP 数据核字第 2025AJ2114 号

责任编辑：胡　敏　　责任校对：高　涵　　责任印制：王艳丽

中国纺织出版社有限公司出版发行
地址：北京市朝阳区百子湾东里 A407 号楼　邮政编码：100124
销售电话：010—67004422　传真：010—87155801
http://www.c-textilep.com
中国纺织出版社天猫旗舰店
官方微博 http://weibo.com/2119887771
三河市宏盛印务有限公司印刷　各地新华书店经销
2025 年 1 月第 1 版第 1 次印刷
开本：787×1092　1/16　印张：13.75
字数：230 千字　定价：88.00 元

前　言

继工业革命和信息革命之后，生物科学技术革命迅速席卷全球，其影响丝毫不亚于前两次革命。随着人类基因组计划的成功实施，生物学的序列数据正以前所未有的速度增长。学者们在大量序列数据中探寻生物学规律的同时，也在不断挖掘生物信息学中的奥秘。

随着生物科学的飞速发展，新思想、新理论以及各种技术方法和手段不断被发掘和应用。在此背景下，生物信息学的研究领域也在不断扩大。从基因组序列分析、各种组织学数据的分析和处理，到系统生物学层面的分子网络建模和分析，生物信息学需要在系统层面解决日益复杂的问题。

当前，人工智能在大数据分析领域获得了广泛的应用和巨大的成功，我国已将人工智能的发展提升到了国家战略的高度，这也为生物信息学的发展提供了重要的机遇。在此背景下，作者编写了本书，旨在全面介绍基因组学、转录组学、蛋白质组学等生物信息学的主要研究内容。

本书共七章。第一章主要介绍生物信息学基础理论，包括生物信息学发展历程、生物信息学五大研究内容、生物信息学的研究资源以及未来发展趋势。这一章旨在让读者对生物信息学有一个初步的认知与了解。第二章简要介绍 DNA 和蛋白质序列分析的基本内容，包括核酸序列检索、核酸序列的基本分析、基因结构分析，以及蛋白质序列基本分析、检索、跨膜区分析、蛋白质翻译后修饰、亚细胞定位、功能预测、生物数据综合分析工具等内容。同时，还介绍了序列相似性的概念，学习描述 DNA 和蛋白质序列相似性的记分矩阵等内容。第三章重点介绍蛋白质结构预测与分析，从蛋白质结构组织层次的确定和预测到蛋白质折叠等方面进行剖析，帮读者全方面了解蛋白质结构相关内容。第四章介绍了人类基因组计划的提出与完成，以及原核基因组与真核基因组的特点，同时探讨了表观基因组学的相关内容。第五章首先扼要介绍了转录组学数据的实验技术，然后着重介绍了 RNA-seq 数据的分析和处理方法。第六章主要针对蛋白质组学信息进行分析，内容包含蛋白质组与蛋白质组学基础理论、蛋白质组学分离技术和蛋白质鉴定与定量技术、质谱数据分析以及对蛋白质组学的未来展望。第七章主要介绍生物信息学在新药研发中的应用研究，内容包含新药研发基础理论、疾病相关的数据库资源分析、用于药物靶标发现的生物信息学方法以及潜在药物靶标的生物信息学验证分析等，充分阐述生物信息学在新药研发中的优势与重要作用。

在本书的编写过程中，引用了很多专家和学者的各种研究成果和观点，在此一并表示衷心感谢！由于时间和精力有限，本书难免存在不足之处，请广大读者批评指正。

张 蕊

2024 年 7 月

目 录

第一章 绪论

21 世纪是生命科学和信息科学的时代。生物信息学是生命科学和信息科学融合的产物，已成为全球关注的领域。从基因到分子，从细胞到组织，从器官到个体，生命的信息不断流转，周而复始，生生不息。本章主要介绍生物信息学基础理论，包括生物信息学发展历程、生物信息学五大研究内容、生物信息学的研究资源以及未来发展趋势。让读者对生物信息学有一个初步的认知与了解。

第一节 生物信息学的诞生与发展

一、生物信息学的诞生

生物信息学的基础是分子生物学。因此，要了解生物信息学，首先必须简单了解分子生物学的发展。早在 19 世纪，人们已经认识到蛋白质在生命活动中的核心作用。1883 年，Curtius 首先提出蛋白质线性一级结构的假设。1933 年，Tiselius 首次通过电泳技术将溶液中的蛋白质分离出来。在 20 世纪 50 年代前后，蛋白质的序列测定取得了突破性的进展。例如，1947 年短杆菌五肽结构的测定，以及 1951 年胰岛素 30 个氨基酸序列的重构。几乎同一时期，科学家认识到 DNA 是遗传物质。1949 年，研究人员发现了 DNA 链中 A＝T 和 G＝C 的碱基配对规律。1951 年，Pauling 和 Corey 提出蛋白质的 α-螺旋和 β-折叠结构模型。1953 年 Watson 和 Crick 根据 Franklin 和 Wilkins 得到的 X 射线衍射数据，提出了 DNA 的双螺旋结构模型，揭开了分子生物学研究的序幕。在其后的 20 年中，科学家们逐步认识了从 DNA 到蛋白质的编码过程，掌握了三联密码子的工作机制。随着研究的深入，非编码序列的重要性也逐渐被揭示。1961 年，Jacob 和 Monod 发现大肠杆菌的 lac 操纵子中存在调控元件，证实非编码序列并不是垃圾序列。1962 年，Khesin 等发现噬菌体中的基因转录表达具有定时调节机制。20 世纪 60 年代出现了通用的核酸测序技术，70 年代中期开始进行基因组规模的测序工作。正是由于分子生物学研究对于生命科学发展的巨大推动作用，生物信息学的出现也成为一种必然。早在 20 世纪 50 年代，生物信息学就已经开始孕育。1956 年，在美国田纳西州的加特林堡镇召开了首次"生物学中的信息理论研讨会"。20 世纪 60 年代，一些计算生物学家开始进行相关研究，虽然没有具体地提出生物信息学的概念，但是开展了许多生物信息搜集和分析方面的工作。在这一时期，生物大分子携带信息成为分子生物学的重要理论，生物分子信息在概念上将生物学和计算机科学联系起来。大量的生物分子序列成为丰富的信息源，相关或者同源蛋白质序列之间的相似性引起了人们的注意。1962 年，Zucherkandl 和 Pauling 研究了序列变化与进化之间的关系，开创了一个新的领域——分子进化。随后，通过序列比对确定序列的功能及序列分类关系，成为序列分析的主要工作。氨基酸序列的收集也是这个时期的一项重要工作。1967 年，Dayhoff 研制出蛋白质序列图集，该图集后来演变为著名的蛋白质信息源 PIR。综上所述，20 世纪 60 年代是生物信息学形成雏形的关键阶段。

然而，就生物信息学发展轨迹而言，它确实是一门相对年轻的学科。一般认为，生物信息学的真正兴起始于 20 世纪 70 年代。从 20 世纪 70 年代初期到 80 年代初期，出现了一系列著名的序列比对方法和生物信息分析方法。1970 年，Nedleman 和 Wunsch 提出了著名的全局优化算法。同年，Gibbs 和 McIntyre 提出了矩阵打点作图法。Dayhoff 提出的基于点突变模型的 PAM 矩阵，作为首个广泛使用的氨基酸相似性评分矩阵，显著提升了序列比较算法的准确性和效率。1972 年，Gatlin 将信息论引入序列分析，证实自然的生物分子序列是高度非随机的。1977 年，出现了将 DNA 序列翻译成蛋白质序列的算法。1975 年，继第一批 RNA（tRNA）序列公布之后，Pipas 和 McMahon 率先提出运用计算机技术预测 RNA 的二级结构。1978 年，Gingeras 等人研制出核酸序列中限制性酶切位点的识别软件。这一时期，随着生物化学技术的发展，产生了许多生物分子序列数据，而数学统计方法和计算机技术也得到较快的发展，于是促使一部分计算机科学家应用计算机技术解决生物学问题，特别是与生物分子序列相关的问题。他们开始研究生物分子序列，研究如何根据序列推测结构和功能。这时，生物信息学开始崭露头角。

二、生物信息学的蓬勃发展

随着 21 世纪的到来，生命科学的重点由 20 世纪的实验分析和数据积累转移到数据分析及其指导下的实验验证。分子生物学家使用还原论的方法，将生物系统逐级分解、还原，以理解遗传、进化、发育和疾病等基本过程。但是，这些研究聚焦于识别基因及认识它们的表达产物的功能，而生物系统的功能蕴藏在系统的整体结构和各种组分的相互作用中，即使知道了所有成分的结构和功能，也不足以解释复杂的生物系统。因此，生物学的研究开始由分解转向为整合。

生物体是由众多结构和功能各异的元件组成的复杂系统，这些元件通过选择性和非线性的相互作用，共同产生复杂的功能和行为。鉴于生物体的复杂性和其内部大量过程的非线性动力学特征，需要建立多层次的组学技术平台，以研究和鉴别生物体内所有分子的种类、功能及其相互作用关系。1994年，澳大利亚麦考瑞大学的 Wilkins 和 Williams 首先提出了"蛋白质组"（proteome）的概念。蛋白质组学的发展使人们对生物系统中所有蛋白质的组成和相互作用关系有了更深入的了解。之后，一系列组学（omics）领域相继兴起，如转录组学、蛋白质组学、代谢组学和相互作用组学等，多组学的高通量方法为研究生物系统提供了大量的数据。与此同时，数据处理、模型构建和理论分析等算法的发展，则为生物系统模拟提供了强有力的计算工具。在基因组学、蛋白质组学等新型学科发展的基础上，系统生物学应运而生。系统生物学的主要任务是尽可能地获得每个层次的信息并将它们进行整合，模拟复杂的生物系统行为，解释生物系统背后的运行机制。系统生物学的发展，使生命科学的研究模式发生了深刻变化。它改变了传统生物学研究以小型实验室为基础和"单干"的研究模式，也促进了更大范围和更高层次上的学科交叉和国际合作，如人类基因组计划、人类单倍型图谱计划、人类表观基因组计划等项目的实施。

生命科学正在经历一个从分析还原思维到系统整合思维的转变。人们所寻求的强有力的数据处理分析工具成为生命科学研究的关键。同时，以数据处理分析为本质的计算机科学技术和网络技术获得了迅猛的发展，计算机技术和网络技术日益渗透到生命科学的方方面面，崭新的、拥有巨大发展潜力的生物信息学正在坚定而如火如荼地发展和成熟起来。可以说，历史必然性地选择了生物信息学——生命科学与计算机科学的融合成为下一代生命科学研究的重要工具。

第二节　生物信息学的研究内容

一、基因组学分析

(一) 基因组注释

基因组注释 (genome annotation) 是指利用生物信息学方法和工具,对基因组所有基因的生物学功能进行高通量注释,其研究内容包括基因识别和基因功能注释两个方面。

基因识别的核心是确定全基因组序列中所有基因的确切位置,也可以认为是基因组的结构注释。基因识别的一个常用方法是同源比较,通过两两比对或多序列比对,了解基因家族特性,并预测新基因的功能。例如,对于一个家族中所有相关蛋白的多重序列比对,有助于理解这些蛋白之间的系统发育关系,揭示蛋白进化过程。进一步地,通过研究多序列比对中高度保守的区域,可以对蛋白质的结构进行预测,并推断这些保守区域对于维持三维结构的重要性。

为了实现自动化的序列比对,研究人员开发了一系列序列比对算法和软件,如双序列比对的 BLAST 和多序列比对的 Clustal。不同的算法得到的比对结果往往不尽相同。当需要比对的序列较多时,计算复杂度会大大增加。因此,如何针对特定的问题设计合适的比对算法,并且在计算速度和最佳比对效果之间达到一种平衡,仍是生物信息学要解决的研究课题。

(二) 进化生物学

进化生物学研究物种的起源和演化,基因组测序获得的海量数据为从分子水平研究进化论提供了数据基础,从而大大地推进了进化生物学的发展。利用生物信息学方法研究进化生物学的优势在于:通过度量 DNA 序列的改变,可以研究众多生物体、生物物种之间的进化关系;通过整个基因组的比对,能够研究更为复杂的进化论课题,如基因复制、基因横向迁移等;能够为种群进化建立复杂的计算模型,以便预测种群随时间的演化;同时,保存了大量物种的遗传信息。

（三）基因组变异

遗传信息变异是所有基因组的共同特征。不同个体、群体在疾病易感性、对环境致病因子的反应性和其他性状上的差别，都与基因组序列中的变异有关。在最低的层次上，单个核苷酸位点发生点变异，就形成了通常所说的单核苷酸多态性。发现单核苷酸多态性位点并构建其相关数据库，是基因组研究走向应用的重要步骤。在较高的层次上，大的染色体片段经历了复制、横向迁移、逆转、调换、删除和插入等过程。在最高的层次上，整个基因组会经历杂交、倍交、内共生等变异，并迅速产生新的物种。

研究人类基因组变异是理解群体和个体间疾病易感性和其他生物学性状差异的遗传学基础，有助于了解基因变异与性状的关系，发现基因与疾病易感性之间的关联，从而预测发病风险，发展基于群体和个体遗传学特点的医学。而基因组变异的发现、基因组差异性的比较，以及单个核苷酸多态性位点与疾病易感性的关联分析，都需要生物信息学方法的支持。

二、转录组数据分析

（一）基因表达数据的分析与处理

转录组学研究细胞在特定功能状态下所有基因的表达情况，是了解生命活动动态的重要手段。通过对大规模基因表达数据的分析和处理，可以了解基因表达的时空规律，探索基因的功能和表达调控网络，提供疾病发病机制的信息。目前，已有多种生物学技术可以用于测量基因的表达，如 DNA 微阵列、基因表达序列分析、大规模平行信号测序等。不同于以往的少数几个生物分子信息的数据处理，现在通过转录组学技术通常可产出成千上万个基因的表达数据，数据处理量大幅度增加，同时也使数据之间的关系更加复杂。因此，对于高维数、高噪声、强耦合的基因表达数据的分析和处理方法，已成为生物信息学发展的一个重要方向。

目前，用于基因表达数据处理的方法主要有相关分析、降维方法、聚类分析和判别分析等。通过主成分分析等降维方法，可以在多维数据集合中确定关键变量的特点，分析在不同条件下基因响应的规律和特征。聚类分析则将表达模式相似的基因聚为一类，在此基础上寻找相关基因，分析基因的功能。虽然聚类方法是基因表达数据分析的基础，但是此类方法只能找出基因之间简单的线性关系，要发现基因之间复杂的非线性关系则需要发展新的分析方法。

（二）基因表达调控分析

基因表达调控是指当细胞受到外部信号刺激之后，其内部发生的一系列反应过程。生物信息技术可以用于分析基因表达调控的各个步骤。对于一个生物体，人们可以用生物芯片技术观察细胞在不同外界刺激、不同细胞周期或不同状态下的响应情况，并利用聚类算法分析这些基因表达数据，以寻找表达相似的基因或样本，了解基因的转录调控模式。更进一步地，生物信息技术还助力科学家们探索基因的转录调控网络，发现基因在环境变化或药物作用下表达模式的变化，阐明各基因之间的调节机制。

在基因调控网络分析领域，研究人员已经开展了大量有意义的工作，构建了一系列基因调控网络的数学模型，如布尔网络模型、线性关系网络模型、微分方程模型、基于互信息的网络模型等。在此基础上，他们还研究了部分基因调控网络的动力学特性。但是由于问题的复杂性，目前还只能构建小规模的基因调控网络，对于预测网络的可靠性也缺乏有效的评估。如何整合更多的生物学证据，构建大规模、精确的基因调控网络是生物信息学研究的一个重要课题。

三、蛋白质组学分析

（一）蛋白质组学表达分析

基因组对生命体的整体控制必须通过它所表达的全部蛋白质来执行。由于基因芯片技术只能反映从基因组到 RNA 的转录水平的表达情况，而从RNA 到蛋白质还要经历许多中间环节，因此仅凭基因芯片技术还不能揭示生物功能的具体执行者——蛋白质的整体表达状况。为了测量基因组所有蛋白质产物的表达水平，研究人员发展出一系列蛋白质组学技术，主要包括二维凝胶电泳技术和质谱技术。通过二维凝胶电泳技术可以获得某一时间截面上蛋白质组的表达情况，通过质谱技术则可以得到所有蛋白质的序列组成。质谱技术往往能够产出海量的蛋白质表达数据，而对这些数据的分析和利用则要借助于生物信息学方法，如通过搜索数据库的方法鉴定蛋白质组分，对每种蛋白质的多少进行定量研究，通过质量控制的方法提高数据的可靠性。这就涉及大量的统计分析和数据处理工作，并且导致更多新的问题涌现，例如，如何有效地存储海量的质谱数据？如何快速进行蛋白质鉴定和定量分析？如何提高质谱数据的质量和覆盖度？解答这些问题都有待生物信息学方法的进一步发展。

（二）蛋白质功能与结构预测

随着基因组和蛋白质组学研究的深入，众多新蛋白质的氨基酸序列得以揭示，但是要想了解它们的功能，只有一级结构——氨基酸序列还远远不够。蛋白质通过其三维结构来执行功能。蛋白质的三维结构通常是动态的，在行使功能的过程中其结构会发生相应的改变。因此，获得这些新蛋白质的完整、精确和动态的三维结构，就成为摆在人们面前的紧迫任务。目前，除了通过X射线衍射晶体结构分析、多维核磁共振波谱分析和扫描电子显微镜二维晶体及三维重构等实验技术得到蛋白质三维结构，通过生物信息学方法预测蛋白质结构是一种非常重要的研究手段。

用于蛋白质高级结构预测的方法大多为启发式方法，其中最常用的是同源建模技术。同源性是生物信息学中的一个重要概念。在基因组的研究中，同源性被用于分析基因的功能：若两个基因同源，则它们的功能可能相近；在蛋白质结构的研究中，同源性被用于寻找在形成蛋白质结构和蛋白质反应中起关键作用的蛋白质片段。利用同源建模的技术，可以从蛋白质的已知结构预测与其同源的蛋白质的三维结构。目前，蛋白质结构预测方法的总体准确率不高，而且计算比较复杂，其改进一方面依赖于蛋白质结构稳定性相关理论研究的深入，另一方面也有待计算方法的进一步发展和优化。

四、生物网络分析

近年来，各种生物网络理论的研究及通过构建生物网络进行基因功能挖掘的研究，正逐渐成为生物信息学领域的研究热点。要了解细胞的整体状态，就必须依据人们的现有知识去重新构建复杂的生物学网络并进行相关分析，在基因组水平上阐释基因的活动规律。这从根本上改变了传统生物学的思维方式，形成一种新的全局方法。

（一）蛋白质-蛋白质相互作用的研究

蛋白质之间的相互作用存在于生物体每个细胞的生命活动过程中，它们相互交叉形成网络，构成细胞中的一系列重要生理活动的基础。研究蛋白质之间相互作用的方式和程度，将有助于蛋白质功能的分析、疾病致病机制的阐明和治疗。因此，确定蛋白质之间相互作用关系并绘制相互作用图谱已成为蛋白质组学研究的热点。近年来，随着蛋白质组学研究技术的不断发展，蛋白质之间相互作用研究的新方法不断出现，除了常用的免疫共沉淀、酵母双杂交、噬菌体展示、荧光共振能量转移等技术，一些全新的方法及对原有技术的改进方法也不断涌现。随着技术的进步，研究人员已经发现了很多大规模的蛋白质相互作用数据集，但它们还存在假阳性较高、覆盖度不够等问题，仍有大量的蛋白质相互作用没有被揭示。而生物信息学方法综合蛋白质之间的同源性、蛋白质的序列特征、结构特征及基因表达关联等多种生物学证据，既可以对蛋白质相互作用进行可靠性验证，也可以对未知的蛋白质相互作用进行挖掘。

（二）生物网络的构建与分析

生物网络的构建主要包括两个方面：一方面是构建代谢和调控网络，如KEGG 数据库已经整理了跨物种的代谢网络图，并在积极完善各种调控网络图；另一方面是构建基因表达调控网络。基因表达存在组织特异性、细胞周期特异性和外界信号的影响特异性，这些特异性都是由细胞内复杂而有序的调控机制来实现的。基因表达数据的研究为构建复杂的表达调控网络提供了基础。蛋白质-蛋白质相互作用、蛋白质-DNA 相互作用等数据，则可用于构建大规模的分子相互作用网络。进一步来说，有必要整合各种网络信息与已有的生物学知识，从整体网络结构来研究基因及其产物的相互作用，提取基因的功能信息，这种研究思路更符合细胞的生命本质。

对于已构建的生物网络，则可借助图论等网络分析方法对其网络属性进行研究。目前，已发现生物网络具有无尺度性、小世界属性、高聚集性和鲁棒性等，它们有利于保持生物学重要功能的稳定。同时，研究人员已着手研究条件相关的动态生物网络，以便更深入地揭示生物网络内部的运行规律。

五、系统生物学分析

传统生物学独立地检测单个基因或者蛋白质。与之不同的是，系统生物学同时研究多个水平上的生物信息（DNA、mRNA、蛋白质、蛋白质复合体、生物通路及更复杂的生物网络）之间复杂的相互作用与动态变化，从而理解它们如何共同发挥作用。

系统生物学研究的两种典型策略，分别是自顶向下和自底向上。由分子生物学实验和生物信息学获得的分子属性是构建各种网络模型的基础。系统生物学中常用的三种模型：计量模型、调控模型和动力学模型。自底向上的系统生物学（bottom-up systems biology）从分子属性出发来构建模型以预测系统属性，并进行实验验证和模型修正。相反，自顶向下的系统生物学（top-down systems biology）是系统数据驱动的。从实验数据去发现和提炼现有的模型，使之能够更好地描述实验数据。通过这种方式，可以识别未知的分子相互作用和机制。经典的自底向上的系统生物学多采用动力学模型，而自顶向下的系统生物学多采用调控模型来分析数据。这些模型中的网络节点代表酶、调控因子或代谢物，实线代表化学反应，虚线代表调控关系。

（一）生物系统的建模与仿真

系统生物学研究的一个主要任务是生物系统的建模与仿真。其目标是：在已知的生物学知识和定量数据的基础上，利用各种建模工具建立生物系统的描述模型，以尽可能精确地模拟系统的行为。进一步来说，基于分子网络的定量描述模型，可以进行细胞过程的模拟，动态观测细胞中各种分子随时间和空间的改变，研究生物系统的运行机制，并预测其在各种刺激下可能的响应情况。例如，虚拟细胞是指通过数学计算和分析，对细胞的结构和功能进行分析、整合和应用，模拟和再现细胞的生命现象。通过该项研究，有望从单个细胞开始，建立一个能够模拟人体系统运行过程中所有生化反应的虚拟人体。

（二）多组学数据的整合

由于实验技术的全面发展，获取高通量的组学数据变得更加容易和成本低廉，它们提供了细胞中几乎所有成员和相互作用的综合描述。这些组学数据之间既相互关联又各有侧重，如何综合分析多组学数据，根据组学数据之间的相似性和互补性挖掘生物过程的新观点，成为系统生物学领域的重要课题。组学数据整合就是要对来自不同组学的数据源进行归一化处理、比较分析，建立不同组学数据之间的关系，综合多组学数据对生物过程进行全面深入的阐释。组学数据整合的任务可以归纳为如下三个层次：

（1）对两个组学数据之间进行比较分析，挖掘数据之间的相关性和差异性。

（2）给定三个或多个组学数据，挖掘它们之间的内在关系。

（3）针对现有的所有组学数据，发展通用的数据整合方法和软件，进行大规模的、系统的数据整合。

第三节　生物信息学的研究资源分析

一、研究机构

(一) 国际著名的生物信息中心

国际上比较著名的生物信息学研究机构有很多，其中最著名的是美国国家生物技术信息中心（National Center for Biotechnology Information，NCBI），由美国国立医学图书馆于 1988 年 11 月 4 日建立。NCBI 下属的不仅有分子生物学数据库，还有相关的检索系统和工具。

NCBI 的下属数据库包括：GenBank 数据库（Nucleotide）、三维蛋白质结构的分子模型数据库（MMDB）、在线人类孟德尔遗传数据库（OMIM）、物种分类数据库（Toxonomy）和文献数据库（Pubmed）。NCBI 的检索系统有两个体系，一个是 Entrez 数据库检索系统，可以查询核酸序列、蛋白质序列、蛋白质三维结构、种系序列数据及文献数据等，另一个是 BLAST（Basic Local Alignment Search Tool）相似性检索系统，提供序列比对等工具。

(二) 国内部分生物信息学和生物医学信息服务器

国内对生物信息学的重视程度日益提升。在多位院士和教授的带领下，许多研究团队在各自领域取得了一定成绩，并在国际上占有一席之地。国内不乏著名的生物信息学研究团队，如北京大学的罗静初和顾孝诚教授在生物信息学网站建设方面贡献突出，中科院生物物理所的陈润生院士在表达序列标签拼接方面及基因组演化方面成果丰硕，天津大学的张春霆院士在 DNA 序列的几何学分析领域有深入研究，此外，中科院理论物理所郝柏林院士、清华大学的李衍达院士和孙之荣教授、内蒙古大学的罗辽复教授、上海的丁达夫教授等，也都在生物信息学领域内做出了卓有成效的工作。北京大学于1997 年 3 月成立了生物信息学中心，中科院上海生命科学研究院也于 2000年 3 月成立了生物信息学中心，这两个中心分别维护着国内两个专业水平相对较高的生物信息学网站。

还有一些专门的生物类网站和论坛，汇聚了生物信息学各方面的资源和软件，如生物谷、丁香通、生物秀等。

二、数据库

数据库是生物信息学研究的重要基础，各种数据库几乎覆盖了生物科学的各个领域。随着人类基因组计划的完成和多种组学研究的开展，海量的生物信息数据被积累，并以多样化的组织形式构建了众多数据库。国际上已建立许多公共生物分子数据库，其中大部分数据库是开放且免费的，研究人员可通过互联网访问。随着研究的深入，公共数据库越来越成为全球生物学家的宝贵资源。1994 年起，国际知名期刊 *Nucleic Acid Research*（核酸研究）便有了传统，将每年的第一期刊物作为分子生物学数据库专刊，专门综述当前最新的在线分子生物学数据库资源。

按照构建方式，数据库可分为一级数据库和二级数据库。一级数据库要求数据库中至少有一项信息来自直接的实验数据，通常收录生物大分子序列和结构，提供相关注释信息，内容比较全面、稳定，有持续更新。国际上著名的一级核酸数据库有 Genbank 数据库、EMBL 核酸库和 DDBJ 库等；蛋白质序列数据库有 SWISS-PROT 和 PIR 等；蛋白质结构库有 PDB 等。而二级数据库是在一级数据库、实验数据和理论分析的基础上针对特定目标衍生而来的，是对生物学知识和信息的进一步整理。根据不同的构建方法，二级数据库包括：文献挖掘数据库，如 PubMeth 和癌症甲基化数据库等；对多个数据库进行整合得到的数据库，如 International protein index；由预测、建模工具整理得到的实验数据集，如 PSORTb。

目前，已建立的二级生物学数据库非常多，它们各自针对不同的研究内容和需求，展现出了多样化的特色，如人类基因组图谱库 GDB、转录因子和结合位点库 TRANSFAC、蛋白质结构家族分类库 SCOP 等。

按照包含的内容，数据库可以分为核酸数据库、RNA 数据库、蛋白质数据库和生物通路数据库等。其中，蛋白质数据库还可以细分为蛋白质序列数据库、蛋白质组学数据库、蛋白质序列模体数据库和蛋白质结构数据库等多个子类别。这些数据库由专门的机构建立和维护，负责收集、组织、管理和发布生物分子数据，并提供数据检索和分析工具，向生物学研究人员提供大量有用的信息，最大限度地满足研究和应用的需要。

（一）核酸数据库

基因组数据量非常庞大，有组织地收集和管理这些数据是开展各项研究工作的前提。为了便于研究人员共享这些数据，及时得到最新的实验数据结果，也为了保证基因组数据的一致性和完整性，世界各国政府相继建立了专门的机构来搜索和管理这些数据，还有一些企业提供商业的生物信息服务。其中最权威的三大国际核酸数据库为 GenBank、EMBL 和 DDBJ。1979 年，美国洛斯阿拉莫斯国家实验室率先开通了基因库 GenBank，该数据库不仅包含了已知核酸序列和蛋白质序列，还关联了相关文献著作和生物学注释。现在 GenBank 改由美国国家生物技术信息中心（NCBI）管理维护。1982 年，欧洲分子生物学实验室建立了 EMBL 数据库，并随后建立了欧洲生物网（EMB-Net），自 1994 年起该数据库改由欧洲生物信息学研究所（EBI）管理。而在 1984 年，日本也开始着手建立国家级的核酸数据库 DDBJ，并于 1987 年正式对外提供服务。目前，绝大部分核酸和蛋白质数据是在美国、欧洲和日本产生的。为了保证数据的完整性和共享，以上三方共同组成了 DDBJ/EMBL/GeneBank 国际核酸序列数据库。根据数据交换协议，三大数据库包含的数据内容基本一致，仅在数据格式上略有区别。

此外，还有一些专门的模式生物基因组数据库。如线虫基因组数据库 AceDB、酿酒酵母基因组数据库 SGD 等。这些数据库除了收录基因组数据资源，还收录分子生物学及遗传学等多个领域的大量信息，为相关研究人员提供了共享和交流信息的平台。

（二）蛋白质数据库

与蛋白质相关的数据库集中了蛋白质的各种格式化的知识，除了文献描述，数据库成为主要的知识表示、存储和交换来源。这里以蛋白质的不同属性为分类标准，介绍蛋白质相关的数据库资源。

1. 蛋白质序列数据库

（1）SWISS-PROT/TFEMBL：SWISS-PROT 由瑞士生物信息学研究所（SIB）和欧洲生物信息学研究所（EBI）共同维护。与同类数据库相比，SWISS-PROT 是高度注释的（包括蛋白质功能描述、结构域信息、转录后修饰、变异等），冗余程度最低，与其他数据库的整合程度最高。TrEMBL 是 SWISS-PROT 的补充，包含所有的 EMBL 核苷酸的翻译产物，采用与 SWISS-PROT 库完全一致的格式。但由于 TrEMBL 是经计算机翻译所得的，序列错误率较高且存在较大的冗余度，因此未整合进 SWISS-PROT。

（2）PIR：蛋白质信息库（Protein Information Resource）是一个应用较为

广泛的、经注释的、非冗余蛋白质序列数据库。

（3）NCBInr：是一个非冗余的蛋白质数据库，它由 NCBI 搜集并建立，以供搜索工具 BLAST 和 Entrez 所用。

（4）OWL：OWL（Composite Protein Sequence Database，混合蛋白质数据库）是一个非冗余蛋白质序列数据库，由四个公用的一级资源组成：SWISS-PROT、PIR、Genbank 和 NRL-3D。

2. 蛋白质组数据库

（1）AAindex（氨基酸索引数据库）

（2）Predictome

（3）Proteome Analysis Database

（4）REBASE

（5）SWISS-2DPAGE

3. 蛋白质序列模体数据库

（1）Blocks

（2）CDD

（3）InterPro

（4）Pfam

（5）PROSITE

4. 蛋白质二级结构数据库

（1）DSSP：蛋白质二级结构数据库 DSSP（Databaseof Secondary Structure of Protein）是一个专注于蛋白质二级结构归属的数据库。

（2）PredictProtein：PredictProtein 是蛋白质结构预测服务器，它可根据用户要求的方法对所提交的蛋白质序列给出蛋白质多重序列比对结果，预测二级结构、残基可溶性、跨膜螺旋位置、折叠拓扑类型等。

（3）SCOP：蛋白质结构分类数据库 SCOP 详细描述了已知的蛋白质结构之间的关系。该数据库基于若干层次对结构进行分类，包括家族（描述相近进化关系的蛋白质，要求归属的蛋白质序列相似度大于 30%）、超家族（描述远源的进化关系，即具有相似的结构和功能但序列相似性较低的蛋白质类别）和折叠类（包括全 α、全 β、α/β、α+β 和多结构域等，用于描述二级结构单元的排列及拓扑结构）。

5. 蛋白质三维结构和相关数据库

（1）PDB 数据库：PDB 由美国布鲁克海文（Brookhaven）国家实验室建

立，是国际上极为重要的生物大分子结构数据库。该数据库收录了通过 X 射线衍射晶体结构分析、磁共振等实验手段测定的生物大分子的三维结构数据，主要是蛋白质的三维结构，也包括部分核酸、糖类、蛋白质与核酸复合体三维结构。

PDB 中的每条记录包含显式序列（explicit sequence）和隐式序列（implicit sequence）信息。隐式序列即为立体化学数据，包括每个原子的名称和原子的三维坐标。由于 PDB 的主要信息是三维结构，如果直接将三维结构信息以文本形式返回给用户，那么用户将难以读懂这些信息。实用的方法是通过分子模型软件，以图形方式显示三维结构。互联网上有许多可以利用的分子模型软件，如 RasMol、Chimera 和 MoIPOV 等，这些软件能够以各种模型显示出生物大分子的三维结构，如结构骨架模型、棒状模型、球棒模型、空间填充模型和带状模型等。此外，PDB 还提供了蛋白质某些特定部位的二级结构类型的信息，如 α-螺旋和 β-折叠等。

（2）CPHmodels：CPHmodels 是采用同源建模来预测蛋白质三级结构的一个网络服务器，基于预测距离的线程（threading）算法。

（3）MMDB 数据库。MMDB 数据库收录了部分经实验测定的蛋白质三维结构。

（三）基因表达数据库

目前，收集和存储基因表达数据的最具影响的数据库是微阵列数据仓库（GEO）、微阵列公共知识库（ArrayExpress）和斯坦福微阵列数据库（SMD）。

1. 微阵列数据仓库（GEO）

GEO 是由 NCBI 于 2000 年开发的基因表达和杂交芯片数据仓库，提供了来自不同物种的基因表达数据的在线资源。在 GEO 中，"平台"是关于物理反应物的信息，"样本"是关于待检测的样本信息和使用单个平台产生的数据，"系列"是关于样本集的信息，反映样本间的相关性和组织。

2. 微阵列公共知识库（ArrayExpress）

ArrayExpress 是基于基因表达数据的芯片公共知识库，包含多个基因表达数据集和与实验相关的原始图像。ArrayExpress 提供了一个直观的基于网页的数据查询界面，并直接与 Expression Profiler 等数据分析工具相连，支持数据聚类和其他类型的网页数据挖掘。另外，ArrayExpress 中的数据可与所有由 EBI 维护的在线数据库相链接，从而方便用户进行交叉查询和注释分析。

3. 斯坦福微阵列数据库（SMD）

SMD 是一个使用 Oracle 作为管理软件的关系数据库。该数据库存储基因芯片实验的原始数据、归一化数据和对应的图像文件，还提供数据获取、分析和可视化的界面，支持多种数据分析方法，如层次聚类、自组织映射和缺失值插补等。

除了以上三个综合性的基因表达数据库，还有如下一些专门的基因表达数据库：

（1）YMD（Yale Microarray Database）

（2）ArrayDB

（3）BodyMap

（4）ExpressDB

（5）HuGE Index（Human Gene Expression Index）

这些数据库收集的数据往往具有物种特异性，使用比较方便。

（四）生物信号通路数据库

Google 索引的在线资源中心 Pathguide 为众多生物学途径和相互作用数据库提供了概览，并收录了大部分生物学通路的索引。该网站涵盖了蛋白质-蛋白质相互作用、代谢途径、信号转导通路、表达调控途径、转录因子/基因调控网络、蛋白复合体相互作用、基因相互作用网络等多种类型的数据库，用户可查看这些数据库的基本表示格式和是否免费开放等信息，以便根据自己的需求选择合适的数据库进行数据搜索。下面对其中常用的一些生物通路数据库进行详细介绍。

1. 蛋白质相互作用数据库

随着高通量的蛋白质相互作用检测技术的发展，科学家们已经揭示了包括酵母、线虫、果蝇和人类在内多种模式生物的大规模相互作用网络。例如，2005 年，在 *Nature* 和 *Cell* 期刊上分别发表了关于人类大规模蛋白质相互作用数据集的研究，这些研究分别揭示了 2800 对和 3186 对相互作用。通过分析和比较，可以发现这两个数据集的一些特点。两个数据集都由酵母双杂交方法获得，再经过独立实验验证，以保证其可靠性。但是两组数据集交叉很少，原因可能是这两个数据集中存在大量的假阴性，也可能是相互作用的数据规模远比这两个数据集的规模大得多。

同时，生物信息学预测方法也为蛋白质相互作用数据的积累做出了巨大贡献，其预测的数据规模大概是实验方法产出的两倍。为了更有效地管理和利用这些流量数据，科学家们开发了多个数据库来收集、整理并提供蛋白质相互作用信息的查询服务，以下简单介绍其中三种。

DIP 数据库收集了经实验验证的蛋白质相互作用数据。数据库包括三个部分：蛋白质信息、相互作用信息和检测相互作用的实验技术信息。用户可以根据蛋白质名称、生物物种、蛋白质超家族、关键词、实验技术或引用文献来查询 DIP 数据库。

BIND 全称为 Biomolecular Interaction Network Database，即生物分子相互作用网络数据库，主要提供蛋白相互作用信息，现已整合到 BOND 数据库中。

Pathway Commons 数据库是一个蛋白质相互作用的整合数据库，目前已整合的数据源包括 BioGRID、Cancer Cell Map、HPRD、HumanCyc、IMID、IntAct、MINT 和 NCI/Nature Pathway Interaction Database。

2. 代谢途径数据库

通用型代谢途径数据库以统一的数据格式记录已知的代谢相关信息，适合作为非物种特异相关研究的代谢数据来源。目前，常用的通用型综合数据库包括：由日本京都大学生物信息学中心开发和维护的京都基因和基因组百科全书 KEGG，由斯坦福国际生物信息研究小组开发和维护的通路/基因组数据库 BioCyc 及代谢通路百科全书 MetaCyc，由韩国科学与技术高级研究所开发的整合了 KEGG 和 BioCyc 的数据库系统 BioSilico 等。

这里特别介绍一下京都基因和基因组百科全书（Kyoto Encyclopedia of Genes and Genomes，KEGG）。它是系统分析基因功能、联系基因组信息和功能信息的知识库，由基因（GENES）、通路（PATHWAY）和配体（LIGAND）3 个子库组成。基因组信息存储在 GENES 数据库里，包括完整和部分测序的基因组序列；更高级的功能信息存储在 PATHWAY 数据库里，包括图解的细胞生化过程（如代谢、膜转运、信号转导和细胞周期），还包括同系保守的子通路等信息；LIGAND 库包含关于化学物质、酶分子和酶反应等信息。KEGG 提供了 Java 的图形工具来访问基因组图谱，可以比较基因组图谱和操作表达图谱，还免费提供了其他序列比较、图形比较和通路计算的工具。

3. 信号转导通路数据库

信号转导通路数据库的资源非常丰富，常用的数据库包括 Biocarta、KEGG 和 Reactome 等。其中，Biocarta 是目前覆盖范围最广的信号转导通路数据库，包含了大量的通路细节知识，方便进行单个分子的查询，但是单个通路规模较小，不提供批量下载。KEGG 和 Reactome 作为经典的信号转导通路数据库，建立时间较早，图示清楚，下载方便，但与 Biocarta 相比包含的通路数据不够全面。STKE 数据库由通路专家收集整理，包括通用的细胞信号数据和部分组织细胞中特殊的信号过程，其内容较为详细，但是包含的通路数目较少。AfCS（The Alliance for Cellular Signalling）数据库以信号分子为基础，提供其参与的相互作用及信号通路图，包含细胞信号转导联军项目最新的研究成果。PID（Pathway Interaction Database）专门收集人的信号转导通路，包含大量由文献挖掘得到的信号转导通路，并从 Biocarta 和 Reactome 中导入大部分信号转导通路，适于人的信号转导通路分析。此外，AMAZE 数据库提供了一个面向对象的平台，整合来自代谢、细胞信号和基因调控通路的生物条目和相互作用信息。

尽管上述数据库包含大量有关生物通路的有用知识，但它们都是以静态的连接图形式来描述通路的，难以实现信号转导通路的定量分析。因此，部分研究人员收集了小规模的定量实验结果，构建了一些定量信号转导通路数据库，如 DOQCS 和 SigPath 等。DOQCS 数据库专门收集具有定量信息的信号转导通路，包括反应方程、底物浓度和速率常数等，并对这些模型提供了注释信息。

4. 转录因子数据库

TRRD 和 TRANSFAC 是两个重要的转录因子数据库。

在不断积累的真核生物基因调控区结构和功能信息的基础上，研究人员构建了转录调控区数据库 TRRD。TRRD 条目包含了特定基因的各种结构和功能特性，如转录因子结合位点、启动子、增强子、静默子及基因表达调控模式等。TRRD 包括五个相关的数据表：TRRDGENES（包含所有 TRRD 数据库基因的基本信息和调控单元信息）、TRRDSITES（包括调控因子结合位点的具体信息）、TRRDFACTORS（包括 TRRD 中与各位点结合的调控因子的具体信息）、TRRDEXP（包括对基因表达模式的具体描述）、TRRDBIB（包括所有注释涉及的参考文献）。TRRD 主页提供对这些数据表的检索服务。

TRANSFAC 数据库是关于转录因子、结合位点和 DNA 结合谱的数据库。它由位点、基因、因子、类别、阵列、细胞、方法和参考文献等数据表构成。此外，还有几个与 TRANSFAC 密切相关的扩展库：PATHODB 库收集可能导致病态的、突变的转录因子和结合位点；S/MART 库收集与染色体结构变化相关的蛋白质因子和位点的信息；TRANSPATH 库用于描述与转录因子调控相关的信号转导网络；CYTOMER 库体现人类转录因子在各个器官、细胞类型、生理系统和发育时期的表达状况。TRANSFAC 及其相关数据库既可以通过网页进行检索和查询，也可以免费下载。

（五）其他数据库

此外，还有很多用于实现特定功能的数据库，如蛋白质功能注释数据库、蛋白质同源信息数据库、基因突变数据库、疾病相关数据库等。下面介绍两个较为重要的数据库：基因/蛋白质功能注释数据库 GO 和文献索引数据库 PubMed。

蛋白质功能注释的一个通用标准是基因本体（Gene Ontology，GO），它提供了一种等级化、结构化、动态和限定的词汇表，用于描述基因或者蛋白质具有的生物学功能、参与的生物学进程及亚细胞定位信息。目前，GO 已广泛地应用于模式生物的蛋白质功能注释，并且成为事实上的功能注释标准。大部分蛋白质的已知功能注释信息由 GO 协会（GO Consortium）提供。

PubMed 是 NCBI 维护的文献引用数据库，它提供对 MEDLINE 和 Pre-MEDLINE 等文献数据库的引用查询服务，并链接了大量网络科学类电子期刊的链接。用户利用 Entrez 系统可对 PubMed 进行检索。

除了以上提及的数据库，还有许多专门的生物信息数据库，涉及生物学研究的各个层面和领域，由于篇幅所限无法一一详述。国内也有一些大数据库的镜像站点和自主研发的特色数据库，如欧洲分子生物学网络组织 EMBNet 的中国结点——北京大学分子生物信息镜像系统。

（六）数据库的选择与查询

随着各类数据库的增长，一系列问题也随之产生：这些数据库是否具有相同的格式？哪一个最精确？哪一个更新最快？哪一个最全面？使用者应该如何选用？以蛋白质数据库为例，PDB 数据库专注于蛋白质三维结构信息；PIR 数据库包含的数据信息最全面，但是其中的解释说明相对贫乏；SWISS-PROT 数据库的组织结构非常好，并对每个条目进行了详尽的说明，但是它所覆盖的序列比 PIR 数据库少。

建议用户根据自己所掌握的信息和查询的目的，选择多个数据库进行查询并比较它们的结果，这是使用数据库更为合理的策略。

三、文献资源

通过阅读文献可以了解生物信息学相关领域的研究现状，发现待研究的问题，收集相关数据并建立有效的分析策略。同时文献的更新速度较快，体现了最新的研究动态和目前的技术水平。因此阅读文献是做研究的基本功，也是日常工作之一。

（一）文献的获取

获取文献有多种方法，如通过谷歌进行学术搜索、在文献数据库中查询、向作者索要、论坛求助等。其中最重要的文献资源来自生物医学文献数据库 PubMed，它收录了生物医学相关领域的内容，以网页形式提供查询，并且其中很多文献可以免费获得全文。同时，很多高校的图书馆购买了一定的文献资源，可通过校内网络方便地下载全文。如国防科技大学图书馆购买了 Nature 期刊、Elsevier 出版社和 Springer 出版社的期刊数据库，并可下载中国知网、万方和维普科技收录的大部分中文文献以及优秀的硕士和博士论文。

（二）文献的类型

各种期刊中收录的文献主要包括如下几种类型。

（1）原创性研究（original research），这类文献通过科学实验，报告最新的科学发现或研究结果，是学术期刊中常见的、重要的论文类型。

（2）综述（review），这类文献系统总结某个主题的已有研究成果，分析现有方法的问题，并展望未来的发展趋势。

（3）技术报告（technical report），主要对某项研究或技术方法的过程进行描述，包括研究进展、技术现状、研究结果或问题等。

（4）评述（comments），即对某项研究或者观点的评论。

（5）验证研究（validation studies），即验证某种方法或某项实验结果。

（6）其他，如数据库和工具介绍、研究策略描述、病例报道、临床试验报告等。

（三）文献的阅读

面对海量文献，人们应该如何选择文献？如何阅读文献？需要从文献中了解什么内容呢？

根据阅读方法，文献阅读可以分为精读和略读两种方式。精读是指从题目、摘要、正文到参考文献，逐字逐句地认真琢磨、体会，并进行详细地跟踪记录。记录该文献的精髓所在，标记出不懂的地方，然后通过阅读相关资料解决疑问。然后写下自己阅读该文献的思考，比如哪些研究内容和方法还可以改进。而略读是指对于关系不够紧密或不够重要的文献，仅浏览或仅认真阅读摘要，对文献内容做一般性了解。值得注意的是，对于所有已阅读的文献都应有所标记，以便形成自己的目录索引和文献体系，方便以后研究工作中的查询和引用。也可使用专门的文献管理工具，如 Endnote 或 Reference Manager 对文献进行索引和标注。

根据阅读内容，可以按照从综述到经典文献，再到紧密相关文献的顺序来安排阅读。按照经验来说，如果要了解某个领域的研究现状，一般应从综述和该领域的经典文献开始选择几篇重要的文献进行精读。可以选择 *Nature* 和 *Science* 等期刊上的综述，然后根据这些综述文章中标出的参考文献和相关文章，进一步挑选引用量较大的经典文献，了解该领域中解决问题的一般方法。当确定了具体的研究方向后，可以挑选与研究内容密切相关的文献进行精读。

通过文献阅读可以学到以下几方面的知识。

（1）概念：通过逐步收集，结合中英文对照，建立自己研究领域专属的词汇表。

（2）问题：通过分析文献的主题，整理出自己研究中关注的问题列表。

（3）方法：了解目前研究采用的方法，熟悉现有方法的分类、基本原理和应用场景。

（4）数据：分析文献中采用的数据样本的代表性，必要时下载相关的数据集，为后续研究提供数据支持。

（5）工具：了解常用的数据分析工具，为以后的研究打下基础。

（6）参考文献：了解重要概念的来源，不断追踪扩展阅读的材料。

（7）英文表达和词汇：为撰写高质量研究文章奠定基础。

（四）生物信息学期刊

当研究工作取得了阶段性成果时，就要开始撰写科研论文并选择相关期刊投稿发表。这些期刊收录了大量的生物信息学文献，报道了生物信息学相关的数据库、分析工具和最新的研究成果。

另外，生物信息学相关的中文期刊有《生物物理与生物化学进展》《生物物理学报》《分析化学》《质谱学报》《生物信息学》和《中国科学：生命科学》等。

四、分析工具

在生物信息学研究中，软件工具占有非常重要的地位。生物信息学一方面为生物学研究提供有效的分析工具，另一方面也充分利用现有的软件工具来加快研究的进度。首先，软件工具可以帮助管理各种实验数据。其次，通过软件分析和处理实验数据，能够提示、指导甚至部分替代实验操作。最后，利用各种统计分析和数据处理软件，能够更好地利用前人的科研成果，开发新算法。

按照使用方式，生物信息学软件可以分为本地分析软件和在线分析软件。下面介绍在本领域中应用较广的几类软件工具。

（一）统计分析软件

1. SPSS

SPSS，即统计产品与服务解决方案软件（Statistical Product and Service Solutions）。SPSS 是世界上最早的统计分析软件，由美国斯坦福大学的三位研究生于 20 世纪 60 年代末研制。1984 年，他们推出了世界上第一个统计分析软件微机版本 SPSS/PC+，开创了 SPSS 微机系列产品的发展方向，并广泛应用于自然科学、技术科学和社会科学的各个领域。

SPSS 也是世界上最早采用图形菜单驱动界面的统计软件，其特点是操作界面友好，输出结果美观。它将大部分功能以统一、规范的界面展现出来，只要用户具备初步的统计学知识，就可以方便地使用该软件。SPSS 的基本功能包括数据管理、统计分析、图表分析、输出管理等。其统计分析过程包括描述性统计、均值比较、一般线性模型、相关分析、回归分析、对数线性模型、聚类分析、数据简化、生存分析、时间序列分析、多重响应等几大类。每大类中又分为多个统计过程，比如将回归分析分为线性回归分析、曲线估计、Logistic 回归、加权估计、两阶段最小二乘法、非线性回归等多个统计过程，而且每个过程中允许用户选择不同的方法及参数。为了方便结果的演示和输出，SPSS 还集成了专业的绘图系统，可以根据数据绘制各种图形。SPSS 与 SAS、BMDP 并称为国际上最有影响力的三大统计软件，同时它也是生物信息学研究中广泛应用的统计学软件之一。

2. SAS

SAS（Statistics Analysis System）最早由美国北卡罗来纳大学的两位生物统计学研究生编制，并于 1976 年正式推出。统计分析功能是它的重要组成部分和核心功能。在数据处理和统计分析领域，SAS 被誉为标准软件系统，堪称统计软件界的巨无霸。例如，在以苛刻、严格著称的美国食品药品监督管理局的新药审批程序中，规定了新药实验结果的统计分析只能用 SAS 进行，其他软件的计算结果一律无效。由此可见 SAS 的权威地位。

SAS 系统是一个组合软件系统，由多个功能模块组合而成。BASE SAS 模块是 SAS 系统的核心，承担着主要的数据管理、程序设计任务及描述统计计算功能。在 BASE SAS 的基础上，还可以增加统计分析模块、绘图模块、质量控制模块、交互式矩阵程序设计语言模块等，用来完成复杂的统计分析和绘图功能。

由于 SAS 系统从大型机系统发展而来，在设计上也是完全针对专业用户的，因此其操作至今仍以编程为主，人机交互界面不够友好，并且在编程操作时需要用户对所使用的统计方法有较清楚的了解，非统计专业人员掌握起来较为困难。

（二）数据处理

1. Excel

Microsoft Excel 是办公软件 Microsoft Office 的组件之一，可进行各种数据的处理、统计分析和辅助决策操作。Excel 具有强大的运算与分析能力，操作直观、快捷，可以灵活地对数据进行整理、计算、汇总、查询、分析等处理，因此被广泛地用于生物数据的存储和结果显示。除了常见的制表与统计计算，还可以利用其提供的函数及作图功能进行单变量求解、规划求解、方差分析、相关分析、回归分析、统计检验、傅里叶分析等。同时，Excel 作为多种软件工具的标准输入格式，方便进一步的数据分析和处理。

但是它受到了最大行、列数的限制，对于更大规模的数据存储和显示则能力有限。因此，大规模的生物数据，如基因组和蛋白质组序列等信息，通常采用支持更大容量的文本文件格式进行存储，并利用 UltraEdit 等专业文本编辑器进行查看和初步处理。

2. MATLAB

MATLAB（MATrix LABoratory）是一款由美国 MathWorks 公司出品的商

业数学软件。MATLAB 是一个用于算法开发、数据可视化、数据分析及数值计算的高级技术计算语言和交互式环境。除了矩阵运算、绘制函数/数据图像等常用功能，MATLAB 还可以用来创建用户界面或调用其他语言（如 C、C++和 FORTRAN）编写的程序。MATLAB 以其高效、易学易用、接口方便灵活等特性受到了广大科技人员的欢迎。

尽管 MATLAB 主要用于数值运算，但通过其丰富的附加工具箱（Toolbox），它能适用于不同领域的应用。如 MATLAB 的生物信息学工具箱提供了序列比对与进化树构建、基因芯片数据分析、质谱数据分析和细胞过程模拟等多种功能，并且包含丰富的应用实例，是生物信息学研究的重要分析工具。

3. Origin

Origin 是美国 OriginLab 公司推出的数据分析和绘图软件，其特点是使用简单，采用直观的、图形化的、面向对象的窗口菜单和工具栏操作，全面支持鼠标右键和拖放式绘图。Origin 具有两大类功能：数据分析和绘图。数据分析包括数据的排序、调整、计算、统计、频谱变换、曲线拟合等功能。Origin 的绘图是基于模板的，Origin 本身提供了几十种二维和三维绘图模板。绘图时只要选择所需的模板即可。同时，Origin 允许用户自己定制模板，如数学函数、图形样式和绘图模板等，也可以用 C 等高级语言编写数据分析程序。

（三）机器学习

1. Weka

Weka（怀卡托智能分析环境，Waikato Environment for Knowledge Analysis）是一款开源的数据挖掘工作平台，集成了大量的机器学习算法，包括数据预处理、分类、回归、聚类、关联规则分析及可视化等。在 2005 年 8 月的第 11 届国际数据挖掘会议上，新西兰怀卡托大学的 Weka 小组荣获了数据挖掘和知识探索领域的杰出服务奖。目前，Weka 系统已在全球范围内得到了广泛的认可，被誉为数据挖掘和机器学习领域的里程碑，是现今最完备的数据挖掘工具之一。其每月下载次数已超过万次。Weka 图形用户界面（GUI）包括 4 个模块：简单的命令行界面（SimpleCLI）、探索者（Explorer）、实验者（Experimenter）和知识流（Knowledge Flow），其中应用最多的是 Explorer 模块。Explorer 提供视窗模式下的数据挖掘工具。Weka Exlporer 有 6 个标签页，分别是预处理（preprocess）、分类（classify）、聚类（cluster）、关联（associate）、特征选择（select attributes）和可视化（visualize）。Preprocess 完成数据的输入和预处理，并提供了多种算法用于数据过滤。classify 中包含大量的机器学习分类算法，如线性回归、贝叶斯网络、支持向量机、决策树等，通过参数选择可以方便地建立分类器，并进行评估和预测。cluster 和 associate 则提供了常见的聚类分析和关联规则分析算法。select attributes 是特征选择页面。通过 visualize 可以直观地看到不同特征值的统计结果，以及分类的受试者工作特征（ROC）曲线等。

2. LIBSVM

LIBSVM 是由台湾大学的林智仁等开发设计的一个简单、易于使用和快速有效地支持向量机软件包。该软件不仅提供了编译好的 Windows 系统下的执行文件，而且提供了源代码，方便使用者进行修改或在其他操作系统上应用。该软件对支持向量机所涉及的参数调节相对比较少，提供了很多默认参数，利用这些默认参数可以解决很多问题；并提供了交互检验（cross validation）的功能。该软件可以处理 C-SVM、υ-SVM、ε-SVR 和 υ-SVR 等多种类型的支持向量机问题，包括基于一对一算法的多类模式识别问题。目前，LIBSVM 拥有 Java、MATLAB、C#、Ruby、Python、R、Perl、Common LISP、Labview 等数十种语言版本。最常使用的是 MATLAB、Java 和命令行的版本。

（四）可视化

1. Cytoscape

Cytoscape 由系统生物学研究所、美国加州大学圣迭戈分校、纪念斯隆-凯特琳（Memorial Sloan-Kettering）癌症研究中心和安捷伦科技等合作开发。Cytoscape 致力于为用户提供一个开源的网络显示和分析软件。软件的核心部分提供网络显示、布局调整、查询等方面的基本功能，通过插件架构进行扩展，即可快速地开发新功能。目前，Cytoscape 已有上千种插件，提供基因芯片数据分析、蛋白质功能分析、网络模块搜索等多种功能，用户可根据需要有选择地安装。

Cytoscape 源自系统生物学，它将生物分子交互网络与高通量基因表达数据和其他分子状态信息整合在一起，以便进行大规模的蛋白质-蛋白质相互作用和蛋白质-DNA 相互作用的分析。Cytoscape 的核心是网络图，其中的节点代表基因、蛋白质或其他生物分子，连接这些节点的边则代表这些生物分子之间的相互作用。Cytoscape 提供了多种网络的可视化算法，可以用于复杂网络的可视化，图形显示结果十分美观。同时，利用相关的网络分析插件，可以实现网络的模块分析等基本功能。

2. Pajek

Pajek 是一个专为处理大数据集而设计的网络分析和可视化程序，在斯洛文尼亚语中，Pajek 是蜘蛛的意思。Pajek 可以分析超过 100 万个节点的超大型网络，提供了多种数据输入方式，例如可以从网络文件中直接导入 ASCII 格式的网络数据。这些网络文件通常包含结点列表和弧/边列表，用户只需指明节点间的连接关系，即可高效地输入大型网络数据。图形功能是 Pajek 的强项，可以方便地调整图形及指定图形所代表的含义。由于大型网络难以在一个视图中显示，所以 Pajek 会区分不同的网络亚结构，分别予以可视化。同时，Pajek 可以处理多个网络，也可以处理时间事件网络（随时间演变的网络）。

除了可视化，Pajek 还提供一些基于过程的网络分析方法，包括探测结构平衡和聚集性分析、分层分解和团块模型（结构、正则对等性）等。但是 Pajek 仅包含少数基本的统计程序。

（五）专门工具

以上介绍了一些通用的软件分析工具，在生物信息学领域还有很多专门的分析工具，可以实现特定的功能。按照功能分类，生物信息学软件包括：DNA 序列分析软件，如 DNACLUB 和 Chromas；序列比对软件，如 BLAST 和 FASTA 等；蛋白质序列分析软件，如 ANTHEPROT；RNA 结构预测软件，如 RNAdraw；引物设计软件，如 Oligo 和 Primer；基因芯片软件，如 ArrayMarker；亲缘进化树软件，如 PHYLIP、PAUP 和 Treeview 等。这里不再一一赘述。

五、编程语言

由于生物信息学离不开大规模的数据处理，因此很多工作必须通过计算机编程实现。理论上，几乎所有的编程语言都可以用于生物信息的数据处理，但是效率却很不一样。目前，在生物信息学中常用的语言有 Perl、Python、C、C++、Java、R/Bioconductor 和 MATLAB 等。

（一）Perl 语言

Perl（Practical Extraction and Report Language）是由 Larry Wall 设计的编程语言，并由他持续更新和维护，可以用于在 UNIX 和 Windows 环境下的编程。Perl 是一种高阶、通用的直译式动态程序语言。作为一种脚本语言，

Perl 无须编译器和链接器来运行代码，只需编写 Perl 程序并运行即可，因此适合简单编程问题的快速解决和复杂问题的模型测试。Perl 语言的主要优点包括如下三个方面。

（1）强大的字符串处理能力。生物数据大部分是文本格式，如物种名称、种属关系、基因序列及其功能注释等。Perl 强大的正则表达式（regular expression）匹配和字符串操作能力，使生物信息的处理变得十分简单，方便进行文本的提取、比较及合并等工作。鉴于生物信息数据以不同的文本形式存储，而且往往格式不兼容，给资料的交流和共享带来了障碍。Perl 以其在文本处理上的优势，为这一问题提供了方便快捷的解决方案。

（2）容错能力强。生物数据通常是不完整的、错误的，或者在数据的产出过程中存在误差。Perl 对于数据格式没有严格的要求，允许某个值是空的或包含奇怪的字符，因此具有较强容错能力。通过正则表达式，Perl 程序能够提取有效的数据并且更正一般性错误。

（3）简单易学。对于计算机基础不够深厚的生物学家而言，Perl 也非常容易上手，因此在生物信息学领域应用非常广泛。

但是，Perl 语言的缺点也非常明显。首先，Perl 不适合进行面向对象的编程，代码的模块化不够好。其次，Perl 语言的语法极其丰富和灵活，使得 Perl 程序可以写得非常随意，其他程序员难以读懂。最后，作为脚本语言，其界面开发的功能不强，而且对于计算复杂度和计算效率要求较高的程序，难以胜任。

为了满足生物学数据分析的需要，研究人员开发了 BioPerl。BioPerl 是基于 Perl 语言的生物信息处理的工具与函数模块集，是 Perl 开发人员在生物信息学、基因组学及其他生命科学领域的智慧结晶。例如，利用 BioPerl 中丰富的函数库，研究人员可以很容易地完成基本的序列处理任务。

（二）Python

Python 是由 Guido van Rossum 于 20 世纪 80 年代末 90 年代初，在荷兰国家数学和计算机科学研究所设计出来的。Python 由诸多其他语言发展而来，包括 ABC、Modula-3、C、C++、Algol-68、SmallTalk、Unix shell 和其他脚本语言。Python 是一个结合了解释性、编译性、互动性和面向对象特性的高级编程语言。Python 的设计具有很强的可读性，相比其他语言具有较少的关键字。它的结构更简单，语法更有特色。Python 语言具有以下几个特点：

（1）解释型，开发过程中没有编译环节，类似于 PHP 和 Perl 语言。

（2）交互式，可以在 Python 提示符后直接互动执行编写程序。

（3）面向对象，支持面向对象的编程范式，允许将数据和功能封装在对象中。

（4）适合初学者，支持广泛的应用程序开发，从简单的文本处理，到复杂的万维网浏览器和游戏开发。

近年来，Python 在生物信息学领域的应用越来越广泛，已经代替 Perl 成为生物信息学最受欢迎的入门语言之一。其原因是多方面的。首先，Python 很容易学习，语法比较简单，无须很强的编程基础就能自学。其次，Python 是开源的，包含丰富的生物信息学数据处理函数，使得数据处理程序方便编写，且通常程序篇幅较短。最后，近年来发表的很多生物信息学文章提交了由 Python 编写的算法程序，想要阅读相关程序也需要有一定的 Python 基础。

（三）C 和 C++

Perl 和 Python 都属于脚本语言，并且现在都有生物学上的扩展，如 Perl 有 BioPerl，Python 有 Biopython。脚本语言在文本序列上的处理得天独厚，但是当人们需要对大规模的数据进行复杂运算时，这些语言却显得有些力不从心，这就需要采用更加高效的语言：C 和 C++。

C 和 C++能够完成高效的计算，实现复杂的算法。作为面向对象的语言，其指针操作高效且灵活。但是在生物信息学的数据分析中，C 语言的应用范围有限，主要原因是其学习难度较大，开发周期较长，对于常见的以文本形式表示的生物数据处理优势不明显。

（四）Java 语言

Java 是一种可以撰写跨平台应用软件的面向对象的程序设计语言，具有较好的通用性、高效性、平台移植性和安全性。在生物信息学软件开发中，Java 因其通用性和易用性，尤其是强大的界面编程能力，得到了很多研究人员的青睐，被用于实现数据处理、程序界面设计和网页界面交互等多种功能。例如，基因芯片数据处理软件 Cluster 是用 Java 语言开发的，很多生物信息学的门户网站中三维结构的显示也是以 Java 插件的形式存在的。但是，Java 也存在着很大的缺陷，其速度慢、内存占用多等缺点就让很多人望而却步。

为了便于复杂生物序列分析系统的开发，类似于 BioPerl，一些技术人员专门针对生物信息学的需求开发了 BioJava。BioJava 提供了一套专门用于分析和表示生物序列（如 DNA、RNA 和蛋白质）的基础库，能够实现生物序列处理功能（如转录与翻译）、文件格式转换功能和一些简单的科学计算（如隐马尔可夫模型）。

（五）R 语言

R 语言是一种为统计计算和图形显示而设计的脚本语言。它提供了线性和非线性模型、统计检验、时间序列分析、分类与聚类等多种功能，其核心是基于数组和矩阵操作运算符。同时，R 语言也是一个开发新的交互式数据分析方法的工具。它的开发周期短，而且有大量的扩展包可以使用。R 语言属于自由软件，使用者只需在其发表的工作中予以说明而无须考虑版权问题。目前，利用 R 语言开发的生物信息学软件已经得到了广泛认可。

（六）其他

还有许多种可用于生物信息学数据分析与处理的编程语言，如 FORTRAN、ASP 和 JSP 等。值得一提的是，MATLAB 也推出了专门的生物信息学工具箱（MATLAB Bioinformatics ToolBox），该工具箱包含蛋白质和核酸分析、系统发育分析及基因芯片分析等多种功能，为采用 MATLAB 语言进行生物信息学数据的分析和处理提供了丰富的工具和范例。

第四节　生物信息学的未来发展趋势

一、推动重大科学规律的发现

人类科学研究史表明，科学数据的大量积累将导致重大科学规律的发现。例如，通过对数百颗天体运行数据的分析，科学家们揭示了开普勒三大定律，进而发现了万有引力定律；数十种元素和上万种化合物数据的积累促成了元素周期表的诞生；氢原子光谱学数据的积累促进了量子理论的提出，为量子力学的建立奠定了基础。历史的经验值得注意，我们有理由认为，目前生物学数据的巨大积累也将推动重大生物学规律的发现。

二、促进不同学科的交融与人才培养

不同学科之间的交叉和融合是科学发展的必然趋势，是增强科技创新的重要途径。生物信息学的发展对生命科学的发展将产生革命性的影响，其研究成果将大大促进生命科学的其他研究领域的进步。

同时，生物信息学对研究人员的要求很高，既要有深厚的生物化学和分子生物学的背景知识，还要精通计算机，从而能够培养一批在数学、物理、信息科学、计算机科学及分子生物学方面均有造诣的跨学科青年人才。

三、展现广阔的应用前景

药物研究是生物信息学研究中最具应用前景的领域，利用生物信息学手段研究和开发新的治疗性药物，将是 21 世纪生物医药发展的主流趋势。生物信息学在医药、化学工业和农业等行业中都将展现出巨大的应用潜力和良好的市场前景。

本质上，生物信息学的目标是利用计算机科学和技术来解决生物学问题。作为一门交叉学科，生物信息学的发展依赖于计算机科学和生物技术的发展，而生物信息学的研究成果又促进了生物学特别是分子生物学的发展，使人类对生命本质的认识更加深刻。生物信息学改变了传统的生物学研究方法，提高了生物学实验研究的科学性和效率，推动了生命科学的革命性进展。在应用层面，生物信息学是人类基因组研究不可或缺的工具，在大规模测序的自动化控制、测序结果分析处理、序列数据的计算机管理、基因组功能注释、数据的网络获取和分析等方面都发挥着重要的作用。目前，生物信息学的发展已经超越人类基因组计划的范畴，正在向功能基因组学、蛋白质组学等更广阔的领域迈进。

第二章 序列分析与序列比对

本章简要介绍 DNA 和蛋白质序列分析的基本内容，包括核酸序列检索、核酸序列的基本分析、基因结构分析，蛋白质序列基本分析、检索、跨膜区分析、蛋白质翻译后修饰、亚细胞定位、功能预测、生物数据综合分析工具等内容。此外，还介绍了序列相似性的概念，以及如何使用记分矩阵来描述和量化 DNA 和蛋白质序列之间的相似性。

第一节 核酸序列

一、分析 DNA 序列的重要性

核酸序列分析是生物信息学应用中的一个重要方面。基于已有知识所形成的核酸序列数据库及在此基础之上所形成的二级数据库对未知核酸序列的分析及功能预测具有重要的参考价值。在几乎所有从事分子生物学研究的实验室中，对所获得的核酸序列进行生物信息学分析已经成为进行下一步实验之前的一个标准操作。在很多时候，往往通过一个简单序列相似性的比较就可以对未知序列进行初步的功能预测，为后续实验确定初步的研究方向。本节只讲述如何采用生物信息学技术对核酸序列进行简单分析。

序列比较通常在蛋白质水平上进行，或者说在蛋白质翻译中检测远缘序列更为容易一些，因为由 64 个密码子（codon）所组成的遗传密码（genetic-code）的冗余被缩减成 20 个蛋白质的功能单位——氨基酸。然而，这种简并性可能伴随着有用信息的丢失，这是因为许多直接与进化过程相关的信息在蛋白质水平无法表现，通过核苷酸序列则可以反映出来。例如，沉默突变（silent mutation）就是在 DNA 水平的突变，但并不导致蛋白质水平的氨基酸置换。

随着测序技术的迅速发展与普及，越来越多的 DNA 序列已被测定并存储在各种分子数据库中（如 GenBank）。对这些序列进行分析，可以获得如下几方面的信息：①DNA 碱基组成、密码子的偏向性、内部重复序列等。②序列及所代表的类群间的系统发育关系。③特殊位点（限制性位点及转录、翻译和表达调控相关的 DNA 序列标记）。④内含子/外显子（intron/exon）预测所确定的遗传结构。⑤开放阅读框（open-reading frame，ORF）分析所推导的蛋白质编码序列（coding sequence，CDS）等。

二、基因结构与 DNA 序列分析

真核基因结构具有一些关键特征，这些特征包括内含子、外显子、编码序列、非翻译区等。而原核基因通常缺少内含子，结构相对简单。

（一）非翻译区

非翻译区（untranslated region，UTR）在 DNA 和 RNA 中均有，它们是位于蛋白质编码序列（CDS）两侧转录但不翻译成蛋白质的序列。尤其是 3′端，无论是对基因还是对物种都是高度特异的。

（二）概念性翻译

给定一个 DNA 序列，可以利用遗传密码将其翻译为蛋白质序列，这种方式称为概念性翻译（conceptual translation）。与基于生化实验的蛋白质翻译不同的是，概念性翻译仅通过理论推导或计算获得。对任意一个 DNA 序列，可能并不知道哪一个碱基代表 CDS 的起始，也不知道其阅读方向。这种情况下，不妨试用六框翻译（six-frame translation）。

六框翻译通过移动阅读框起始碱基，获得六个潜在的蛋白质序列。其中，三个是正向翻译，三个是反向翻译，六种可能的蛋白质中至多只有一种是正确的。

（三）确定开放阅读框

用不同的阅读框翻译 CDS 可能获得不同的蛋白质编码序列。哪一种是"正确"的呢？通常认为开放阅读框（ORF）是没有终止密码子（TGA、TAA 或 TAG）打断的阅读框序列。

mRNA 需要翻译为蛋白质方能发挥其生物学作用，因此，核酸序列中 ORF 的分析便成为核酸分析的一个重要部分。基于遗传密码表，可通过计算机方便地分析核酸序列的读码框。对于真核生物而言，一条全长 cDNA 序列只含有单一的 ORF。非全长的 cDNA 序列如 EST，常常来源于 3′端测序的结果，从而含有 3′非编码区。在典型情况下，一般按照具有合适的起始密码子和终止密码子来查找最长的 ORF，或者在同一相位含有前置终止密码子的起始密码子，并具有 polyA 尾巴的区域视为最可能的 ORF。发现 ORF 的终止端要比找到起始端更容易一些。虽然 ATG 在 CDS 内很常见，但并不意味着它一定就是 ORF 的起始，还需要应用其他技术来检测 5′UTR。

大量实验证明，在真核生物起始蛋白质合成时，40S 核糖体亚基及相关起始因子首先与 mRNA 模板靠近 5′端处结合，然后向 3′端方向滑行，直到发现 AUG 起始密码子时，与 60S 大亚基结合形成 80S 起始复合物。这就是 Kozak 提出的真核生物蛋白质合成起始的"扫描模式"。Kozak 调查了 200 多种真核生物 mRNA 中 5′端第一个 AUG 的前后序列，发现除少数例外，其余都是 A/GNNAUGG，说明这样的序列对翻译起始来说最为合适。具体而言，AUG 很可能是真核生物唯一的翻译起始位点，具有生物学功能的起始密码 AUG 总是出现在特定的核苷酸序列框架之内。首先，AUG 上游（即 5′方向）的第三个核苷酸常常是嘌呤且多数是 A。其次，紧跟在 AUG 后面的核苷酸也常常是嘌呤，但多数情况下是 G。实验表明，AUG 附近的核苷酸序列中 ANNAUGN 和 GNNAUGPU 的利用率最高，而没有起始功能的 AUG 附近的核苷酸序列则无此保守性。这就是所谓的"Kozak 序列"，在分析读码框时需要重点参考。下列几种特性可以用来检测 DNA 序列中潜在的 CDS。

（1）ORF 长度：实际 DNA 序列中随机出现很长 ORF 的概率是非常小的，因而长的 ORF 很可能意味着存在 CDS。

（2）Kozak 序列：该序列是在起始密码子之前与核糖体作用的位点。在高等真核生物中，其一致序列可能略有不同。它们可以用来检测 CDS 的起始。

（3）密码子用法（codon usage）：在编码区和非编码区中，密码子用法是不同的。尤其是对特定氨基酸来说，密码子的用法可能随物种而变。因而，统计密码子用法可以用来推断 5′UTR 和 3′UTR，并且有助于检测可能的翻译错误。

（四）编码区/内含子结构分析

1. "断裂"的真核基因

真核生物大多数基因都是由蛋白质编码序列和非蛋白质编码序列两部分组成的。编码序列称为外显子（exon），非编码序列称为内含子（intron）。在一个结构基因中，编码某一蛋白质序列不同区域的各个外显子并非连续排列，而是被长度各异的内含子所隔离，形成镶嵌排列的断裂模式，所以，这类真核基因有时被称为断裂基因（interrupted gene）。在基因转录成前体 mRNA（pre-mRNA）并进一步加工成成熟 mRNA 分子的过程中，内含子通过剪接加工被去掉，保留在成熟 mRNA 分子中的外显子被拼接在一起，最终被翻译成蛋白质。因此通过反转录酶的作用，由成熟 mRNA 产生的 cDNA 分子中，只含有外显子，没有内含子。

真核基因在结构上的不连续性是近 40 年来生物学领域的重大发现之一。当基因转录成 pre-mRNA 后，除了在 5′端加帽及 3′端加多聚腺苷酸（polyA），还要将隔开各个相邻编码区的内含子剪去，使外显子相连后成为成熟 mRNA。研究发现，有许多基因不是将它们的内含子全部剪去，而是在不同的细胞或不同的发育阶段有选择地剪切其中部分内含子，因此生成不同的 mRNA 及蛋白质分子。这种 RNA 的选择性剪接不涉及遗传信息的永久性改变，是真核基因表达调控的一种灵活机制。

2. 外显子–内含子连接区

真核基因断裂结构的另一个重要特点是外显子–内含子连接区（exon-intron junction）的高度保守性和特异性碱基序列。外显子–内含子连接区是指外显子和内含子的交界，又称边界序列。外显子–内含子连接区有两个重要特征。

（1）内含子的两端序列之间没有广泛的同源性，因此内含子两端序列不能互补。这说明在剪接加工之前，内含子上游序列和下游序列不可能通过碱基配对形成发卡式二级结构。

（2）外显子–内含子连接区序列虽然很短，但却是高度保守的。这一序列与剪接机制密切相关，它是 RNA 剪接的信号序列。序列分析表明，几乎每个内含子 5′端起始的两个碱基都是 GT，3′端最后两个碱基总是 AG。由于这两个碱基的高度保守性和存在的广泛性，有人把它称为 GT/AG 法则，即 5′-GT…AG-3′。由于内含子两端的接头序列不同，因此可定向表明内含子的两个末端，根据剪接加工过程沿内含子自左向右进行的原则，一般将内含子的 5′端接头序列称为左剪接位点，3′端接头序列称为右剪接位点，有时也将前者称为供体位点（donor site），将后者称为受体位点（acceptor site）。外显子–内含子在连接区的保守序列几乎存在于所有高等真核生物基因中，表明在这些基因中，可能存在着一个共同的剪接加工机制。

3. 内含子中其他剪切信号

除了 5′ 和 3′ 端的保守剪切位点外,内含子中还有诸如多聚嘧啶区 (PPT)、分支位点 (branchpoint, BP) 等信息帮助确定剪切位点,事实上内含子和外显子中还有许多与剪切蛋白特异性相互作用的调控元件,这些元件影响剪切位点的选择,使剪切机制变得异常复杂。

(五) 克隆序列分析

DNA 序列分析的一个核心环节是确定克隆所得的核苷酸序列的准确性。在克隆已知序列基因的实验中,比较克隆序列与已发表序列是否一致是十分重要的。如果两者不一致,就可能要重新设计实验。例如,PCR 过程中引物或酶选择不当,都有可能导致克隆错误。

三、核酸序列的基本分析

(一) 核酸序列的检索

已知核酸序列的检索是核酸序列分析的一个基础且重要的环节,可通过多种途径实现。例如,可通过 NCBI 主页面下检索框系统进行检索,首先在左侧下拉框中选定 "Nucleotide",在输入框中输入需要检索的内容的关键词 (如特定的 GenBank 接受号 AF113672),然后点击按钮 "Search" 即可开始检索。

当需要同时检索多条序列时,可通过构建逻辑表达式来实现批量检索。例如,需要检索序列接受号分别为 AF113671、AF113672、AF113673、AF113674、AF113675、AF113676 的序列,可在序列输入框中输入以下逻辑表达式:"AF113671 [ac] OR AF113672 [ac] OR AF113673 [ac] OR AF113674 [ac] OR AF113675 [ac] ORAF113676 [ac]"。这里的 "[ac]" 是序列接受号的描述字段。

(二) 核酸序列的基本性质分析

核酸序列的分子质量、碱基组成、碱基分布等关键信息可通过多种专业软件如 BioEdit、DNAMAN 等直接获得,成功下载并安装这些软件后即可进行此类分析。以 DNAMAN 软件为例,进行核酸序列 (人环氧化酶-2 mRNA 全序列, GenBank 接受号 AJ627251) 基本性质分析时,输出结果中显示 "Composition" (组成) 和 "Percentage" (百分比) 一栏及 "Molecular Weight"

（分子质量）等信息。

（三）序列变换操作

进行序列分析时，经常需要对 DNA 序列进行各种变换，如反向序列、互补序列、互补反向序列、显示 DNA 双链、转换为 RNA 序列等。使用 DNA-MAN 软件可以很容易地实现相应转换，这些功能集中在软件"Sequence"菜单下的"Display"选项中，从中可选择不同的序列变换方式对当前序列进行转换。

（四）限制性酶切分析

限制性酶切分析是分子生物学实验中的日常工作之一。进行此类分析的最好的资源是限制酶数据库（Restriction Enzyme Database，REBASE）。REBASE 数据库中含有限制酶的所有信息，包括甲基化酶、相应的微生物来源、识别序列与裂解位点、甲基化特异性、酶的商业来源及公开发表的和未发表的参考文献。此外，国际互联网上也有大量资源可供实时地进行限制性酶切分析。

（五）基因 ORF 的识别

国际上有许多用于预测基因 ORF 的工具，见表 2-1。

表 2-1　开放阅读框识别国际通用软件列表

工具名	网址	研发者	适用范围
ORF Finder	http：//www. ncbi. nlm. nih. gov/orffinder/	NCBI	通用
BESTORF	http：/linux1. sofberry. com/berry. phtml？topic＝bestorf&group＝help&subgroup＝gfind	Softberry	真核
GENESCAN	http：/genes. mit. edu/GENSCAN. html	MIT	脊椎、拟南芥、玉米
GlimmerM	http：//www. cbcb. umd. edu/software/glimmerm/	Uni. Of Maryland Zhang's lab	原核
GeneMark	http：//opal. biology. gatech. edu/Genemark/	GIT	通用

这些工具按预测算法的不同主要分为两种：第一种算法以统计学分析和模式识别为基础，从基因序列本身预测，不需要与大规模数据库比较，预测速度快。当缺少待分析物种相关数据库信息时可选择这类方法，GENESCAN 是这一类的代表软件。第二种算法以同源比对为基础，依赖于已有数据库，

预测精确度高于第一类算法，ORF Finder 是这一类的代表性软件。

（六）内含子/外显子剪切位点识别

分析真核生物基因组数据时，常常需要确定基因可变剪接模式，具体来说就是确定不同剪接模式下内含子/外显子的边界。预测软件一般以"GU-AG"保守规则为基础，结合诸如多聚嘧啶区、分支位点等信息来确定剪切位点。此外，还需要结合 ORF、BLAST 等数据对未知结构基因的 mRNA 进行预测。

（七）重复序列分析

重复序列是真核生物基因组的重要特性，这些序列一般不直接参与蛋白质的编码，但在基因组的结构和功能中扮演着重要角色。按组织形式重复序列分为串联重复序列和分散重复序列 2 种。前一种成簇分布于基因组特定区域，后一种分散于基因组不同区域。按其重复长度可以分为低度重复序列、中度重复序列和高度重复序列。重复序列具有低 GC 含量、高 AT 含量的特征。脊椎动物基因组中各种重复序列占有很高的比例。对重复序列的定位分析能为基因识别提供反向信息，也可为非编码 RNA 分析等提供重要的帮助。目前，已经开发了一批重复序列数据库，如 RepBase。

第二节　表达序列标签

一、cDNA 文库与表达序列标签

cDNA（complementary DNA，互补 DNA）是指与 mRNA 序列互补的 DNA，由 RNA 启动的 DNA 多聚酶（RNA-dependent DNA polymerase）或反转录酶（reverse transcriptase）合成。这种酶的单链 DNA 产物（反转录物）可随后被 DNA 启动的 DNA 多聚酶转换成双链形式，并插入合适的载体成为一个 cDNA 克隆。cDNA 克隆是成熟 mRNA 分子的拷贝，不含任何内含子序列，因而只要与克隆载体上合适的启动子序列相连接，就很容易在任何一种生物体内表达。

一个 cDNA 文库（cDNA library）中包含多个 cDNA 克隆，可用于后续的序列分析。例如，可以从一个具有 2 000 000 个克隆的文库中随机选取 10 000 个样品进行测序，并将结果存储在计算机数据库中供进一步的序列分析。

表达序列标签（EST）是从 cDNA 文库中生成的一些很短的序列（200~800bp）。一个全长的 cDNA 分子可以有许多个 EST，但特定的 EST 有时可以代表某个特定的 cDNA 分子。由于 EST 的不断积累，具有重复末端的 EST 可以组装成一个叠连群，进而组装成全长的 cDNA 序列。EST 的数目还可以反映某个基因的表达情况，一个基因的拷贝数越多，其表达越丰富，测得的相应 EST 就越多。当然，现在更多时候是用更加精确的转录组测序技术获得基因表达水平数据。通过对生物体 EST 的分析可以获得生物体内基因的表达情况和表达丰度，甚至可能发现新转录本。事实上，该方法已在人类基因组图谱绘制、新基因克隆和基因组序列编码区的确定等方面发挥了极为重要的作用。

EST 数据的不足主要包括：①EST 很短，没有给出基因完整的编码序列。②低丰度表达基因不易获得。③由于只是一轮测序结果，出错率为 2%~5%。④有时出现载体序列和核外 mRNA 来源的 cDNA 污染或是基因组 DNA 的污染。⑤有时出现镶嵌克隆。⑥序列的冗余性较高，导致所需要处理的数据量很大。

（一）EST 与 cDNA 的关系

EST 与 cDNA、CDS 和 UTR 之间的关系，如图 2-1 所示。应用自动测序系统，对每个 cDNA 克隆的一种读法可以产生一个 EST。有的方法采用的引物可能使一个克隆产生 2 种读法，一个从 5′端起始，另一个从 3′端起始。可以看出，EST 可能来自编码区，也有可能来自非编码区。

值得一提的是，虽然全长 cDNA 序列分析十分重要，但并非总能获得全长序列的信息。事实上，现阶段基因数据库中收录的 cDNA 序列数据绝大多数都不是全长的，而是 EST。

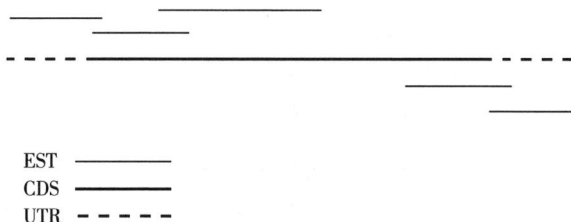

图 2-1　EST 与 cDNA、CDS 和 UTR 之间的关系

（二）EST 要素与分析注意事项

在进行 EST 分析时，需要注意以下几点：

1. EST 字母表与 IUB-IUPAC 编码

EST 测序是高度自动化的，尽管电泳分析软件已经十分完善，但序列中仍可能出现不确定的碱基位点。这些不确定位点通常用特殊字母表示。见表 2-2。这些符号遵循 IUB-IUPAC 编码标准。

表 2-2　IUB-IUPAC 编码示例

符号	代表的碱基	符号	代表的碱基
A	A	Y	C 或 T 或 U
C	C	K	G 或 T
T/U	G	V	A 或 G 或 C
M	A 或 C	H	A 或 C 或 T
R	A 或 G	D	A 或 G 或 T
W	A 或 T	B	C 或 G 或 T
S	C 或 G	X/N	G 或 A 或 T 或 C

2. 插入/缺失和移码

尽管测序软件有一定的容错能力，但还是会出现一定的偏差，有些本来没有的碱基被读出，而应该读出的碱基却不能读出。结果表现为错误的插入或缺失。用计算机软件在蛋白质水平的相似性查询，也可能发生同样的情况，导致虚假的中止信号，或者所有的六框翻译都出错。识别出错误的插入/缺失和移码是十分必要的，这也是翻译工作的复杂性所在。

3. 剪接变体

不是所有的外显子都能出现在成熟的 mRNA 中，因而真核基因产物可能有不同长度，即最终产生的 mRNA 中可能只包含部分外显子。即使长度相同，也可能因为外显子排列顺序改变而得到不同蛋白质序列。从同一 DNA，转录得到不同 mRNA，并最终翻译成不同的蛋白质称为剪接变体（splice variant）或可变剪接形式（alternatively spliced form）。

单一基因的可变剪接方式是全长序列分析的重要内容，剪接变体的存在将影响 EST 的检索与分析。测序的错误也许会使 EST 变成无用的序列，因为其中不仅包含模糊碱基，还可能丢失碱基。当 EST 很短时，问题就更严重，很可能全部落入一个特定的外显子中。在这种情况下，如果数据库中存在可变剪接方式并且均含有此外显子，则难以确定该 EST 属于哪种剪接形式。

4. 非编码区 EST

许多 mRNA（尤其是人类的）在 CDS 的 5′端和 3′端有长的 UTR。一个 EST 来源于这些非编码区的可能性是相当大的。如果幸运，UTR（非编码）序列已储存在数据库中。因其高度保守且对编码基因而言是特异的，可以找到一个直接的匹配。如果不是那么幸运，就不能找到匹配。这又存在两种可能性：一是这个 EST 虽代表一个 CDS，但数据库中没有相似序列；二是它代表一个非编码序列，也不存在数据库记录。EST 分析中必须清楚这两种情况的差别。

（三）EST 数据库

鉴于 EST 在基因研究和商业开发上的重要应用价值，人们曾经建立了很多 EST 数据库。

1. Merck/University of Washington

1994 年，Merck 公司资助美国华盛顿大学开展有关从多种规范化 cDNA 文库中测定 EST 序列的研究项目。此外，Howard Hughes 医学中心资助华盛顿大学测定小鼠克隆序列。

2. Incyte

Incyte 制药公司建立了 LifeSeq 数据库，重点是通过标准 cDNA 文库测序获得定量数据。其目标在于提供健康和疾病组织中转录基因相对拷贝数的信息，以期发现潜在的治疗靶标。

3. TIGR-HGI

美国基因组研究所（The Institute for Genomic Research，TIGR）是一个非营利的研究机构，成立于 1992 年。其开发的人类基因索引（Human Gene Index，HGI）旨在综合全球人类基因研究的成果（包括 dbEST 及 GenBank）。它已经从 300 个以上的 cDNA 文库中测定了超过 100 000 个 EST 序列。

目前，上述数据库已不再维护，主要的通用公共数据库包括 GenBank 的 dbEST 子数据库及 EMBL 数据库中的 ETS 部分。

二、表达序列标签分析

尽管 EST 本身是不完整的，甚至可能是不精确的 DNA 序列，但 EST 分析（例如，检测新的 EST 与分子数据库中收录的大量 EST 匹配与否）将为确定全长 CDS 和寻找新基因提供有价值的线索。

EST 分析工具很多, 除商用的 (如 Incyte-LifeTools) 外, 公用的工具通常分为三类: 序列相似性查询 (sequence similarity search)、序列组装 (sequence assembly)、序列聚类 (sequence cluster)。

(一) 相似性查询工具

BLAST 系列工具是 EST 查询中常用的。其中 tBLASTn 可以翻译 DNA 数据库, BLASTx 翻译输入数据, tBLASTx 则两者均可。FASTA 也有类似的功能。

(二) 组装工具

用一个"探针"序列在数据库中搜索可获得与之相匹配的 EST 序列, 通常需要对这些 EST 序列进行对位排列 (sequence alignment) 以获得一致性序列。下一轮搜索得到的 EST 同样也应参与对位排列。这种反复的对位排列工作称为序列组装。相关的软件工具有 Staden 组装器、TIGR 组装器和 Phrap 等。

(三) 聚类工具

序列聚类工具是指将一个大的序列集合分解成亚集 (subset) 或簇 (cluster) 的计算机软件, 如果不同序列之间有一段重叠序列, 并且超过一定长度, 这两段序列就应该能拼接在一起, 从而应聚为一类。一个可靠而有效的 EST 聚类方法将减少数据集的冗余度, 节省数据库搜索时间。总之, 当我们已得到大量的 EST 序列, 并且需要估计它们所代表基因的数目时, 聚类工具就显得特别重要。

EST 聚类的一种策略是用已知的基因去引导 EST 的划分。EST 可以从各种各样的 DNA 和蛋白质序列数据库中搜索出来并聚合成代表单一基因的集合。一般来说这种方法可能产生出与数据库中任何一段序列不相匹配的 EST 簇。从一个给定的文库中得到不相匹配的 EST 的比例约为 40%。随着基因组测序项目的增加, 将有更多的信息被提供, 这个比例有望逐渐降低。因而, 需要更新的方法 (如重叠鉴定) 来聚合剩余的序列。另一种策略是先聚合所有的 EST 以产生一个代表每个集合的一致性序列 (consensus sequence), 然后仅用这个一致性序列去进行数据库检索。这是一个较为理想的方案, 因为它显著地减少了相似性检索的数量。然而, 这种策略的成功很大程度上依赖于 EST 聚类的可靠性, 而 EST 聚类又与 EST 数据的质量密切相关。

三、电子克隆 cDNA 全长序列

电子克隆, 又称虚拟克隆 (virtual cloning), 其原理是根据大量 EST 具有相互重叠的性质，通过计算机算法获得 cDNA 全长序列。换言之，电子克隆不采用传统的分子生物学实验方法，而是由一个查询序列开始，依靠 EST 数据库在计算机上对 EST 进行两端延伸，从而获得全长的 cDNA 序列。电子克隆需要综合多种 DNA 序列分析技术。

从部分序列得到全长 cDNA 的分子生物学实验方法通常有杂交筛选文库或 5′端延伸法。电子克隆则以部分 cDNA 为起始，和 GenBank 的 EST 数据库 dbEST 进行 BLAST 检索，得到与 5′端或 3′端有相似序列的 EST，然后以该 EST 为模板，进一步搜索 EST 数据库，一直往前延伸，直到找到终止密码子，得到全长 cDNA。可见，该方法依赖于足够的末端重叠并且能够往前延伸的 EST 序列。

序列拼接软件通过计算序列中的每个位点上各种核苷酸可能出现的分值，找出调和序列。可以设置一些参数来约束每个位点允许出现的错配碱基数。通常，为确定序列拼接质量，需要对一个片段进行多次测序。正链和负链上每个位置至少有两次以上的测序结果一致，该位点的测序结果才比较可信；相反，序列中某一位点几次测序结果不一致，这一位点的可信度则较低。

第三节　蛋白质序列

一、蛋白质序列基本分析

蛋白质序列的基本性质分析是蛋白质序列分析的基本方面，一般包括蛋白质的氨基酸组成、分子质量、等电点（pI）、亲水性和疏水性、信号肽、跨膜区及结构功能域的分析等。蛋白质的很多功能特征可直接由分析其序列而获得。例如，疏水性图谱可用来预测跨膜螺旋，而特定的短片段（如 KDEL 序列）则决定了蛋白质在细胞内的定位。互联网和本地化软件为蛋白质序列分析提供了强大的工具，如 MacVector、OMIGA、DNAMAN、BioEdit 等软件能进行蛋白质的氨基酸组成、分子质量、等电点等方面的分析。

（一）蛋白质序列检索

与核酸序列分析一样，蛋白质序列检索往往是序列分析的第一步。由于数据库和网络技术的发展，蛋白质序列的检索是十分方便的。以 NCBI 为例，首先在左侧下拉框中选定"Protein"，然后在输入框中输入需要检索的内容

（如 P02700），然后点击按钮"Search"即可（图 2-2）。

GenBank 格式的详细信息，如图 2-3 所示。

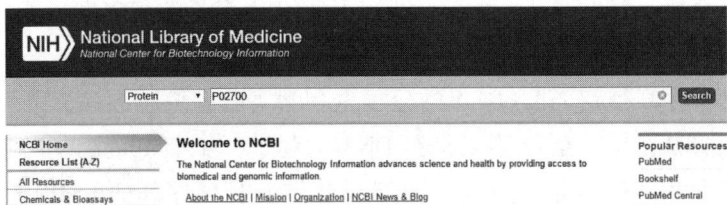

图 2-2　GenBank 检索蛋白质序列页面

```
LOCUS       OPSD_SHEEP                348 aa            linear   MAM 29-MAY-2024
DEFINITION  RecName: Full=Rhodopsin.
ACCESSION   P02700
VERSION     P02700.2
DBSOURCE    UniProtKB: locus OPSD_SHEEP, accession P02700;
            class: standard.
            created: Jul 21, 1986.
            sequence updated: Feb 1, 1991.
            annotation updated: May 29, 2024.
            xrefs: OOSH
            xrefs (non-sequence databases): AlphaFoldDB:P02700, BMRB:P02700,
            SMR:P02700, STRING:9940.ENSOARP00000015330, GlyCosmos:P02700,
            iPTMnet:P02700, PaxDb:9940-ENSOARP00000015330, eggNOG:KOG3656,
            Proteomes:UP000002356, GO:0016020, GO:0097381, GO:0060342,
            GO:0042622, GO:0005886, GO:0005502, GO:0008020, GO:0046872,
            GO:0016038, GO:0016056, GO:0007601, CDD:cd15080,
            Gene3D:1.20.1070.10, InterPro:IPR000276, InterPro:IPR017452,
            InterPro:IPR001760, InterPro:IPR027430, InterPro:IPR000732,
            InterPro:IPR019477, PANTHER:PTHR24240, PANTHER:PTHR24240:SF15,
            Pfam:PF00001, Pfam:PF10413, PRINTS:PR00237, PRINTS:PR00238,
            PRINTS:PR00579, SMART:SM01381, SUPFAM:SSF81321, PROSITE:PS00237,
            PROSITE:PS50262, PROSITE:PS00238
KEYWORDS    Acetylation; Cell projection; Chromophore; Direct protein
            sequencing; Disulfide bond; G-protein coupled receptor;
            Glycoprotein; Lipoprotein; Membrane; Metal-binding; Palmitate;
            Phosphoprotein; Photoreceptor protein; Receptor; Reference
            proteome; Retinal protein; Sensory transduction; Transducer;
            Transmembrane; Transmembrane helix; Vision; Zinc.
SOURCE      Ovis aries (sheep)
  ORGANISM  Ovis aries
            Eukaryota; Metazoa; Chordata; Craniata; Vertebrata; Euteleostomi;
            Mammalia; Eutheria; Laurasiatheria; Artiodactyla; Ruminantia;
            Pecora; Bovidae; Caprinae; Ovis.
REFERENCE   1  (residues 1 to 348)
  AUTHORS   Pappin,D.J.C., Elipoulos,E., Brett,M. and Findlay,J.B.C.
  TITLE     A structural model for ovine rhodopsin
  JOURNAL   Int. J. Biol. Macromol. 6, 73-76 (1984)
  REMARK    PROTEIN SEQUENCE.
            DOI: 10.1016/0141-8130(84)90066-7
REFERENCE   2  (residues 1 to 348)
  AUTHORS   Brett,M. and Findlay,J.B.
  TITLE     Isolation and characterization of the CNBr peptides from the
            proteolytically derived N-terminal fragment of ovine opsin
  JOURNAL   Biochem J 211 (3), 661-670 (1983)
   PUBMED   6224479
```

......

```
ORIGIN
        1 mngtegpnfy vpfsnktgvv rspfeapqyy laepwqfsml aaymfllivl gfpinfltly
       61 vtvqhkklrt plnyillnla vadlfmvfgg ftttlytslh gyfvfgptgc nlegffatlg
      121 geialwslvv laieryvvvc kpmsnfrfge nhaimgvaft wvmalacaap plvgwsryip
      181 qgmqcscgal yftlkpeinn esfviymfvv hfsiplivif fcygqlvftv keaaaqqqes
      241 attqkaekev trmviimvia flicwlpyag vafyifthqg sdfgpifmti paffaksssv
      301 ynpviyimmn kqfrncmltt lccgknplgd deasttvskt etsqvapa
//
```

图 2-3　Accession Number 为 P02700 的蛋白质 GenBank 格式的信息

（二）蛋白质理化性质分析

蛋白质理化性质包括相对分子质量、氨基酸组成、等电点、消光系数、半衰期、不稳定系数和总平均亲水性等。传统的理化分析方法耗时费力，基于实验经验值的计算机分析方法为蛋白质的理化分析提供了一个便捷的途径。研究人员已经发展了不少理化性质分析软件。ProtParam 是 ExPASy 网站上蛋白质理化性质分析的著名软件，ProtParam 可对氨基酸残基数、分子质量、理论等电点、氨基酸组成、正电荷氨基酸残基总数、原子组成、分子式、消光系数、半衰期、不稳定系数、脂肪系数、总平均疏水性等理化性质进行分析。

ExPASy 网站的 ProtScale 程序可被用来计算蛋白质的疏水性图谱。该网站允许用户计算蛋白质的 50 余种不同属性，并为每一种氨基酸输出相应的分值。输入的数据可以是蛋白质序列或者是 Swiss-Prot 数据库的序列接受号。需要调整的只是计算窗口的大小（n）。该参数用于估计每种氨基酸残基的平均显示尺度。例如，如果参数 n 为 9，则显示从 5（n-4）位到 13（n+4）位之间其疏水性的平均值。该参数有助于数据进行平滑，也可使亲水性和疏水性的区域更加突出。典型的默认值为 9。

进行蛋白质的亲/疏水性分析时，也可使用一些 Windows 下的软件资源，如 BioEdit、DNAMAN 等。

（三）跨膜区分析

在蛋白质结构预测中，跨膜螺旋的识别是一个重要环节。有多种预测跨膜螺旋的方法，最简单的是直接观察以 20 个氨基酸为单位的疏水性氨基酸残基的分布区域。但是同时还有多种更加复杂的、精确的算法能够预测跨膜螺旋的具体位置和它们的膜向性。这些技术主要是基于对已知跨膜螺旋的研究而得到的。自然存在的跨膜螺旋被收录在如 TMBASE 这样的数据库中，可通过匿名 FTP 获得。

蛋白质序列含有跨膜区提示它可能作为膜受体起作用，也可能是定位于膜的锚定蛋白或离子通道蛋白等。因而，含有跨膜区的蛋白质往往和细胞的功能状态密切相关。

二、前导肽和蛋白质定位

在生物体内，蛋白质的合成场所与功能场所常常被一层或多层细胞膜所隔开，这样就产生了蛋白质转运的问题。核糖体是真核生物细胞内合成蛋白质的场所，几乎在任何时候，都有数以百计或千计的蛋白质离开核糖体并被输送到细胞各个部分（如细胞质、细胞核、线粒体、叶绿体等），以维持细胞的物质更新和功能运转。由于细胞各部分对蛋白质的需求有特异性，因此，合成的蛋白质必须准确无误地定向运送才能保证生命活动的正常进行。对于细胞结构和细胞器来说，合成的蛋白质运到有关部位后还需要跨膜运送才能发挥正常功能。关于蛋白质的转运问题也是生物信息学所关注的问题。一般说来，蛋白质转运可分为两大类：若细胞内蛋白质合成和转运是同时发生的，属于翻译转运同步机制；若蛋白质从核糖体释放后才发生转运，则属于翻译后转运机制。这两种转运方式都涉及蛋白质分子内特定区域与细胞膜结构的相互关系。一般认为，蛋白质定位的信息存在于该蛋白质自身结构中并且通过与膜上特殊受体的相互作用得以表达，这就是信号肽假说的基础。这一假说认为，穿膜蛋白质是由 mRNA 编码的。在起始密码子后，有一段编码疏水性氨基酸序列的 RNA 片段，这个氨基酸序列就称为信号序列（signal sequence）。此理论为采用生物信息学基于蛋白质序列分析其信号肽提供了基础。研究各种分泌蛋白的信号肽序列，发现它们在进化上似乎不具有保守性。信号肽中的疏水片段比较重要，如果利用点突变将其中的疏水氨基酸换成亲水氨基酸，信号肽的功能就会丧失。

含有信号肽的蛋白质一般能够被分泌到细胞外，可能作为重要的细胞因子起作用，从而具有潜在的应用价值。联网到丹麦科技大学生物序列分析中心开发的信号肽及剪切位点识别在线软件 SignalP 可进行蛋白质序列的信号肽分析。

蛋白质序列中含有的信号肽序列有助于它们向细胞内特定区域的移动，如前导肽和面向特定细胞器的靶向肽。在线粒体蛋白质的跨膜转运过程中，通过线粒体膜的蛋白质在转运之前大多数以前体形式存在，它由成熟蛋白质和 N 端延伸出的一段前导肽（或称引肽）共同组成。迄今已有 40 多种线粒体蛋白质前导肽的一级结构被阐明，它们含 2080 个氨基酸残基，当前体蛋白跨膜时，前导肽被特定多肽酶所水解转变成为成熟蛋白质，同时失去继续跨膜能力。前导肽一般具有如下性质：①带正电荷的碱性氨基酸（特别是精氨酸）含量较为丰富，它们分散于不带电荷的氨基酸序列之间。②缺失带负电荷的酸性氨基酸。③羟基氨基酸（特别是丝氨酸）含量较高。④有形成两亲（即有亲水部分又有疏水部分）螺旋结构的能力。

与信号肽和跨膜区结构一样，蛋白质的亚细胞定位往往也和该蛋白质的功能密切相关。Reinhardt 等基于神经网络算法构建的蛋白质亚细胞定位数据库可用于对蛋白质序列进行亚细胞定位分析。

三、蛋白质功能预测

一般来说，对于蛋白质功能预测分析而言，最为重要的莫过于分析目的蛋白质是否和具有功能信息的已知蛋白质相似。其中，主要有两个策略：同源序列分析和功能区相关的保守序列特点分析。

（一）基于序列同源性分析的蛋白质功能预测

显然，相似的序列很可能具有相似的功能。因此，蛋白质的功能预测最为可靠的方法是进行数据库相似性检索。请记住重要的一点：至少 80 个氨基酸残基长度范围内具有 25% 以上的序列一致性才提示可能的显著性意义。

有多种不同的软件可用于蛋白质序列的数据库检索，有的慢而准确，有的快而低敏。如 BLASTP 是一种快速且有效的工具，能够迅速发现显著性片段，而无需使用十分耗时的 BLITZ 软件。后者常常在当 BLASTP 和 FASTA 等软件无法获得显著性结果时才使用。

在进行具体分析时，需要注意使用记分矩阵的重要性。使用不同的记分矩阵进行数据库检索具有以下理由：首先，所选择的记分矩阵必须和序列匹配的同源性相对准确。例如，PAM250 用于远距离匹配（约 25% 一致性），PAM40 用于同源性较低的相关蛋白，而 BLOSUM62 用于常规分析。其次，使用不同的记分矩阵能够更好地揭示保守区域。

未知序列对库检索的一般分析策略如下：

（1）和运行 BLASTP 程序的服务器连接；

（2）将目标序列粘贴到序列输入框中，选择 BLOSUM62 记分矩阵运行 BLASTP 程序；NCBI 的 BLASTP 程序要求输入序列为 FASTA 格式，其他一些网站则要求纯序列格式；

（3）如果 BLASTP 检测到了高度同源的序列，将有可能提示目标序列的生物学功能；

（4）如果 BLASTP 未能获得有意义的结果，试用 FASTA；

（5）如果 BLASTP 和 FASTA 均未能获得有意义的结果，则采用更全面的 Smith-Waterman 算法对库搜索以获得有意义结果。

用户可以使用 NCBI/BLAST、华盛顿大学的 BLAST 软件和 FASTA 进行序列同源性检索。

（二）基于模体、结构位点、结构功能域数据库的蛋白质功能预测

通常，一条新的蛋白质序列很难仅仅通过序列对齐获得足够的功能信息。有时，蛋白质序列对齐能够发现一些匹配片段，但是并不提示其功能信息。分子进化方面的研究显示，蛋白质的不同区域具有不同的进化速率，一些氨基酸必须在进化过程中足够保守以实现蛋白质的功能。通过确定这些保守区域，就有可能预测蛋白质的功能。例如，蛋白质序列中有很多短片段对蛋白质的功能活性位点和结合区域十分重要，如整合素（integrin）受体能够识别其配体中的 RGD 或者 LDV 模体。如果目标蛋白质序列中含有一个 RGD 模体，则该蛋白质很可能能够和整合素相结合。然而这并不完全意味着该蛋白质一定能够和整合素相结合（此方面有很多例子，很多含有 RGD 模体的蛋白质并不能和整合素相结合）。虽然如此，该分析结果显然为进行下一步的实验研究提供了重要的方向。其他例子如在酶的活性位点周围往往也具有十分重要的保守序列，如翻译后修饰位点、辅因子（co-factor）的结合位点、蛋白质的定位特征序列等。此方面已经开发了大量的生物信息学资源以建立保守序列模体数据库和鉴定这些保守模式的软件工具。

在蛋白质数据库系统中，模体和标识（signature）分析程序均属模式识别（pattern recognition）工具。例如，PROSITE 系统是一个蛋白质家族和蛋白质域的数据库，目前储存有大约 1783 个蛋白质家族或域的模体与标识信息。这些标识及其相关资料为有关蛋白质的结构域研究提供了丰富的背景知识。然而，为了快速、准确地查询和分析这些标识信息，必须有相应的模式识别工具，如 PROMOT 和 ProSearch 检索工具。

PROMOT 主要是用于匹配 PROSITE 数据库中的蛋白质序列，也可以在一系列预定义的模式中匹配用户感兴趣的蛋白质序列；ProSearch 主要是用给定

的序列模体或标识来搜索 Swiss-Prot 和 TrEMBL 数据库。运用 ProSearch，可以从 Swiss-Prot 和 TrEMBL 中的所有实体中发现新的序列标识或模式。每一个模式或标识文件均以 .doc 的格式保存。

值得注意的是，每个标识中嵌入式符号的意义及如何读取和构造这些标识是极为重要的。例如，钙结合区（calcium-binding）的 EF-band 模体如下：

D-X-［DNS］-｛DENSTG｝-［DNQGHRK］-｛GP｝-［LIVMC］-
［DENQSTAGC］-X（2）-［DE］-LIVMFYM｝

其中，连字符（-）用于分割模体中的每一个位点；方括号（［ ］）里的字符表示模体中特殊位点上已识别的残基，如在［DNS］中特殊位点上已被识别的残基是天冬氨酸、天冬酰胺和丝氨酸；大括号（｛ ｝）里面的字符表示模体中特殊位点上没有被识别的残基，换句话说，除此以外模体中特殊位点上的所有残基都已被识别；字母 X 表示任意一个氨基酸；（n）表示一个特殊残基或 X 的重复，如 X（2）也可表示为-X-X-。

四、蛋白质分子进化分析

蛋白质同源家族的分析对于确立物种之间的亲缘关系和预测新蛋白质序列的功能有重要意义。同源蛋白质（homolog）进一步划分为直系同源（ortholog）和旁系同源（paralog）。前者是指在不同物种中具有相同功能和共同起源的基因，后者则指同一物种内具有不同功能但也有共同起源的基因，如同是起源于珠蛋白的 α 珠蛋白、β 珠蛋白和肌红蛋白。

早期基于蛋白质序列之间的同源性来区分蛋白质家族的不同层次。一般认为，两条蛋白质序列之间存在确实的相关性则被认为属于同一个蛋白质家族，并基于同源性的差异提出了超家族、家族和亚家族的概念。能够用统计学方法证明确实显著型相关的那些序列属于同一个超家族。同一家族中的序列相似性应大于 50%，而且在功能上类似。同一家族的序列又被进一步分为亚家族，其序列相似性大于 80%。上述 Dayhoff 等提出的观点对于早期界定蛋白质家族的层次具有很大的作用。但是，完全基于序列之间的相似性进行蛋白质家族的分类显然过于绝对。Doolittle 等随后提出蛋白质超家族由两个或以上家族组成，并推断所有蛋白质都源自少数原始蛋白质。分子进化过程中组成一个蛋白质序列的所有氨基酸并不具备同样的进化速率，具有重要功能位点的氨基酸显然进化较慢，因而，单纯基于序列相似性分析对蛋白质家族进行判断并不合理。同时，蛋白质进化过程实际上也反映出重要氨基酸组群进化速率较慢而形成的保守性，这一种保守性可能仅体现在蛋白质序列的某个区域或结构域中。因此，蛋白质超家族的概念现已扩展为具有某种共同结构域的所有分子组成的分子集合。

这一点也反映在 PDB 数据库的处理中，即 PIR 数据库不仅依据序列的相似性，还结合结构域的分析进行蛋白质家族和超家族分类。

如果发现一个未知蛋白质序列和较多不同种属或同一种属的蛋白质序列具有较高的同源性（大于 50%），那么提示待分析的蛋白质序列可能是相应家族的成员，从而可以从分子进化的角度对蛋白质序列进行综合分析。

蛋白质的分子进化分析基本包括以下几步骤：

（1）用待分析的蛋白质序列检索蛋白质序列数据库，获取同源性较高的蛋白质序列，此过程可直接通过 NCBI/BLASTP 软件进行。

（2）将所有相关的序列整理成 FASTA 格式，作为后续进行 ClustalW/X 软件分析的输入数据。

（3）采用 ClustalW/X 算法对这些序列进行聚类分析，此种分析可通过联网"http：//www. ebi. ac. uk/clustalw/"进行，或者直接使用 Clustal W/X 软件进行。

（4）根据蛋白质序列多重比对的结果绘制分子进化树，进化树绘制一般用本地化的软件实现，包括 MEGA、PHYLIP、PAUP、MacVector、DNA-MAN、TreeView 等。

第四节　生物数据综合分析工具

一、序列相似性查询软件

对分子数据库中浩如烟海的数据进行检索和比较是一项十分艰苦的工作，完全不可能手工完成。从 20 世纪 80 年代中期开始，人们开始针对各种不同的数据库来开发专用检索软件。迄今为止，这些软件不下上百种，功能各异。近年来，新的数据挖掘技术和相关工具不断出现。生物信息学中常用的数据库检索工具序列相似性查询工具是 BLAST 和 FASTA。目前，两个系统的服务器分别由 NCBI 和 EBI 维护。这里，我们仅以 BLAST 系列软件为例介绍。

（一）基本原理

BLAST（basic local alignment search tool）是一种基本的局部比对排列搜索工具，其统计理论最早由 Samuel Karlin 和 Steven Altschul 于 1990 年建立。它涉及如下几个基本概念：

序列比对排列（sequence alignment）：简单地说，比对排列就是通过在序列中插入间隔（gap）的方法使所比较的序列长度达到一致，以便更好地对齐和比较序列中的匹配与不匹配部分。

序列同源性（sequence homology）与序列相似性（sequence similarity）是同义词。序列比对排列的目的是寻找同源序列，因此比对排列的作用是使序列之间的相似程度最大。

通常用记分矩阵（相似性记分 similarity score）作为序列相似性测度，以利于计算机自动处理序列比对排列问题。例如，所比较的序列在某一位点均为 A，则可定义该位点的记分值为 1；如果分别为 A 和 C，则可定义该位点的记分值为-1；如果分别为 A 和_ （间隔），也要罚分（penalty）。对所有位点的记分值求和，就获得一种比对排列的总记分值。比较总记分值，就可以定量评价不同比对排列的效果。

全局排列（global alignment）与局部排列（local alignment）：前者是指对序列全长进行最优比对排列，后者则是指序列间的局部区域达到高度相似。全局排列的算法最早由 Needleman 和 Wunsch（1970）提出，而局部排列的算法最早由 Smith 和 Waterman（1981）提出。

上述基本概念的具体内容在"第五节序列比对的基础理论"中还将详细介绍。

（二）BLAST 系列软件

BLAST 系列常用程序的名称与功能，如图 2-4 所示。

各程序的流程与特点如下：

BLASTP：流程图如图 2-5 所示。通过比较查询蛋白质序列与蛋白质数据库中的已知序列，寻找同源蛋白质序列并推导其功能。

tBLASTn：流程图如图 2-6 所示。通过六框翻译（概念性翻译），比较查询蛋白质序列与 DNA 数据库中序列（翻译成蛋白质序列），寻找同源核苷酸序列（表达序列标签，EST）。

BLASTn：流程图如图 2-7 所示。比较查询序列与 DNA 数据库中的已知序列，寻找同源核苷酸序列。

BLASTx：流程图如图 2-8 所示。通过六框翻译，比较查询核苷酸序列（翻译成蛋白质序列）与蛋白质数据库中的已知序列，寻找同源蛋白质序列。

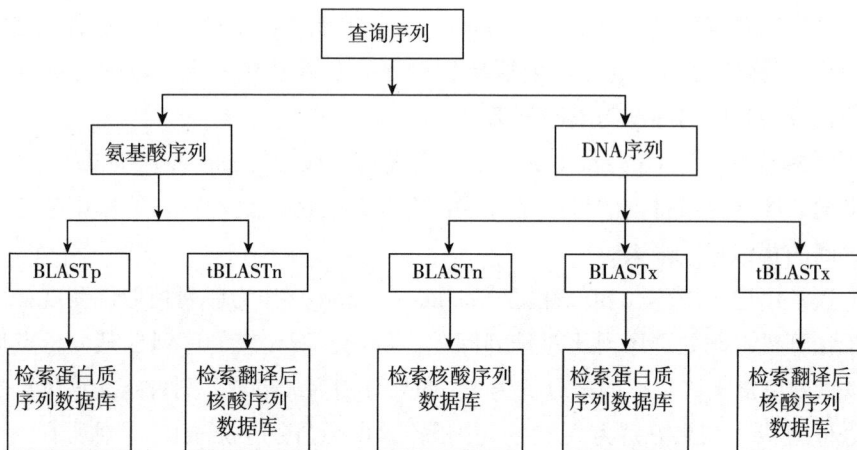

图 2-4　常用 BLAST 系列程序及检索数据库类型

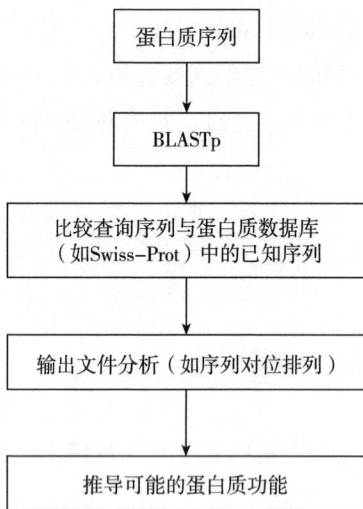

图 2-5　BLASTP 流程图

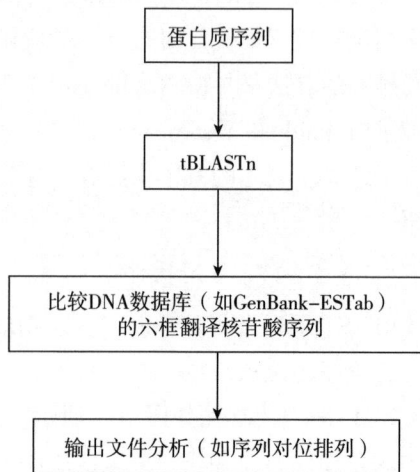

图 2-6　tBLASTn 流程图

新序列的DNA

↓

BLASTx

↓

核苷酸序列（DNA和RNA）　　　发现潜在的编码区（外显子）

↓　　　　　　　　　　　　　　↓

BLASTn　　　　　　　　发现潜在的编码区翻译成氨基酸序列

↓　　　　　　　　　　　　　　↓

比较查询序列与DNA数据库　　　比较六框翻译的氨基酸序列与蛋白质序列
（如NCBI-GenBank）中的已知序列　数据库（如Swiss-Prot）中的已知序列

↓　　　　　　　　　　　　　　↓

输出文件分析（如序列对位排列）　输入文件分析（如序列对位排列）

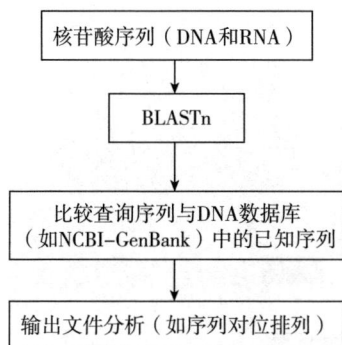

图 2-7　BLASTn 流程图　　　　　图 2-8　BLASTx 流程图

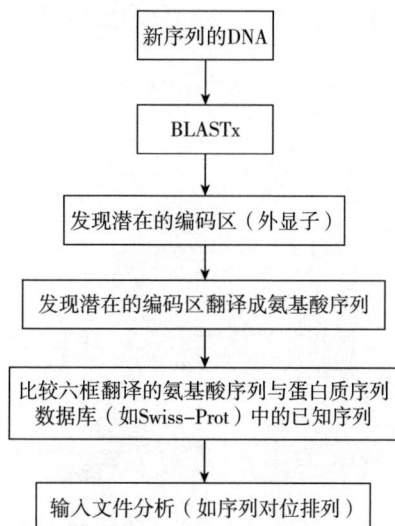

tBLASTx 流程图略。它与 BLASTx 的区别是：同时翻译、查询核苷酸序列和 DNA 数据库中的已知核苷酸序列。

除了上述常用的 BLAST 系列程序，NCBI-GenBank 还开发了多种扩展软件，举例如下：

间隔 BLAST（gapped BLAST），一般的 BLAST 检索不容许查询序列中存在间隔，间隔 BLAST 对此进行了改进，使所使用的记分矩阵和试探性算法被赋予了更多的生物学意义。

PSI-BLAST（Position-Specific Iterated BLAST），该软件分两步：先运行间隔 BLAST，然后将检索结果再作为 PSI-BLAST 的输入。通过特定位置记分矩阵和重复检索，寻找同源序列的最优概形。

BLAST2 和 PowerBLAST 这些程序都是为了适应网络检索的需要而开发的。

（三）BLAST 检索例子

以 NCBI-BLAST 的 BLASTn（标准核苷酸-核苷酸 BLAST）为例，检索界面如图 2-9 所示。用户可以选择自行输入检索序列，也可以直接从 ENTREZ 的检索结果中直接拷贝。

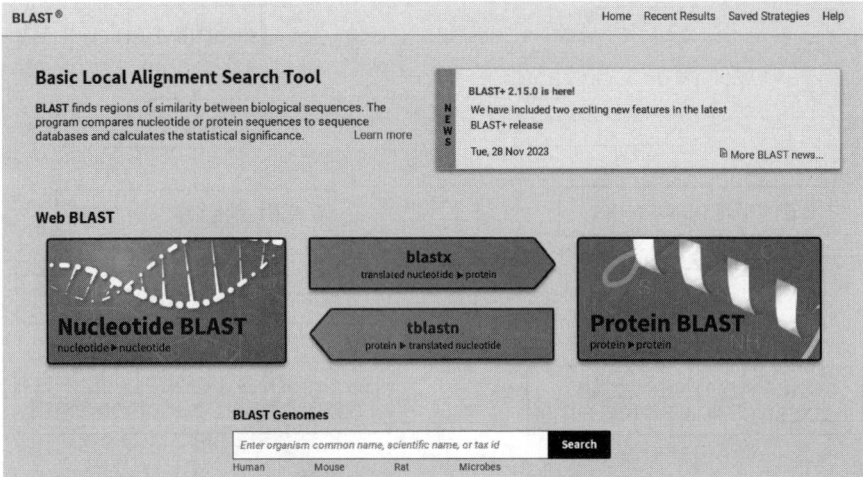

图 2-9　NCBI-BLAST 检索界面

二、序列模体的识别和可视化工具

模体是指序列中局部保守的一段区域，或者一组序列中共有的序列模体。模体一般会对应一定生物学功能，探测和识别序列中的模体对研究细胞中分子的相互作用、基因表达调控等有重要的意义。MEME（multiple EM for motif elicitation）是一个整合的基于网络的 DNA、RNA 和蛋白质序列模体识别的工具包。MEME 软件包包含诸如 MEME、GLAM2、MEME-ChIP、FIMO、GLAM2SCAN、MAST、SPAMO、MCAST、TOMTOM、GOMO、CentriMo 及 AME 等工具，分别完成不同功能的模体识别、检索、比较和模体富集分析等任务。

三、构建序列查询协议

除了基于序列的数据库检索工具外，有时还需要将一级和二级数据库查询整合成一个通用的序列查询协议。其基本思路如下：在一级数据库中首先进行同一性匹配检索，然后进行相似性检索；继续在模式数据库中检索预知特征的序列或折叠模式。决定性的步骤是整合上述检索的结果，以获得一致的蛋白质家族-功能-结构特征。

（一）检索一级数据库

对一个未知蛋白质序列片段，首要步骤是进行同一性检索，最理想的是检索一个复合序列数据库，如 OWL。以肽为例，最合适的同一性检索的长度是 30 个氨基酸残基。

如果同一性检索效果不太好，可以进行相似性检索。在这种情况下，序列的长度要求不如同一性检索限制严格。当然，序列越短，检索出相似性高的序列的可能性也就越大。

（二）检索二级数据库

尽管相似性检索（如 BLAST）可以找到序列簇，但常常还需要检索二级数据库以发现保守的模体作为进一步了解蛋白质结构与功能的基础。重要的步骤是检索概形文库（profile library）（如 ISREC）或应用隐马尔可夫模型（HMM）检索 Pfam 数据库，以获得蛋白质模式信息。通常，还可以检索 PRINTS、BLOCKS 或 IDENTIFY 等二级数据库。

（三）检索结构分类数据库

通过检索 SCOP 和 CATH 及 PDBsum 等数据库，可以获得蛋白质结构分类信息。

值得注意的是，由不同数据库鉴定的模体之间明显存在某些重叠，而没有精确的对应关系。事实上，基于不同数据库的分析方法本身就是不同的。因而，在最终的结果分析中，必须整合所有注释信息。目前，大部分工作是将蛋白质结构分类数据库与一级和二级数据库相结合使用。随着三维结构数据库的发展，越来越多的结构信息还将被整合进来。

四、查询系统树

在生物学信息系统发展中，另一个值得注意的趋势是系统发育数据库（phylogenetic database）的构建。近年来，随着分子系统学（molecular systematics）的进步，分子的或分子与形态相结合的系统发育数据已越来越多，很有必要构建专门的系统发育数据库来存储、展示和分析类群间的系统发育关系信息。

TreeBASE 系统由美国哈佛大学主持，荷兰莱顿大学和美国加州大学戴维斯分校合作建立。该系统收集世界范围内正式发表的有关系统发育研究资料，包括原始数据矩阵、系统发育树、文献信息及相关算法等。TreeBASE 建立初期以植物为主，现在已经扩展到所有真核生物类群，并与部分专业期刊合作，要求在科研文章发表的同时将结果（系统树和数据集）提交到 TreeBASE 数据库中。TreeBASE 以 NEXUS 格式储存信息，每条记录中包含数据集和一个或多个树。目前，TreeBASE 数据库包含 8233 个矩阵和 12817 个树。现在版本与以前相比有了较大的变化，如增加了刊物 DOI、GenBank 号等注释，分类标签与分类名之间的映射，使用 Phylowidget 进行树的可视化和编辑、检索树的拓扑结构等功能。

TreeBASE 向用户提供已分析过的序列数据，可以用分类单元名称为关键词进行检索，并可下载原始数据及系统发育树（NEXUS 格式文件）。用户可方便地进行注册，通过 TreeBASE 主页上的 "Seasch TreeBASE" 条目，进入 TreeBASE 的查询界面，通过 "TreeBASE Submissions" 进入提交数据页面，输入相关关键词进行检索得到想要的文件。

第五节　序列比对的基础理论

序列比较是生物信息学中最基本、最重要的操作，通过序列比较可以发现生物序列中的功能、结构和进化的信息。序列比较的根本任务是：通过比较生物分子序列，发现它们的相似性，找出序列之间共同的区域，同时辨别序列之间的差异。

一、基本概念

序列的相似性可以是定量数值，也可以是定性描述。相似度是一个数值，反映两条序列的相似程度。关于两条序列之间的关系，有许多名词，如相同、相似、同源、同功、直系同源、并系同源等。在进行序列比较时经常使用 "同源"（homology）和 "相似"（similarity）这两个概念，这是两个经常容易被混淆的不同概念。两条序列同源是指它们具有共同的祖先。在这个意义上，无所谓同源的程度，两条序列要么同源，要么不同源。而相似则是有程度的差别，如两条序列的相似程度达到30%或60%。一般来说，相似性很高的两条序列往往具有同源关系；但也有例外，即两条序列的相似性很高，但它们可能并不是同源序列，这两条序列的相似性可能是由随机因素产生的，这在进化上称为 "趋同"（convergence），这样一对序列可称为同功序列。直系同源序列是来自不同种属的同源序列，而并系同源序列则是来自同一种属的序列，它是由进化过程中的序列复制而产生的。

二、点标方法分析两序列间的相似性

点标（dot plot）是两条序列比对排列中最基本也是最直观的方法。设序列 A 和 B 的长度不同，但很接近。我们可以用二维坐标来标定每个位点上的比对情况。如图 2-10 所示，序列 A 为 x 轴，序列 B 为 y 轴。如 $A_i = B_j$，坐标 $(i，j)$ 处赋值为"$*$"，其余赋值为"空白"。逐个比较所有的字符对，最终形成点阵列。

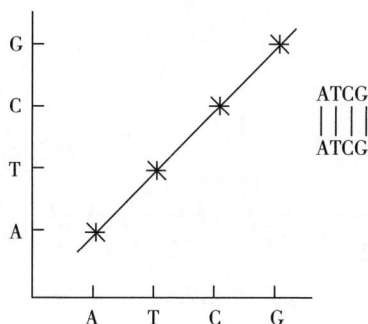

图 2-10　序列比对的点阵图

显然，如果两条序列完全相同，则在点矩阵主对角线的位置都有标记；如果两条序列存在相同的子串，则对于每一个相同的子串对，有一条与对角线平行的由标记点所组成的斜线，如图 2-11 中的斜线代表相同的子串"ATCC"；如图 2-12 所示，而对于两条互为反向的序列，则在反对角线方向上有标记点组成的斜线。

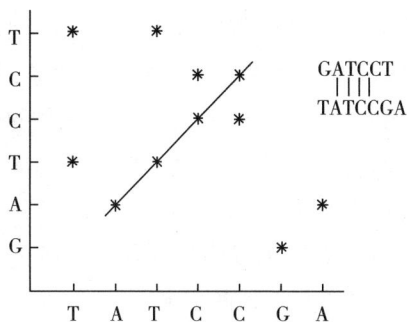

图 2-11　相同子串点阵图

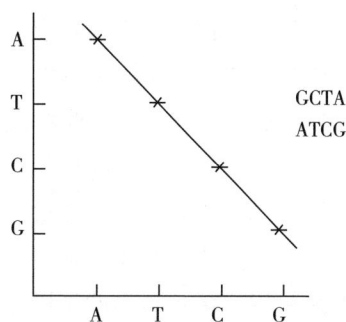

图 2-12　反向序列点阵图

对于阵列标记图中非重叠的与对角线平行斜线，可以组合起来，形成两条序列的一种比对。在两条子序列的中间可以插入符号"–"，表示插入空位字符。在这种对比之下分析两条序列的相似性，如图 2-13 所示。找两条序列的最佳比对（对应位置等同字符最多），实际上就是在阵列标记图中找非重叠平行斜线最长的组合。

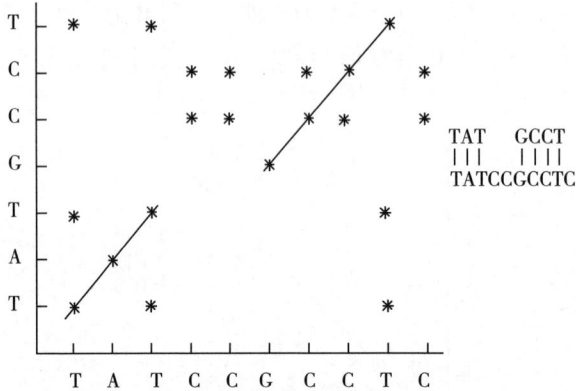

图 2-13　多个相同连续子串序列的点阵图

除非已经知道待比较的序列非常相似，一般先用点矩阵方法比较，因为这种方法可以通过观察阵列的对角线迅速发现可能的序列比对。

两条序列中有很多匹配的字符对，因而在点矩阵中会形成很多点标记。当对比较长的序列进行比较时，这样的点阵图很快会变得非常复杂和模糊。使用滑动窗口代替一次一个位点的比较是解决这个问题的有效方法。假设窗口大小为 10，相似度阈值为 8。首先，将 x 轴序列的第 1~10 个字符与 y 轴序列的第 1~10 个字符进行比较。如果在第一次比较中，这 10 个字符中有 8 个或者 8 个以上相同，那么就在点阵空间（1，1）的位置画上点标记。然后窗口沿 x 轴向右移动一个字符的位置，比较 x 轴序列的第 2~11 个字符与 y 轴序列的第 1~10 个字符。不断重复这个过程，直到 x 轴上所有长度为 10 的子串都与 y 轴第 1~10 个字符组成的子串比较过为止。然后，将 y 轴的窗口向上移动一个字符的位置，重复以上过程，直到两条序列中所有长度为 10 的子串都被两两比较过为止。基于滑动窗口的点矩阵方法可以明显地降低点阵图的噪声，并且可以明确地指出两条序列间具有显著相似性的区域。

以上讨论了如何利用单元矩阵来构建点阵图。更加复杂的点阵图可基于不同的记分规则而构建。这些记分规则规定了不同残基之间相似性程度的分值。例如，可以根据不同残基之间在进化关系、空间结构、理化性质等方面的相似性来规定它们之间的相似性分数值。在这种情况下，由于点阵图不只是简单的稀疏矩阵，那些非主对角线点的信号和噪声同时得到放大，因此噪声过滤就变得十分重要。常用的方法是引入滑动窗口作为平滑函数提高点阵图的信噪比。

三、描述相似性的记分矩阵

如果序列比较仅仅取决于序列间严格一致的区域，那么我们可以将其转化为一种极为简单的程序。然而，大多数序列比对排列不仅仅限制在子序列的范围内，而是涉及全长序列的比较。有时，也不能简单理解为如何减少间隔的数目，而要同时考虑比对排列后序列的生物学意义。例如，某些氨基酸有时应放在非严格一致的位置。

记分矩阵方法（scoring matrix）被广泛应用于评价序列比对排列的质量。通常使用得分（+）、无分（0）或罚分（-）来进行综合评价。考虑未匹配和间隔的罚分及权重不均衡等因素，记分矩阵就更加复杂。人们已提出各种各样的记分矩阵来进行不同的序列比对排列。

不同类型的字符替换，其代价或得分是不一样的，特别是对于蛋白质序列。某些氨基酸可以很容易地相互取代而不用改变它们的理化性质。例如，考虑这样两条蛋白质序列，其中一条在某一位置上是丙氨酸，如果该位点被替换成另一个较小且疏水的氨基酸，如缬氨酸，那么对蛋白质功能的影响可能较小；如果被替换成较大且带电的残基，如赖氨酸，那么对蛋白质功能的影响可能就要比前者大。直观地讲，比较保守的替换比起较随机替换更可能维持蛋白质的功能，且更不容易被淘汰。因此，在为比对打分时，我们可能更倾向对丙氨酸与缬氨酸的比对点给予一定的奖励，而对于丙氨酸与那些大而带电氨基酸（如赖氨酸）的比对点则相反。理化性质相近的氨基酸残基之间替换的代价显然应该比理化性质相差甚远的氨基酸残基替换得分高，或者代价小。同样，保守的氨基酸替换得分应该高于非保守的氨基酸替换。这样的打分方法在比对非常相近的序列及差异极大的序列时，会得出不同的分值。这就是提出得分矩阵（或者称为取代矩阵）的缘由。在得分矩阵中，详细地列出各种字符替换的得分，从而使计算序列之间的相似度更为合理。在比较蛋白质时，可以用得分矩阵来增强序列比对的敏感性。得分矩阵是序列比较的基础，选择不同的得分矩阵将得到不同的比较结果，而了解得分矩阵的理论依据将有助于在实际应用中选择合适的得分矩阵。以下介绍一些常用的得分矩阵或代价矩阵。

（一）核酸得分矩阵

设核酸序列所用的字母表为 A= {A，C，G，T}。

1. 等价矩阵

等价矩阵（表2-3）是最简单的一种得分矩阵，其中，相同核苷酸匹配的得分为"1"，而不同核苷酸的替换得分为"0"（没有得分）。

表2-3　等价矩阵

	A	T	C	G
A	1	0	0	0
T	0	1	0	0
C	0	0	1	0
G	0	0	0	1

2. BLAST 矩阵

BLAST 是目前最流行的核酸序列比较程序，得分矩阵见表2-4。这也是一个非常简单的矩阵，如果被比较的两个核苷酸相同，则得分为"+5"，反之得分为"-4"。

表2-4　BLAST 矩阵

	A	T	C	G
A	5	-4	-4	-4
T	-4	5	-4	-4
C	-4	-4	5	-4
G	-4	-4	-4	5

3. 转换-颠换矩阵

核酸的碱基按照环结构分为两类，一类是嘌呤（腺嘌呤 A，鸟嘌呤 G），它们有两个环；另一类是嘧啶（胞嘧啶 C，胸腺嘧啶 T），它们的碱基只有一个环。如果 DNA 碱基的变化（碱基替换）保持环数不变，则称为转换（transition），如 A→G、C→T；如果环数发生变化，则称为颠换（transversion），如 A→C、A→T 等。在进化过程中，转换发生的频率远比颠换高，而表2-5所示的矩阵正好反映了这种情况，其中转换的得分为"-1"，而颠换的得分为"-5"。

表 2-5 转换-颠换矩阵

	A	T	C	G
A	1	-5	-5	-1
T	-5	1	-1	-5
C	-5	-1	1	-5
G	-1	-5	-5	1

（二）蛋白质得分矩阵

20 种氨基酸的英文缩写与简写，见表 2-6。

表 2-6 20 种氨基酸的英文缩写与简写

氨基酸名称	英文缩写	简写
甘氨酸	Gly	G
丙氨酸	Ala	A
缬氨酸	Val	V
异亮氨酸	Ile	I
亮氨酸	Leu	L
苯丙氨酸	Phe	F
脯氨酸	Pro	P
甲硫氨酸	Met	M
色氨酸	Trp	W
半胱氨酸	Cys	C
丝氨酸	Ser	S
苏氨酸	Thr	T
天冬酰胺	Asn	N
谷氨酰胺	Gln	Q
酪氨酸	Tyr	Y
组氨酸	His	G
天冬氨酸	Asp	D
谷氨酸	Glu	E
赖氨酸	Lys	K
精氨酸	Arg	R

1. 等价矩阵

$$R_{ij} = \begin{cases} 1, & i = j \\ 0 & i \neq j \end{cases}$$

其中，R_{ij} 代表得分矩阵元素，i、j 分别代表字母表第 i 个和第 j 个字符。

2. 遗传密码矩阵 GCM

GCM 矩阵是通过计算一个氨基酸残基转变到另一个氨基酸残基所需的密码子变化数目而得到，矩阵元素的值对应于这种转变的代价。如果变化一个碱基，就可以使一个氨基酸的密码子转变为另一个氨基酸的密码子，则这两个氨基酸的替换代价为 1；如果需要两个碱基的改变，则替换代价为 2；以此类推。值得注意的是，甲硫氨酸（Met）到酪氨酸（Tyr）的转变是仅有的密码子三个位置都发生变化的转换，因此其替换代价为 3。在表 2-7 中，Glx 代表甘氨酸（Gly）、谷氨酰胺（Gln）或谷氨酸（Glu），而 Asx 则代表天冬酰胺（Asn）或天冬氨酸（Asp），X 代表任意氨基酸。GCM 矩阵常用于进化距离的计算，其优点是计算结果可以直接用于绘制进化树，但是它在蛋白质序列比对尤其是相似程度很低的序列比对中很少被使用。

表 2-7　遗传密码矩阵 GCM

	A	S	G	L	K	V	T	P	E	D	N	I	Q	R	F	Y	C	H	M	W	Z	B	X
Ala=A	0	1	1	2	2	1	1	1	1	1	2	2	2	2	2	2	2	2	2	2	2	2	2
Ser=S	1	0	1	1	2	2	1	1	2	2	1	1	2	1	1	1	1	2	2	1	2	2	2
Gly=G	1	1	0	2	2	1	2	2	1	1	2	2	2	1	2	1	1	2	1	1	2	2	2
Leu=L	2	1	2	0	2	1	2	1	2	2	1	1	1	1	1	2	2	1	1	1	2	2	2
Lys=K	2	2	2	2	0	2	1	2	1	2	1	1	1	1	2	2	2	1	2	1	2	2	2
Val=V	1	2	1	1	2	0	2	2	1	1	2	1	2	2	1	2	2	1	2	2	2	2	2
Thr=T	1	1	2	2	1	2	0	1	2	2	1	1	1	1	2	2	1	2	1	2	2	2	2
Pro=P	1	1	2	1	2	2	1	0	2	2	2	2	1	1	2	2	2	1	2	2	1	2	2
Glu=E	1	2	1	1	1	1	2	2	0	1	2	2	1	1	2	2	2	1	2	2	2		
Asp=D	1	2	1	2	2	1	2	2	1	0	1	2	2	2	2	1	2	1	2	2	2	1	2
Asn=N	2	1	2	1	1	2	1	2	2	1	0	1	2	2	2	1	2	1	2	2	2	1	2
Ile=I	2	1	2	1	1	1	1	2	2	2	1	0	2	1	1	2	2	1	1	2	2	2	2
Gln=Q	2	2	2	1	1	2	1	1	1	2	2	2	0	1	2	2	2	0	2	1	2	2	2
Arg-R	2	1	1	1	1	2	1	1	2	2	2	1	1	0	2	2	1	1	1	1	2	2	2
Phe=F	2	1	2	1	2	1	2	2	2	1	2	1	2	2	0	1	1	2	2	2	2	2	2

	A	S	G	L	K	V	T	P	E	D	N	I	Q	R	F	Y	C	H	M	W	Z	B	X
Tyr=Y	2	1	2	2	2	2	2	2	1	2	2	2	2	2	1	0	1	1	3	2	2	1	2
Cys=C	2	1	1	2	2	2	2	2	2	2	2	2	2	1	1	1	0	2	2	1	2	2	2
His=H	2	2	2	1	2	2	2	1	2	1	1	2	1	1	2	1	2	0	2	2	2	1	2
Met=M	2	2	2	1	1	1	1	2	2	2	2	1	2	1	2	3	2	2	0	2	2	2	2
Trp=W	2	1	1	1	2	2	2	2	2	2	2	1	2	2	1	2	2	2	2	0	2	2	2
Glx=Z	2	2	2	2	1	2	2	2	1	2	2	2	1	2	2	2	2	2	2	2	0	1	2
Asx=B	2	2	2	2	2	2	2	1	1	2	1	2	2	2	2	2	2	2	2	2	1	0	2
X	2	2	2	2	2	2	2	2	2	2	2	2	2	2	2	2	2	2	2	2	2	2	2

3. 疏水矩阵

该矩阵（表2-8）是根据氨基酸残基替换前后疏水性的变化而得到得分矩阵。若一次氨基酸替换疏水特性不发生太大的变化，则这种替换得分高，否则替换得分低。

表2-8　蛋白质疏水矩阵

	R	K	D	E	B	Z	S	N	Q	G	T	H	A	C	M	P	V	L	I	Y	F	W
Arg=R	10	10	9	9	8	8	6	6	6	5	5	5	4	3	3	3	3	3	3	2	1	0
Lys=K	10	10	9	9	8	8	6	6	6	5	5	5	4	3	3	3	3	3	3	2	1	0
Asp=D	9	9	10	10	8	8	7	6	6	6	5	5	5	4	4	4	3	3	3	3	2	1
Glu=E	9	9	10	10	8	8	7	6	6	6	5	5	5	4	4	4	3	3	3	3	2	1
Asx=B	8	8	8	8	10	10	8	8	8	7	7	7	6	6	6	5	5	5	4	4	4	3
Glx=Z	8	8	8	8	10	10	8	8	8	7	7	7	6	6	6	5	5	5	4	4	4	3
Ser=S	6	6	7	7	8	8	10	10	10	10	9	9	9	8	7	7	7	7	6	6	6	4
Asn=N	6	6	6	6	8	8	10	10	10	10	9	9	9	8	7	7	7	7	6	6	6	4
Gln=Q	6	6	6	6	8	8	10	10	10	10	9	9	9	8	7	7	7	7	6	6	6	4
Gly=G	5	5	6	6	7	7	10	10	10	10	9	9	8	8	8	7	7	7	6	6	6	5
Thr=T	5	5	5	5	7	7	9	9	9	9	10	10	10	9	9	8	8	8	7	7	7	5
His=H	5	5	5	5	7	7	9	9	9	9	10	10	10	9	9	8	8	8	7	7	7	5
Ala=A	5	5	5	5	7	7	9	9	9	9	10	10	10	9	9	8	8	8	7	7	7	5
Cys=C	4	4	5	5	6	6	8	8	8	8	9	9	9	10	10	9	9	9	8	8	8	5
Met=M	3	3	4	4	6	6	8	8	8	8	9	9	9	10	10	10	9	9	9	8	8	7
Pro=P	3	3	4	4	6	6	7	8	8	8	9	9	9	10	10	10	9	9	9	9	8	7

	R	K	D	E	B	Z	S	N	Q	G	T	H	A	C	M	P	V	L	I	Y	F	W
Val = V	3	3	4	4	5	5	7	7	7	8	8	8	9	10	10	10	10	10	10	9	8	7
Leu = L	3	3	3	3	5	5	7	7	7	7	8	8	8	9	9	9	10	10	10	9	9	8
Ile = I	3	3	3	3	5	5	7	7	7	8	8	8	8	9	9	9	10	10	10	9	9	8
Tyr = Y	2	2	3	3	4	4	6	6	6	6	7	7	7	8	8	9	9	9	9	10	10	8
Phe = F	1	1	2	2	4	4	6	6	7	7	7	8	8	8	8	9	9	9	9	10	10	9
Trp = W	0	0	1	1	3	3	4	4	4	5	5	5	5	6	7	7	7	8	8	8	9	10

4. PAM 矩阵

为了得到得分矩阵，更常用的方法是统计自然界中各种氨基酸残基的相互替换率。如果两种特定的氨基酸之间替换发生得比较频繁，那么这一对氨基酸在得分矩阵中的互换得分就比较高。PAM 矩阵就是这样一种得分矩阵。PAM 矩阵是第一个广泛使用的最优矩阵，它是基于进化原理的，建立在进化的点接受突变（Point Accepted Mutation，PAM）模型基础上，通过统计相似序列比对中的各种氨基酸替换发生率而得到的。Dayhoff 和她的同事研究了 71 个相关蛋白质家族的 1572 个突变，发现蛋白质家族中氨基酸的替换并不是随机的。由此他们断言一些氨基酸的替换比其他替换更容易发生，其主要原因是这些替换不会对蛋白质的结构和功能产生太大的影响。如果氨基酸的替换是随机的，那么，每一种可能的替换频率仅仅取决于不同氨基酸在背景中出现的频率。然而，在相关蛋白质中，存在替换频率大大地倾向于那些不影响蛋白质功能的替换。换句话说，这些点突变已经被进化所接受。这意味着，在进化历程中，相关的蛋白质在某些位置上可以出现不同的氨基酸。

一个 PAM 代表了一个进化的变异单位，即 1% 的氨基酸改变。但是，这并不意味着经过 100 次 PAM 后每个氨基酸都发生变化，因为其中一些位置可能会经过多次改变，甚至可能变回到原先的氨基酸，而其他一些氨基酸可能保持不变。PAM 有一系列的替换矩阵，每个矩阵用于比较具有特定进化距离的两条序列。例如，PAM-120 矩阵用于比较相距 120 个 PAM 单位的序列。一个 PAM-N 矩阵元素（i，j）的值反映两条相距 N 个 PAM 单位的序列中第 i 种氨基酸替换第 j 种氨基酸的概率。从理论上讲，PAM-0 是一个单位矩阵，主对角线上的元素值为 1，其他矩阵元素的值为 0。其他 PAM-N 矩阵可以通过统计计算而得到。首先针对那些确信是相距一个 PAM 单位的序列进行统计分析，得到 PAM-1 矩阵。PAM-1 矩阵对角线上的元素值接近于 1，而其他矩阵元素值接近于 0。例如，可以按下述方法构建 PAM-1 矩阵。首先，构建一个序列间相似度很高（通常大于 85%）的比对。接着，计算每个氨基酸 j 的相对突变率 m_j。相对突变率就是某种氨基酸被其他任意氨基酸替换的次数。比如，丙氨酸的相对突变率是通过计算丙氨酸与非丙氨酸残基比对的次数得到的。然后，针对每个氨基酸对 i 和 j，计算氨基酸 j 被氨基酸 i 替换的次数。最后，将以上替换次数除以对应的相对替换率，利用每个氨基酸出现的频度对其进行标准化，并将以上计算结果取常用对数，于是得到 PAM-1 矩阵中的元素 PAM-1 (i, j)。这种矩阵被称为对数概率矩阵（log odds matrix），因为其中的元素是根据每个氨基酸替换率的对数值来得到的。

　　将 PAM-1 自乘 N 次，可以得到矩阵 PAM-N。虽然 Dayhoff 等只发表了 PAM-250（表 2-9），但潜在的突变数据可以外推至其他 PAM 值，产生一组矩阵。可以根据待比较序列的长度及序列间的先验相似程度来选用特定的 PAM 矩阵，以发现最适合的序列比对。一般来说，在比较差异极大的序列时，通常在较高的 PAM 值处得到最佳结果，比如在 PAM-200 到 PAM-250，而较低值的 PAM 矩阵一般用于高度相似的序列。实践中用得最多的且比较折中的矩阵是 PAM-250。

表 2-9　Dayhoff PAM-250 记分矩阵

	C	S	T	P	A	G	N	D	E	Q	H	R	K	M	I	L	V	F	Y	W
C	12																			
S	0	2																		
T	-2	1	3																	
P	-3	1	0	6																
A	-2	1	1	1	2															
G	-3	1	0	-1	1	5														
N	-4	1	0	1	0	0	0													
D	-5	0	0	-1	0	1	2	4												
E	-5	0	0	-1	0	0	1	3	4											
Q	-5	-1	-1	0	0	-1	1	2	2	5										
H	-3	-1	1	0	-1	-2	2	1	1	3	6									
R	-4	0	-1	0	-2	-3	0	-1	-1	1	2	6								
K	-5	0	0	-1	-1	-2	1	0	0	1	0	3	5							
M	-5	-1	-1	-2	-1	-3	-2	-3	-2	-1	-2	0	0	6						
I	-2	-1	0	-2	-1	-3	-2	-2	-2	-2	-2	-2	-2	2	5					
L	-6	-3	-2	-3	-2	-4	-3	-4	-3	-2	-2	-3	-3	4	2	6				
V	-2	-1	0	-1	0	-1	-2	-2	-2	-2	-2	-2	-2	2	4	2	4			
F	-4	-3	-3	-5	-4	-5	-4	-6	-5	-5	-2	-4	-5	0	1	2	-1	9		
Y	0	-3	-3	-5	-3	-5	-2	-4	-4	-4	0	-4	-4	-2	-1	-1	-2	7	10	
W	-8	-2	-5	-6	-6	-7	-4	-7	-7	-5	-3	-2	-3	-4	-5	-2	-6	0	0	17

5. BLOSUM 矩阵

在不少情况下，Dayhoff PAM 记分矩阵可能失效，因为其置换速率是通过至少具有 85%一致性的序列比对排列所获得的。那些进化距离较远的矩阵是推算出来而不是直接计算得到的，其准确率受一定的限制，这就需要使用新的记分矩阵。BLOSUM 矩阵是由 Henikoff 首先提出的另一种氨基酸替换矩阵，它也是通过统计相似蛋白质序列的替换率而得到的。PAM 矩阵是从蛋白质序列的全局比对结果推导出来的，而 BLOSUM 矩阵则是从蛋白质序列块（短序列）比对而推导出来的。但在评估氨基酸替换频率时，两者应用了不同的策略。BLOSUM 矩阵的基本数据来源于 BLOCKS 数据库，其中包括局部多重序列比对（包含较远的相关序列，与在 PAM 中使用较近的相关序列相反）。虽然在这种情况下没有用进化模型，但它的优点在于可以通过直接观察而不是通过外推获得数据。同 PAM 模型一样，也有一系列的 BLOSUM 矩阵，可以根据亲缘关系的不同来选择不同的 BLOSUM 矩阵进行序列比较。然而，BLOSUM 矩阵阶数的意义与 PAM 矩阵正好相反。低阶 PAM 矩阵适合用来比较亲缘较近的序列，而低阶 BLOSUM 矩阵更多是用来比较亲缘较远的序列。一般来说，BLOSUM-62 矩阵（表 2-10）适于用来比较大约具有 62%相似度的序列，而 BLOSUM-80 矩阵更适合于相似度为 80%左右的序列。

表 2-10　BLOSUM-62 矩阵

	C	S	T	P	A	G	N	D	E	Q	H	R	K	M	I	L	V	F	Y	W
C	4																			
S	-1	5																		
T	-2	0	6																	
P	-2	-2	1	6																
A	0	-3	-3	-3	9															
G	-1	1	0	0	-3	5														
N	-1	0	0	2	-4	2	5													
D	0	-2	0	-1	-3	-2	-2	6												
E	-2	0	1	-1	-3	0	0	-2	8											
Q	-1	-3	-3	-3	-1	-3	-3	-4	-3	4										
H	-1	-2	-3	-4	-1	-2	-3	-4	-2	2	4									
R	-1	2	0	-1	-3	1	1	-2	-1	-3	-2	4								
K	-1	-1	-2	-3	-1	0	-2	-3	-2	1	2	-1	5							
M	-2	-3	-3	-3	-2	-3	-3	-3	-1	0	0	-3	0	6						
I	-1	-2	-2	-1	-3	-1	-1	-2	-2	-3	-3	-1	-2	-4	7					
L	1	-1	1	0	-1	0	0	0	-1	-2	-2	0	-1	-2	-1	4				
V	0	-1	0	-1	-1	-1	-1	-2	-2	-1	-1	-1	-1	-2	-1	1	5			
F	-3	-3	-4	-2	-2	-3	-2	-2	-3	-2	-2	-3	-1	1	-4	-3	-2	11		
Y	-2	-2	-2	-3	-2	-1	-2	-2	-2	-1	-1	-2	-1	3	-3	-2	-2	2	7	
W	0	-3	-3	-3	-1	-2	-2	-3	-3	3	1	-2	1	-1	-2	-2	0	-3	-1	4

相似性记分矩阵的构建，是基于远距离进化过程中观察到的残基替换率，并用不同的记分值表征不同残基之间的相似度。

（三）不同记分方法比较

在实际工作中，不同序列比对排列的优劣可以通过总分（即对核苷酸或氨基酸序列进行比对排列所获得的分数之和）来综合反映。不同的记分方法（模型）的特点可简单归纳如下。

1. 基于"一致性"的记分

在这种记分方法中，仅统计序列位点间的一致性。匹配的位点记正分（通常为1），非匹配的位点记0分。优点：简单明了，适用于高度相似性序列的比对。缺点：没有考虑非匹配位点间不等价问题；在对相似性较低的序列进行比对排列时，效果尤差。

2. 基于"化学相似性"的记分

该方法是对一致性记分方法的局部改进。例如，Mclachlan 和 Feng 等结合氨基酸的性质（如极性、电荷、大小和结构特征），对不同氨基酸进行了加权。优点：考虑了氨基酸和蛋白质的结构与性质。例如，一个氨基酸从极性到非极性的改变对蛋白质的结构与功能的影响，可能比具有相似性质的氨基酸间的突变要显著一些。缺点：并非所有蛋白质的结构与功能的改变都可以用简单的记分描述。

3. 基于"遗传密码"的记分

该方法考虑到当一个氨基酸转换成另一个氨基酸时，在基因组水平上碱基变化的最小数目。优点：具有分子生物学基础。缺点：考虑随机因素较少。例如，碱基变化数目并非总是与氨基酸序列间的相似性相对应。

4. 基于"观察突变"的记分

该方法考虑了比对排列序列中所实际观察到的突变频率。Dayhoff 矩阵和 BLOSUM 矩阵就属于这类方法。优点：以自然界中真实事件为基础。与其他记分方法相比，真实的突变频率更有助于解释序列间的进化关系。缺点：突变频率是从已比对排列的序列中获得的，而初始的比对排列必须人工进行，较为复杂且容易发生错误。

第六节　双序列比对与多重序列比对

一、双序列比对

在序列检索和分析中，经常涉及两条序列比对排列的问题，即通过字符匹配和替换，或者插入间隔和删除字符的方法使不同长度的序列对齐，达到长度一致。优化的比对排列应使间隔的数目最小，同时序列间相似性区域最大。

（一）序列比对排列的基本概念

序列的比对是一种关于序列相似性的定性描述，它反映在什么部位两条序列相似，在什么部位两条序列存在差别。最优比对揭示两条序列的最大相似程度，指出序列之间的根本差异。

例如，对序列 X = CGATCAG（长度为 7）和序列 Y = CGTCAG（长度为 6），只需插入一个间隔即可。比对排列后的两个序列为

X：CGATCAG

Y：CGTCAG

下面就不同类型的编辑操作定义函数 w，它表示"代价（cost）"或"权重（weight）"。

对字母表 A 中的任意字符 a、b，定义如下。

$$\begin{cases} w(a,\ a) = 0 \\ w(a,\ b) = 1(a \neq b) \\ w(a,\ —) = w(—,\ b) = 1 \end{cases}$$

这是一种简单的代价定义，在实际应用中还需使用更复杂的代价模型。一方面，可以改变各编辑操作的代价值。例如，在蛋白质序列比较时，用理化性质相近的氨基酸进行替换的代价应该比完全不同的氨基酸替换代价小。另一方面，也可以使用得分（score）函数来评价编辑操作。下面给出一种基本的得分函数。

$$\begin{cases} p(a,\ a) = 1 \\ p(a,\ b) = 0(a \neq b) \\ p(a,\ —) = p(—,\ b) = -1 \end{cases}$$

在进行序列比对时，可根据实际情况选用代价函数或得分函数。

下面给出在进行序列比对时常用的概念：

（1）两条序列 s 和 t 的比对的得分（或代价）等于将 s 转化为 t 所用的所有编辑操作的得分（或代价）总和。

（2）s 和 t 的最优比对是所有可能的比对中得分最高（或代价最小）的一个比对。

（3）s 和 t 的真实距离应该是在得分函数 p 值（或代价函数 w 值）最优时的距离。

使用前面代价函数 w 的定义，可以得到下列比对的代价。

$$s：\quad AGCACAC-A$$
$$\underline{t：\quad A-CACACTA}$$
$$cost（s，t）= 2$$

而使用得分函数 p 的定义，可以得到下列比对的得分。

$$s：\quad AGCACAC-A$$
$$\underline{t：\quad A-CACACTA}$$
$$score（s，t）= 5$$

进行序列比对的目的是寻找一个得分最高（或代价最小）的比对。

序列比对排列中，有时要用到子序列（sub-sequence）的概念。例如，序列 A 含 200 个碱基，序列 B 含 500 个碱基。如果整个序列 A 与序列 B 的一部分完全一致，则称 A 为 B 的子序列。图 2-14（a）列出了对 A 和 B 进行比对排列的简单方法。

如果 A 有两个区域分别与 B 一致，则需要将 A 分为两部分，两端和中间分别插入间隔即可，如图 2-14（b）所示。

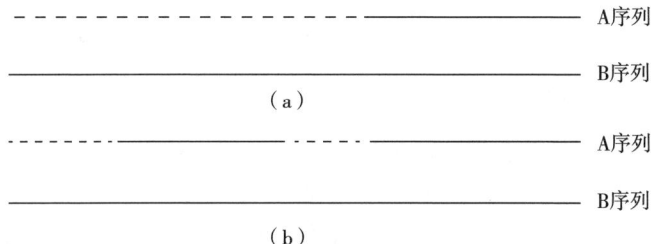

图 2-14　子序列与比对排列

显然，随着所比较的序列数目和长度的增加，序列比对排列的工作将变得愈来愈困难。因而，有关的数学方法和计算机程序已成为比对排列所不可缺少的手段。

（二）局部相似性和整体相似性

从上面的介绍中可以看出，序列比对基于某个数学模型，模型的参数可加以调节。不同模型所反映的生物学性质不同。例如，可以根据分子结构、功能和进化等方面的相关性来进行构建。必须指出，比对结果没有正确和错误之分，其区别是由于模型所反映的生物学性质不同。

总体来说，比对模型可以分为两类：一类是考察两个序列之间的整体相似性，称为全局性比对；另一类则着眼于序列中的某些特殊片段，比较这些片段之间的相似性，即局部性比对。搞清这两类相似性和这两种不同比对方法之间的区别，对于正确选择比对方法十分重要。应该指出，在实际应用中，用整体比对方法企图找出只有局部相似性的两个序列之间的关系，显然是徒劳的；而用局部比对得到的局部相似性结果不能说明这两个序列的三维结构或折叠方式是否相同。

目前，常用的 BLAST 和 FASTA 等数据库搜索程序均采用局部相似性比对方法，具有较快的运行速度，采用某些优化算法可进一步提高速度。局部相似性搜索主要用于找出序列中的功能位点，如酶的催化位点等。它们通常只有一个或几个残基，具有较高的保守性，并且不受序列中其他部分的插入和突变的影响。从这个意义上说，局部相似性搜索比整体相似性比对更加灵敏，也更具有生物学意义。需要特别指出，那些具有一定相似性的序列片段不一定具有相同的三维结构。

（三）整体比对算法

在对上述基本概念有所了解后，我们开始讨论整体比对的 Needleman-Wunsch 算法，该算法由 Needleman 和 Wunsch 在 1970 年首次提出。整体比对方法中，两条蛋白质序列具有最多匹配残基定义为最佳匹配，其中允许进行必要的插入或缺失。为控制无限制的空位插入，此处引入罚分概念。

Needleman-Wunsch 算法的规则总结如下。

（1）将两序列中匹配残基所对应单元的值置为 1，不匹配的值置为 0。

（2）然后对矩阵中每个单元由右下角向左上角进行连续求和，即把能够到达该位置的所有单元中最大值与该位置的值相加。若令当前位置为第 i 行、第 j 列，那么能够达到它的单元为：①第 $i+1$ 行中的第 j 个单元之后的所有单元；②第 j+1 列中的第 i 个单元之后的所有单元。

（3）对矩阵的所有单元都重复这一操作，直到全部结束为止。这样，可以构建一条最大匹配路径，它由 N 端具有最大值的单元格开始，按照取最大值的原则一直到 C 端，即从序列的起始开始到最后一个残基为止。

（4）不在主对角线上的单元格表示需要在此插入空位。

（5）根据上述求和过程的特性，最大分值单元一定是在序列的 N 端，也就是矩阵左上角。从这一起始单元回溯，找出具有最大分值的路径，即最佳比对路径。

（四）局部比对算法

Needleman-Wunsch 算法适用于整体水平上相似性程度较高的两个序列。如果两个序列的亲缘关系较远，它们在整体上可能不具有相似性，但在一些较小的区域上却可能存在局部相似性。1981 年，Smith 和 Waterman 提出了一种用来寻找并比较这些具有局部相似性区域的方法，即常用的 Smith-Waterman 算法。与 Needleman-Wunsch 算法类似，它也是一种基于矩阵的方法，而且也同样是运用回溯法（backtracking）建立允许空位插入的比对。

多年来，Smith-Waterman 算法一直是序列局部比对算法的基础，许多其他算法都是基于这一算法开发和改进的。它也经常作为比较不同比对方法的标准。Smith-Waterman 算法在识别局部相似性时，确实具有很高的灵敏度，但使用时要注意，它只是寻找序列中一些小的、具有局部相似性的片段，而不是序列的整体相似性。

Smith-Waterman 算法的规则总结如下。

假定两个序列 $A = a_1a_2a_3\cdots a_n$，$B = b_1b_2b_3\cdots b_m$，n 和 m 分别是两个序列的长度。

（1）构建 $(n+1) \times (m+1)$ 阶起始记分矩阵 $\boldsymbol{H}$。

令第一行和第一列的起始值为 0，即 $H_{k0} = H_{0l} = 0(0 \leqslant k \leqslant n, 0 \leqslant l \leqslant m)$。

（2）给定替换矩阵 $\boldsymbol{S}$ 和罚分规则 W。

替换矩阵可以人为设定，比如在本书中按下式计算：

$$S(a_i, b_j) = \begin{cases} 3 & a_i = b_j \\ -3 & a_i \neq b_j \end{cases}$$

一般有仿射和线性罚分两种规则。对于线性罚分 $W_k = kW_1$，本书中设定 $W_1 = 2$。

（3）按如下递推函数给出记分矩阵的每一单元值：

$$H_{ij} = \max \begin{cases} H_{i-1,\,j-1} + S(a_i,\,b_j) \\ \max_{k \geqslant 1} \{ H_{i-k,\,j} - W_k \} \\ \max_{l \geqslant 1} \{ H_{i,\,j-1} - W_l \} \end{cases} \qquad (1 \leqslant i \leqslant n,\ 1 \leqslant j \leqslant m)$$

这里 $H_{i-1,\,j-1} + S(a_i,\,b_j)$ 是 a_i 和 b_j 比对得分，$H_{i-k,\,j} - W_k$ 为当 a_i 是长度为 k 的空位终端时的得分，$H_{i,\,j-l} - W_k$ 为当 b_j 是长度为 l 的空位终端时的得分。

（4）回溯：从右下角往左上角回溯，从最高分值单元开始直到单元值为 0 为止，为一个局部相似的片段。Smith-Waterman 算法一个重要特性是矩阵中每个单元值均可以是比对结果序列片段的终点，该片段的相似性程度由该单元中的分数值表示。

（五）序列比对的主要用途

1. 系统发育分析

通过序列比对，可以寻找序列间的同源性（相似性），这种同源相似性是序列间进化关系的一种反映，所构建的数据矩阵成为系统发育分析的基础。

2. 结构预测

将新获得的序列与已知结构的蛋白质序列进行比对，可以通过序列同源性来粗略地推测其结构的相似性。

3. 序列模体鉴定

通过局部比对可以鉴定蛋白质和核苷酸序列中潜在的序列和功能模体。

4. 功能预测

蛋白质序列间的高度相似性通常意味着同源序列间的功能相似性。

5. 数据库搜索

这是序列比对很重要的一个应用。BLAST 就是一个例子。值得一提的是，尽管手工比对因费时费力已基本上被计算机软件所取代。在一些情况下，某些软件自动排列结果可能会出现一些偏差，特别是某些序列涉及复杂的生物学背景时，这时手工校正不失为一种重要的补充途径。如果使用了手工排列，一般应在文章或报告中加以说明。

二、多重序列比对

（一）多重序列比对的意义

与序列两两比对不一样，多重序列比对（multiple sequence alignment）的目标是发现多条序列的共性。如果说序列两两比对主要用于建立两条序列的同源关系和推测它们的结构、功能，那么，同时比对一组序列对于研究分子结构、功能及进化关系更为有用。例如，某些在生物学上有重要意义的相似性只能通过将多个序列对比排列起来才能识别。同样，只有在多重序列比对之后，才能发现与结构域或功能相关的保守序列片段。对于一系列同源蛋白质，人们希望研究隐含在蛋白质序列中的系统发育的关系，以便更好地理解这些蛋白质的进化。在实际研究中，生物学家并不是仅仅分析单个蛋白质，而是更着重于研究蛋白质之间的关系，研究一个家族中的相关蛋白质，研究相关蛋白质序列中的保守区域，进而分析蛋白质的结构和功能。序列两两比对往往不能满足这样的需要，难以发现多个序列的共性，必须同时比对多条同源序列。

多重序列比对有时用来区分一组序列之间的差异；但其主要用于描述一组序列之间的相似性关系以便对一个基因家族的特征有一个基本了解。与双序列比对一样，多重序列比对的方法建立在某个数学或生物学模型之上。因此，正如我们不能对双序列比对的结果得出"正确或错误"的简单结论一样，多重序列比对的结果也没有绝对正确和绝对错误之分，而只能认为所使用的模型在多大程度上反映了序列之间的相似性关系及它们的生物学特征。

图 2-15 是从多条免疫球蛋白序列中提取的 8 个片段的多重序列比对。这 8 个片段的多重序列比对揭示了保守的残基（一个是来自二硫键的半胱氨酸，另一个是色氨酸）、保守区域（特别是前 4 个片段末端的 Q-PG）和其他更复杂的模式，如 1 位和 3 位的疏水残基。实际上，多重序列比对在蛋白质结构的预测中非常有用。

```
V T I S C T G S S S N I G A G - N H V K W Y Q Q L P G
V T I S C T G T S S N I G S - - I T V N W Y Q Q L P G
L R L S C S S S G F I F S S - - Y A M Y W V R Q A P G
L S L T C T V S G T S F D D - - Y Y S T W V R Q P P G
P E V T C V V V D V S H E D P Q V K F N W Y V D G - -
A T L V C L I S D F Y P G A - - V T V A W K A D S - -
A A L G C L V K D Y F P E P - - V T V S W N S G - - -
V S L T C L V K G F Y P S D - - I A V E W E S N G - -
```

图 2-15　多重序列比对

多重序列比对也能用来推测各个序列的进化历史。从图 2-15 可以看出，前 4 条序列与后 4 条序列可能是从两个不同祖先演化而来的，而这两个祖先又是由一个最原始的祖先演化得到。实际上，其中的 4 个片段是从免疫球蛋白的可变区域取出的，而另 4 个片段则从免球蛋白的恒定区域取出。当然，如果要详细研究进化关系，还必须取更长的序列进行比对分析。

构建多重序列比对模型可以从多个不同角度出发。这里，主要是指建立比对模型的生物学基础，而不仅是具体的比对方法如自动比对或手动比对等。目前，构建多重序列比对模型的方法大体可以分为两大类：第一类是基于氨基酸残基的相似性，如物化性质、残基之间的可突变性等；另一类方法则主要利用蛋白质分子的二级结构和三级结构信息，也就是说根据序列的高级结构特征帮助确定比对结果。显然，这两种方法所得结果可能有很大的差别。一般说来，很难断定哪种方法所得结果一定正确，应该说，它们从不同角度反映了蛋白质序列中所包含的生物学信息。

基于序列信息和基于结构信息的比对都是非常重要的比对模型，但它们都有不可避免的局限性，因为这两种方法都不能完全反映蛋白质分子所携带的全部信息。我们知道，蛋白质序列是经过 DNA 序列转录翻译得到的。从信息论角度看，蛋白质序列所携带的信息应该比 DNA 分子更为"接近"实际发生的遗传事件；而蛋白质结构除了序列本身带来的信息，还包括经过翻译后加工修饰所增加的结构信息（残基修饰、分子间相互作用等），最终形成稳定的天然蛋白质结构。因此，这也是对完全基于序列数据的比对方法提出批评的主要原因。显然，如果能够利用结构数据，对于序列比对无疑有很大的帮助。不幸的是，与大量的序列数据相比，实验测得的蛋白质三维结构数据相当有限。在大多数情况下，并没有结构数据可以利用，而只能依靠序列相似性和一些生物化学特性建立一个比较满意的多重序列比对模型。

通过序列的多重比对，可以得到一个序列家族的序列特征。当给定一个新序列时，根据序列特征，可以判断这个序列是否属于该家族。对于多重序列比对，现有的大多数算法都基于渐进比对的思想，在序列两两比对的基础上逐步优化多重序列比对的结果。进行多重序列比对后，可以对比对结果进一步处理，如构建序列的特征模式、将序列聚类及构建分子进化树等。

（二）多重序列比对的定义

为便于描述，可以对多重序列比对过程给出下面的定义：把多重序列比对看作一张二维表，表中每一行代表一个序列，每一列代表一个残基位置。将序列依照下列规则填入表中：一个序列所有残基的相对位置保持不变；将不同序列间相同或相似的残基放入同一列，即尽可能地将序列间相同或相似残基上下对齐。

为便于叙述，可以把比对前序列中残基的位置称为绝对位置。例如，序列Ⅰ第3位残基是甘氨酸G，则绝对位置Ⅰ3就是甘氨酸，而不可能是任何其他氨基酸。相应地，称比对后序列中残基的位置为相对位置。显然，比对后同一列中所有残基的相对位置相同，而每个残基的绝对位置不同，因为它们来自不同的序列。需要说明的是，绝对位置是序列本身固有的属性，或者说是比对前的位置，而相对位置则是经过比对后的位置，也就是比对过程赋予它的属性，见表2-11。

表2-11 多重序列比对的定义

	1	2	3	4	5	6	7	8	9	10
Ⅰ	Y	D	G	G	A	V	—	E	A	L
Ⅱ	Y	D	G	G	—	—	—	E	A	L
Ⅲ	F	E	G	G	I	L	V	E	A	L
Ⅳ	F	D	—	G	I	L	L	Q	A	V
Ⅴ	Y	E	G	G	A	V	V	Q	A	L

注 表示5个短序列（Ⅰ~Ⅴ）的比对结果。通过插入空位，使5个序列中大多数相同或相似残基放入同一列，并保持每个序列残基顺序不变。

（三）调和序列

多重序列比对的最终结果可以用一个调和序列（consensus sequence）表示，通常加在比对后所有序列的下面。调和序列的残基是由对应的同一列残基归纳而得到的，见表2-12。

表2-12 多重序列比对的调和序列

	1	2	3	4	5	6	7	8	9	10
Ⅰ	Y	D	G	G	A	V	—	E	A	L
Ⅱ	Y	D	G	G	—	—	—	E	A	L
Ⅲ	F	E	G	G	I	L	V	E	A	L
Ⅳ	F	D	—	G	I	L	L	Q	A	V
Ⅴ	Y	E	G	G	A	V	V	Q	A	L
	y	d	G	G	A/I	V/L	V	e	A	l

注 最后一行表示经过比对后得到的调和序列。获得调和序列的原则如下：如果每列中只出现一种残基，则在调和序列中用该残基的大写字母表示，如第3列和第4列的G；如果该列中含有不同残基，则用大多数残基对应的小写字母表示，如第1列的y和第2列的d；如果该列中出现相同数目的不同残基，则用这些残基对应的大写字母表示，如第5列的A/I和第6列的V/L。

调和序列只是多重序列比对结果的一种表示方式。还可以用权重矩阵来表示比对结果，如序列谱方法。BLOCKS 数据库则是找出比对结果中没有空位出现的保守模块，并把它们转化成特异性分数矩阵；而 PRINTS 数据库则用人工方法从比对结果中找出所有没有空位的序列模体，其长度一般较短，并依此建立一个非加权的分数矩阵。

（四）多重序列比对的方法

随着序列数量的增加，序列比对算法的复杂性按指数规律增长。降低算法的复杂性，是多重序列比对的一个重要研究方向。因此，产生了不少很有实用价值的多重序列比对算法。这些方法的特点是利用启发式算法降低算法复杂性，以获得一个较为满意但并不一定是最优的比对结果，用来找出子序列、构建进化树、查找保守序列或序列模板，以及进行聚类分析（clustering）等。有的算法将动态规划和启发式算法结合起来。例如，对所有序列进行两两比对，将所有序列与某个特定序列进行比对，根据某种给定的亲缘树进行分组比对等。下面对几种常用的比对方法作一简单介绍。

1. 手工比对方法

手工比对方法在文献中经常被提及。因为难免加入一些主观因素，手工比对通常被认为有很大的随意性。其实，即使用计算机程序进行自动比对，所得结果中的片面性也不能予以忽视。在运行经过测试并具有较高可信度的计算机程序的基础上，结合实验结果或文献资料，对多重序列比对结果进行手工修饰，应该说是非常必要的。

多重序列比对软件已经有许多，其中一些软件内置了编辑程序。最好的办法是将自动比对程序和编辑器整合在一起。为了便于进行交互式手工比对，通常使用不同颜色表示具有不同特性的残基，以帮助判别序列之间的相似性（表 2-13）。颜色的选择十分重要，如果使用不当，看起来不直观，会使比对结果中一些有用信息丢失。相反，如果选择得当，就能从序列比对结果中迅速找到某些重要的结构模式和功能位点。例如，如果用某种颜色表示一组高度保守的残基，那么当某个序列的某一位点发生突变时，由于颜色不同，就可以很容易地识别。颜色的选择可以根据个人喜好，但最好和常用表示方式一致以便于理解和接受，如用来构筑三维模型的氨基酸残基塑料组件和三维分子图形软件所用的颜色分类方法。

表 2-13　氨基酸分组方法和代表性颜色

残疾种类	残疾特性	颜色
Asp（D），Glu（E）	酸性	红色
His（H），Arg（R），Lys（K）	碱性	蓝色
Ser（S），Thr（T），Asn（N），Gln（Q）	极性	绿色
Ala（A），Val（V），Leu（L），Ile（I），Met（M）	疏水性，带支链	白色
Phe（F），Tyr（Y），Trp（W）	疏水性，带苯环	紫色
Pro（P），Gly（G）	侧链结构特殊	棕色
Cys（C）	能形成二硫键	黄色

多重序列比对程序的另一个重要用途是定量估计序列间的关系，并由此推断它们在进化中的亲缘关系。可以通过计算完全匹配的残基数，也可以计算完全匹配残基加相似残基数得到定量关系。这一方法除了可以大略了解序列间的亲缘关系，还可用来评估比对质量。如果序列相似性值低于预料值，有可能是序列间亲缘关系较远，但必须检查比对中是否有错误之处。

长度相仿且相似性程度较高的序列，采用自动比对方法可能会得到相当满意的结果。而当序列长度相差较大且相似性程度较低时，采用自动比对方法得出的结果则不很理想。此时，手工序列编辑器就显得十分有用。通过手工调整，可使结果变得接近实际。此外，采用多种不同方法进行分析，再将结果综合，是一种行之有效的方法。为更好地理解多重序列比对的原理和规则，应该尽可能学会手工比对方法，并把比对结果与计算机自动比对得到的结果进行比较。

2. 同步法

序列同步比对的方法实质是把给定的所有序列同时进行比对，而不是两两比对或分组进行比对。其基本思想是将一个二维的动态规划矩阵扩展到三维或多维。矩阵的维数反映了参与比对的序列数。这类方法对于计算机的系统资源要求较高，通常只能进行少量较短序列的比对。

3. 步进法

（1）多重序列比对的动态规划算法。多重序列比对的最终目标是通过处理得到一个得分最高（或代价最小）的序列对比排列，从而分析各序列之间的相似性和差异。如同处理序列两两比对一样依然可以用动态规划算法。

序列两两比对的得分矩阵相当于二维平面，而对于三条序列，每一种可能的比对可类似地用三维晶格中的一条路径表示，而每一维对应于一条序列。如果存在多条序列，则形成的空间是超晶格。路径的起点为晶格的左下角，路径的终点为晶格的右上后角。

序列两两比对的动态规划算法经改进后可直接用于序列的多重比对。就二重序列而言，将动态规划算法的计算过程看成在二维平面上按一定顺序访问每一个节点，访问节点的先后顺序取决于节点之间的关系。二维平面（或二维晶格）与前面所介绍的超晶格相似，得分矩阵中的位置与每一个晶格节点相对应。在计算过程中，对每个节点逐一计算其得分（或代价）。每个节点的得分代表两个序列前缀的最优比对得分，而晶格最后一个节点（右下角节点）的得分即为两条完整序列的比对得分。

在超晶格中，序列的放置有所不同，计算是从左下角开始的，而不是得分矩阵中的左上角，按节点之间的依赖关系向右上后方推进，直到计算完最后一个节点。实际计算时，可以采用类似二维的计算方式，即先低维后高维（对应于先行后列）。编辑操作有匹配、替换或插入空位三种。计算各操作的得分（包括前趋节点的得分），选择一个得分最大的操作，并将得分和存放于该节点。在三维或超晶格中，计算公式与二维情况相似，但计算一个节点依赖于更多的前趋节点。在三维情况下要考虑 7 个前趋节点，在 k 维情况下要考虑 $2^k - 1$ 个前趋节点。

假设以 k 维数组 A 存放超晶格，则计算过程如下：

$$a\ (0,\ 0,\ \cdots,\ 0) = 0$$

$$a[i] = \max\{a[i - b]\} + SP - score[Column(s,\ i,\ b)]\}$$

式中，i 是一个向量，代表当前点；b 是具有 k 个元素的非零二进向量，代表 i 与前一个点的相对位置差。例如，在二维的情况下，$b = (1,\ 1)$、$(1,\ 0)$ 或 $(0,\ 1)$，s 代表待比对的序列集合，而

$$Column(s,\ i,\ b) = (c_j)_{j \leqslant k}$$

$$c_j = \begin{cases} s_j[i_j] & if \quad b_j = 1 \\ - & if \quad b_j = 0 \end{cases}$$

式中，$s_j[i_j]$ 表示第 j 条序列在第 1 位的字符，SP-score $[Column\ (s, i, b)]$ 代表 SP 模型的得分值。计算过程是一个递推的过程，在计算每个晶格节点得分的时候，将其各前趋节点的值分别加上从前趋节点到当前点的 SP 得分，然后，取最大值作为当前节点的值。

随着待比对序列数目的增加，计算量和所要求的计算空间猛增。对于 k 条序列的比对，动态规划算法需要处理 k 维空间里的每一个节点，计算量自然与晶格中的节点数成正比，而节点数等于各序列长度的乘积。另外，计算每个节点依赖于其前趋节点的个数。在二维情况下，前趋节点个数等于 3，三维时等于 7，四维时等于 15。对于 k 维超晶格，前趋节点的个数等于 $2^k - 1$。这个计算量是巨大的，而动态规划算法对计算空间的要求也是很大的。

（2）优化计算方法。如果待比对的序列很多，多重序列比对所形成的超晶格空间将会非常大，算法不可能访问所有的节点，而且也没有必要这样做。与序列两两比对类似，可以合理推测，代表最优的路径处于主对角线附近，至少不会远离这一中心区域，更不会孤立地出现在超晶格的某个遥远平面上。假设已知一个试探性的路径与最优的路径相近，并且两条路径最多相距 r 个单位，则应当将动态规划算法所要计算的节点限制在以试探性路径为中心、半径为 r 的区域内，这样做无疑可以提高算法的效率。

我们不能盲目地在整个超晶格空间中搜索，而应该利用人工智能空间搜索策略的剪枝技术，根据问题本身的特殊性将搜索空间限定在一个较小的区域范围内。若问题是搜索一条得分最高（或代价最小）的路径，那么，在搜索时，如果当前路径的得分低于某个下限（或累积代价已经超过某个上限），则对当前路径进行剪枝，即不再搜索当前路径的后续空间。

在序列两两比对领域，Fickett 和 Ukkonen 设计了一种称为定界约束的方法来缩小搜索空间、减少计算量，其中得分矩阵的上界和下界可以预先确定或动态变化。为了在多维空间上使用动态规划算法，Carillo 和 Lipman 将这种思想引入多重序列比对，即先进行初步的序列双重比对，以便限制进一步作多重序列全面比对所需要的多维空间，从而减少计算量。这样可以克服多序列比对中维数增加带来的空间复杂度和运算量激增的问题。

（3）星形比对。如果采用标准的动态规划算法计算最优的多重序列比对，会需要很长的时间，即使采用前面所介绍的方法，也一样需要大量的时间。因此，必须考虑其他的方法，首选的就是启发式方法。启发式方法不一定保证最终能得到最优解，但在大多数情况下，其计算结果接近于最优结果。重要的一点是，这类方法能够大大地减少所需的计算时间，加快计算速度。目前所用的算法大部分将序列多重比对转化为序列两两比对，逐渐将两两比对组合起来，最终形成完整的多重序列比对。这种方式又称为渐进法。可以按照星形结构或者树形结构组合两两序列比对。

星形比对是一种启发式方法，由 Gusfield 首次提出。星形比对的基本思想是：在给定的若干条序列中，选择一个核心序列，通过该序列与其他序列的两两比对，形成所有序列的多重比对 a，从而使 a 在核心序列和任何一个其他序列方向的投影都是最优的两两比对。

设 S_1，S_2，$\cdots$，S_k 是 k 条待比对的序列。假设已知核心序列是 S_c（其中，c 为 1 到 k 的某个值），则可以利用标准的动态规划算法求出所有 s_i 和 s_c 的最优两两比对。这个过程的时间复杂度为 $O\left(kn^2\right)$（假设所有序列的长度为 n）。接下来，将这些序列两两比对聚集起来，并根据"只要是空位，则永远是空位"的原则进行合并。聚集过程从某一个两两比对开始（如 S_1 和 s_c），然后逐步加上其他的两两比对。在这个过程中，逐步增加 s_c 中的空位字符，以适应其他的比对，但决不删除 s_c 中已存在的空位字符。假设在上述过程中的某一时刻，有一个由 s_c 指导的、已经建立好的部分序列的多重比对，接下来就是加入一个新的、与 s_c 两两比对的序列，如果需要，则插入新的空位字符。这个过程一直进行到所有的两两比对都加入以后才结束。

那么，如何选择核心序列呢？一种简单的方法就是尝试将每一个序列分别作为核心序列，按上述过程进行比对，取结果最好的一个。另一种方法是计算所有的两两比对，取下式值最大的一个。

$$\sum_{i \neq c} \mathrm{sim}(s_i, \ s_c)$$

例如，有 5 个序列：

$$s_1 = \mathrm{ATTGCCATT}$$
$$s_2 = \mathrm{ATGGCCATT}$$
$$s_3 = \mathrm{ATCCAATTTT}$$
$$s_4 = \mathrm{ATCTTCTT}$$
$$s_5 = \mathrm{ACTGACC}$$

根据它们之间的相似性度量建立，如表 2-14 所示。从表 2-14 中可以看出，选 $s=s_1$ 时，上式取最大值。接下来，计算 s_1 与其他序列的最优两两比对。假设得到下述各两两比对：

ATTGCCATT ATTGCCATT—

ATTGCCATT ATTGCCATT

ATGGCCATT AT–CCAATTTT

ATCTTC–TT ACTGACC——

表 2-14　两两比对得分

	s_1	s_2	s_3	s_4	s_5
s_1		7	−2	0	−3
s_2	7		−2	0	−4
s_3	−2	−2		0	−7
s_4	0	0	0		−3
s_5	−3	−4	−7	−3	

在这个例子中，核心序列 s_1 中的空位字符是由于 s_3 序列在末端引入的两个空位字符。最后多重序列比对的结果如下：

$$s_1 = \text{ATTGCCATT—}$$

$$s_2 = \text{ATGGCCATT—}$$

$$s_3 = \text{ATC—CAATTT}$$

$$s_4 = \text{ATCTTC—TT——}$$

$$s_5 = \text{ACTGACC———}$$

星形比对虽然是一种多重序列比对的近似方法，但是通常能提供一个较好的近似解。如果用某种代价函数来评判多重序列的比对结果，则可以证明，用该方法所得到的多重序列比对的代价不会大于最优多重序列比对代价的 2 倍。

（4）其他多重序列比对算法：在多重序列近似比对算法方面，除渐进方法之外，还有许多其他方法，如用遗传算法、模拟退火算法、隐马尔可夫模型等。专注于全局比对的多重序列比对程序有 ChstalW、MAP、MSA、PILE-UP 等。可进行局部比对的程序有 PIMA、BLOCK Maker、MEME、MACAW、SAM 等。另外，还有 Dialign，该程序注重于寻找多条序列中相似的区域。

目前，使用最广泛的多重序列比对程序是 ClustalW。ClustalW 是一种渐进的比对方法，基于相似序列通常具有进化相关性这一假设。比对过程中，先对所有的序列进行两两比对并计算它们的相似性分数值，然后根据相似性分数值将它们分成若干组，并在每组之间进行比对，计算相似性分数值。根据相似性分数值继续分组比对，直到得到最终比对结果。比对过程中，相似性程度较高的序列先进行比对，而距离较远的序列添加在后面，从最紧密的两条序列开始，逐步引入邻近的序列，并不断重新构建比对，直到所有序列都被加入为止。计算得到一个距离矩阵，该矩阵反映每对序列之间的关系，根据距离矩阵计算产生系统发生树。

ClustalW 的程序是免费软件，很容易从互联网上下载，在任何主要的计算机平台上都可以运行。在美国国家生物技术信息中心（NCBI）的 FTP 服务器上可以找到下载的软件包，在欧洲生物信息学研究所（EBI）的主页还提供了基于 Web 的 ClustalW 服务，用户可以把序列和各种要求通过提交表单的方式将序列和比对要求发送到服务器，服务器处理完后会将结果通过电子邮件发送给用户。ClustalW 输入和输出格式的支持也比较灵活，可以是 FASTA 格式或其他多种格式。

第三章 蛋白质结构预测与分析

蛋白质是生命活动的体现。众所周知，结构决定功能，因此研究蛋白质的结构非常重要。本章重点介绍蛋白质结构预测与分析，从蛋白质结构的组织层次的确定和预测，到蛋白质折叠的机制与过程，进行深入的剖析，旨在帮助读者全方面了解蛋白质结构相关内容。

第一节 蛋白质结构组织层次

蛋白质分子是一类结构极其复杂的生物大分子，其分子结构的多样性和复杂性是功能多样性的基础。丹麦生物化学家 Linderstram 首先将蛋白质结构划分为一级结构、二级结构和三级结构；随后，英国科学家 Bernal 又使用四级结构来描述复杂的蛋白质结构。随着实验技术的发展，在二级结构和三级结构之间又发现了超二级结构和结构域，从而揭示了蛋白质结构丰富的组织层次。

一、蛋白质结构特征

我们从以下几个方面来描述和理解蛋白质的一级结构、二级结构、超二级结构、结构域、三级结构及四级结构。

（一）一级结构

蛋白质的一级结构（primary structure）是指多肽链的氨基酸残基的排列顺序，它是由氨基酸个体通过肽键共价连接而成的。氨基酸是构成蛋白质一级结构的基本单位，天然蛋白质中的常见氨基酸共有 20 种。若两个不同蛋白质的一级结构具有显著相似性，则称它们很可能彼此同源（homology）。一级结构是蛋白质结构层次体系的基础，它是决定更高层结构的主要因素。

（二）二级结构

蛋白质二级结构（secondary structure）是指多肽链主链原子借助氢键沿

一维方向排列成具有周期性的结构构象，是多肽链局部的空间结构（构象），主要有α-螺旋、β-折叠、β-转角、无规卷曲等形式。

1. α-螺旋

α-螺旋（a-helix）是蛋白质中最常见、最典型、含量最丰富的结构元件，它呈现为一种重复性结构。其结构特征为：①主链骨架围绕一个假想的中心轴盘绕形成右手螺旋；②螺旋每上升一圈是 3.6 个氨基酸残基，螺距为 0.54nm；③相邻螺旋圈之间形成氢键；④侧链基团位于螺旋的外侧。

不利于α-螺旋形成的因素主要是：①存在侧链基团较大的氨基酸残基；②连续存在带相同电荷的氨基酸残基；③存在脯氨酸残基。

2. β-折叠

β-折叠（β-pleated sheet）结构是 1951 年由 Pauling 等首先提出来的，在许多蛋白质中存在。折叠可以有两种形式，一种是平行式（parallel），另一种是反平行式（antiparallel）。在平行β-折叠中，相邻肽链是同向的，如图 3-1（a）所示。而在反平行β-折叠中，相邻肽链是反向的，如图 3-1（b）所示。β-折叠中每条肽链称为β-折叠股，可将它设想为一个二重螺旋或二重带，每螺圈含两个氨基酸残基。其结构特征为：①若干条肽链或肽段平行或反平行排列成片。②所有肽键的羰基碳（C=O）和氨基氢（N—H）形成链间氢键。③侧链基团分别交替位于片层的上方和下方。

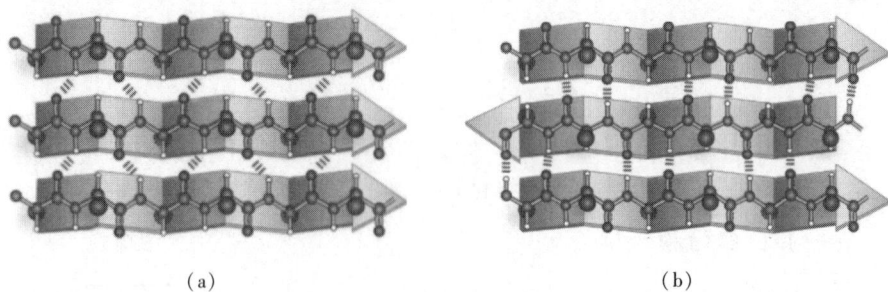

(a)   (b)

图 3-1　两种不同 β-折叠结构

3. β-转角

β-转角（β-turn）常发生于多肽链 180° 回折时的转角上，通常由 4 个氨基酸残基构成，借 1、4 残基之间形成氢键，这种氢键作用使得 β-转角形成一个紧密的环状结构，从而增加了其稳定性。目前发现 β-转角多数存在于球状蛋白质分子表面，它是一种非重复性结构。

4. 无规卷曲

无规卷曲是主链骨架无规律盘绕的部分，泛指那些不能归入明确的二级结构（如折叠片或螺旋）的多肽区段。无规卷曲常出现在 α-螺旋与 α-螺旋、α-螺旋与 β-折叠、β-折叠与 β-折叠之间。它是形成蛋白质三级结构所必需的，酶的功能部位常常处于这种构象区域。

（三）超二级结构、结构域

超二级结构（supersecondary structure）和结构域（domain）是介于蛋白质二级结构与三级结构之间的空间结构。

超二级结构是指相邻的二级结构单元组合在一起，彼此相互作用，排列形成规则的、在空间结构上能够辨认的二级结构组合体，同时充当三级结构的构件（building block），其基本形式有 αα、ββ 和 βαβ 等（图 3-2）。

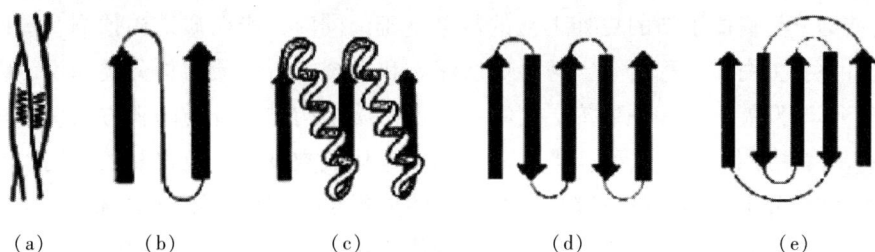

图 3-2　蛋白质的超二级结构

(a) αα；(b) ββ；(c) βαβ；(d) β 曲折；(e) 回形拓扑结构

结构域是在超二级结构的基础上形成的三级结构的局部折叠区，它是相对独立的紧密球状实体，通常由 50~300 个氨基酸残基组成，其特点是在三维空间可以明显区分和相对独立，并且具有一定的生物功能。基序（motif）是结构域的亚单位，长度可以从几个氨基酸到几十个氨基酸，通常由 1~3 个二级结构单位组成，一般为 α-螺旋、β-折叠和环（loop）。较大的蛋白质分子一般含有两个以上的结构域，其间以柔性的铰链（hinge）相连，以便相对运动。

（四）三级结构

三级结构（tertiary structure）是指整条多肽链的三维结构，包括主链骨架和所有侧链原子的空间排列。三级结构是在二级结构的基础上进一步盘绕、折叠，通过氨基酸侧链之间的疏水相互作用、氢键、范德华力和静电作用形成并维持的。如果蛋白质分子仅由一条多肽链组成，三级结构就是它的最高结构层次。

（五）四级结构

四级结构（quaternary structure）是指在亚基和亚基之间通过疏水作用等次级键结合成为有序排列的特定的空间结构。亚基（subunit）通常由一条多肽链组成。构成四级结构的每条肽链，称为一个亚基。亚基通常由一条多肽链组成，虽然具有二级、三级结构，但是在单独存在时并没有生物学功能，只有组合成完整的四级结构才具有生物学功能。

二、蛋白质结构分类系统

蛋白质结构分类是蛋白质结构研究的一个重要方向，是功能分类和功能进化研究的重要依据。近年来，已知蛋白质结构的数量迅速增加，这为蛋白质结构分类提供了新的更加丰富的数据基础。同时，蛋白质结构预测、蛋白质折叠及蛋白质工程研究，需要更加深入和系统的蛋白质结构分类知识。因此，不断发展出了一系列按层次体系对蛋白质结构进行分类的新方法、新程序，并将应用这些方法所获得的分类知识构建成数据库，免费开放使用。蛋白质结构分类数据库是三维结构数据库的重要组成部分。蛋白质结构分类可以包括不同层次，如折叠类型、拓扑结构、家族、超家族、结构域、二级结构、超二级结构等。网络公开的蛋白质分类数据库很多，此处简单介绍两个主要的蛋白质结构分类数据库——SCOP2 和 CATH。

（一）SCOP2 数据库

英国医学研究理事会（Medical Research Council，MRC）的分子生物学实验室和蛋白质工程研究中心于 2014 年 2 月正式发布了蛋白质结构分类数据库 SCOP（structural classification of proteins）的全面升级版 SCOP2。该数据库在搜集、整理、分析 PDB 数据库中已知的蛋白质三维结构的基础上，详细描述了已知结构的蛋白质在结构、进化事件与功能类型三个方面的关系。鉴于目前结构自动比较程序尚不能可靠地鉴别所有的结构和进化关系，数据库的构建除使用计算机程序外，还依赖于人工验证。由于蛋白质结构种类繁多、大小不一，有的只有一个结构域，有的则有许多结构域，构建结构分类数据库是一项十分复杂的工作。对于某些蛋白质，有时需要同时从单个结构域和多个结构域水平加以考虑。SCOP2 把 SCOP 中仅基于蛋白质结构的树状等级分类系统发展成为同时考虑结构、进化事件与功能类型三个方面的单向非循环网状分类系统。在这个网状系统中，两个蛋白质之间存在的多条路径可以表示出二者之间在不同方面的关系。在 SCOP2 数据库里搜索新序列、新结构，可以得到与之相似的已知结构和功能的蛋白质，从而预测新序列、新结构的功能。SCOP2 数据库可以通过主页上的搜索栏和整体数据浏览功能进行数据访问。

SCOP2 把所有已知三维结构的蛋白质分为四个层次，最高层次为结构类型（structural class），每个结构类型又分为不同的折叠（fold），每个折叠再分为不同超家族（superfamily），最后，每个超家族分为不同家族（family）。不同分类层次，反映不同程度的结构相似性。

家族：SCOP2 数据库的第一个分类层次为家族，其依据为序列同一性程度。通常将序列同一性在 30% 以上的蛋白质归入同一家族，即它们之间有比较明确的进化关系。当然，这一指标也并非绝对。在某些情况下，尽管序列的同一性低于这一标准，如某些珠蛋白家族的序列同一性只有 15%，但也可以从结构和功能相似性推断它们来自共同祖先。

超家族：如果序列相似性较低，但其结构和功能特性表明它们有共同的进化起源，则将其视为超家族。

折叠：无论有无共同的进化起源，只要二级结构单元具有相同的排列和拓扑结构，即认为这些蛋白质具有相同的折叠方式。在这些情况下，结构的相似性主要依赖于二级结构单元的排列方式或拓扑结构。

结构类型：包括 α-螺旋结构域、β-折叠结构域、α/β 结构域（主要由"β-α-β"结构单元或平行 β-折叠结构组成）、α+β 结构域（主要由反平行 β-折叠结构和独立的 α-螺旋结构组成）、多结构域蛋白、细胞膜和细胞表面蛋白，以及多肽（不包括免疫系统的有关蛋白）、"小"蛋白、卷曲螺旋蛋白、已经获得低分辨率蛋白质结构的蛋白质、多肽和多肽片段、人工设计的蛋白质和非天然蛋白序列。

（二）CATH 蛋白质结构分类数据库

CATH 是另一个著名的蛋白质结构分类数据库，与 SCOP2 类似，CATH 也是自上而下把已知蛋白质结构分为四个层次：类型（class）、构架（architecture）、拓扑结构（topology）和同源性（homology）。CATH 这个名称正是来源于这四个层次名称的首字母，这个数据库由英国伦敦大学 UCL 开发和维护。CATH 数据库的构建既使用计算机程序，也进行人工检查，但人工检查内容比重低于 SCOP2。CATH 数据库的分类基础是蛋白质结构域。CATH 的第一个层次把蛋白质分为四类，即 α 主类、β 主类、α-β 类（包括 α/β 和 α+β 类）和低二级结构类。低二级结构类是指二级结构成分含量很低的蛋白质分子。CATH 数据库的第二个层次分类依据为由 α-螺旋和 β-折叠形成的超二级结构排列方式，而不考虑它们之间的连接关系。形象地说，就是蛋白质分子的构架，如同建筑物的立柱、横梁等主要部件，这一层次的分类主要依靠人工方法。

第三个层次为拓扑结构，即二级结构的形状和二级结构间的联系。第四个层次为结构的同源性，它是先通过序列比对，然后再用结构比较来确定的。CATH 数据库的最后一个层次考虑了序列（sequence）水平上的相似性，在这一层次上，只要结构域中的序列同源性大于 35%，就被认为具有高度的结构和功能相似性。对于较大的结构域，则至少要有 60% 与小的结构域相同。CATH 数据库可以通过 UCL 的生物分子结构和模拟实验室的网络服务器来查询。通过 UCL 生物分子结构和模拟实验室的网络服务器，用户还可以查询 PDBsum 数据库。PDBsum 数据库提供对 PDB 数据库中所有结构信息的总结和分析。每个总结给出了与 PDB 库中条目相关的简要信息，如分辨率、R 因子、蛋白质主链数目、配体、金属离子、二级结构、折叠图和配体相互作用等。这不但有助于用户了解 PDB 数据库中包含的结构信息，而且提供了获取一维序列、二维序列模体和三维结构信息的统一的用户界面。随着计算机图形技术的发展，这种图文并茂的网络资源会越来越丰富，新一代的计算机软件可以使用户更方便地利用这些信息资源。

第二节　蛋白质结构的测定与理论预测

一、蛋白质结构的实验测定

根据蛋白质的状态，测定蛋白质三维结构的方法分为三大类：①X 射线晶体衍射图谱法（X-ray crystallography）和中子衍射法测定晶体中的蛋白质分子构象。②磁共振法（nuclear magnetic resonance，NMR）测定溶液中的蛋白质构象。③电子显微镜二维晶体三维重构（电子晶体学，electron crystallography，EC）。

（一）X 射线晶体衍射图谱法

X 射线衍射可以确定原子精度的结构。对于有机分子和蛋白质，可以给出几百到上万个原子的相对坐标。衍射方法的空间分辨率是由 X 射线源的波长决定的。测得的原子位置的精度还受到晶体衍射能力的限制。蛋白质晶体的特点是晶胞中含有大量水分子，这些水分子是无序的，与水溶液的液体状态类似，经常占晶胞的 50%~70%，这保证了蛋白质的结构与溶液中的结构非常相似。有实验表明，蛋白质在晶体中仍然可以进行正常的催化反应，而且蛋白质晶体非常脆弱，很小的温度升高（几摄氏度）就可以使晶体融化，这说明晶格堆积的能量很小，这样小的能量一般不会使蛋白质的结构产生本质的重大改变。多年的实验结果表明，晶体结构均有很强的生物相关性，非常可靠。到目前为止，尚未发现任何重要的反例。自二维核磁共振技术发明以来，同样证明溶液结构与晶体结构有很强的一致性。因此，测定晶体结构是蛋白质结构测定的最重要的手段之一。最近几年，由于结构基因组学的大量投入，蛋白质晶体学的实验方法得到了飞速的发展，自动化程度越来越高，如很多实验室现在配备有结晶机器人。然而，生产足够量的、可溶的、稳定的、有生物功能和活性的蛋白质仍是晶体学目前最大的难题。

（二）核磁共振法

核磁共振是指核磁矩不为零的原子核，在外磁场的作用下，核自旋能级发生塞曼分裂（Zeeman spliting），共振吸收某一特定频率的射频（radio frequency，RF）辐射的物理过程。

近年来，NMR 法测定小蛋白质的三维结构得到了成功的应用。NMR 法不需要制备蛋白质晶体的基本过程，但这种方法仅限于分析长度不超过 150 个氨基酸残基的小蛋白质。

NMR 法测定蛋白质三维构象的特点是：①可测定溶液中接近于生理状态的蛋白质构象；②可测定小分子与蛋白质作用的动力学过程；③可测定蛋白质可变形的尾部构象，这部分往往和蛋白质的活性功能紧密相关；④NMR 法是一种非损伤性测定法，对样品无破坏作用。

（三）电子显微镜二维晶体三维重构

冷冻电子显微镜技术（cryo-electron microscopy）是 1968 年由 de Rosier 和 Klug 提出的，他们第一次利用此技术对 T4 噬菌体的尾部进行了结构解析，此后经过 10 年的努力，该技术在 20 世纪 80 年代趋于成熟。这项技术的研究对象非常广泛，包括病毒、膜蛋白、肌丝、蛋白质-核苷酸复合体、亚细胞器等。电子显微镜在结构生物学中的应用近年来变得越来越重要，成为解析大型蛋白质复合体、病毒乃至细胞器的三维纳米分辨率结构的有力工具；同时，电子显微镜二维晶体学在膜蛋白的三维精细结构解析上也有特殊的优势。尤其是最近几年，随着计算机图像处理技术和显微镜设备的不断发展，冷冻电镜三维重构技术已经成为继 X 射线和 NMR 技术后，生物大分子结构研究的另一种重要方法。该技术可以直接获得分子的形貌信息，即使在较低的分辨率下，电子显微学也可给出有意义的结构信息。它不仅适于捕捉动态结构变化信息，还适于解析那些不适合应用 X 射线晶体学和核磁共振技术进行分析的样本，如难以结晶的膜蛋白、大分子复合体等。而且，冷冻电镜三维重构技术易与其他技术相结合，可得到分子复合体的高分辨率结构信息。同时，电镜图像包含的相位信息使其在相位确定上要比 X 射线晶体学直接和方便。

二、蛋白质结构比对

（一）蛋白质结构比对的目的和意义

蛋白质结构比对就是对蛋白质三维空间结构的相似性进行比较，它是蛋白质结构分析的重要手段之一。与蛋白质序列比对相比，蛋白质结构比对算法要复杂得多。一个标准的蛋白质结构比对结果包括以下信息：产生一个参数来衡量蛋白质结构之间的相似性；产生两个蛋白质的序列比对结果，同一比对位置上的氨基酸意味着它们在空间结构上具有相似性；产生结构叠加后的蛋白质结构文件（PDB 文件格式），允许研究人员通过专业的蛋白质结构可视化软件，直观地观测两个蛋白质结构的相似性。

蛋白质结构比对通常可应用于以下几个方面：

（1）结构比对可用于探索蛋白质进化及同源关系，特别是那些结构相似而序列不相似的弱同源蛋白，结构比对是分析它们之间进化关系的重要手段之一；

（2）结构比对能够改进序列比对的精度。结构比对往往被当作是序列比对的金标准（goldstandard）。人们通过对大量结构比对的结果进行分析，有助于开发序列比对的新算法；

（3）结构比对能够对蛋白质结构预测提供帮助。目前，一些蛋白质结构预测方法，如 FUGUE 和 3D-PSSM 等折叠识别方法都是通过结构比对来获得相应模板蛋白质结构上的一些保守信息，并把这些信息应用于折叠识别中，以评估待测序列和模板结构的相容性。结构比对也是评价蛋白质结构预测模型优劣的一个主要工具；

（4）结构比对为蛋白质结构分类提供依据。例如，CATH 数据库是用一种半自动化的方式对蛋白质结构进行分类，分类过程中用到了结构比对算法 SSAP。另外，FSSP 数据库则是采用结构比对方法 DALI 对蛋白质结构进行自动分类；

（5）促进基于结构的蛋白质功能注释。蛋白质通过其特定的三维结构行使其生物学功能，有相似结构的蛋白质往往具有相似的或进化上有联系的功能。

（二）蛋白质结构比对的基本原理

进行蛋白质结构比对最直接的方法就是通过蛋白质空间结构图形显示软件，采用手动的办法将一个蛋白质结构移到另外一个蛋白质结构上，然后观测两个结构相似的部分。这种方法仅局限于两个结构非常相似的蛋白质，而对那些仅享有部分共同子结构的蛋白质，该方法很难奏效。因此，更实用的结构比对方法往往需要采用一些较复杂的策略。目前，已开发的蛋白质结构比对方法中最常用的策略就是启发式的方法：首先对两个蛋白质结构定义结构相似的部分（equivalent set，或称共同子结构）；然后通过多次迭代策略来调整共同子结构，直到找出优化的结构比对，即找到两个蛋白质空间上最大的重叠部分。为实现这一目标，一系列方法已被用来定义初始共同子结构，如动态规划法、距离矩阵比较法和最大共同子图检测法等。对初始共同子结构进行优化采用的方法有动态规划法、蒙特卡罗模拟、模拟退火、遗传算法和优化路径的组合扩张等方法。

在共同子结构寻优及评价两个蛋白质最终结构比对的相似性的过程中，都需要一个打分函数来定量衡量两个蛋白质的共同子结构部分的相似性。打分函数主要分为两类：基于分子间距离与基于分子内距离。分子间距离常用的是分子间均方根偏差（root mean square deviation，RMSD 或 cRMS），它表示的是两个优化叠加的子结构中对应的原子对间的距离差值的平方的平均值，再开方，即

$$cRMS = \sqrt{\dfrac{\sum_{i=1}^{N}(\parallel x(i) - y(i) \parallel^2)}{N}}$$

式中，N 为蛋白质 A 和蛋白质 B 共同子结构中的原子数目；$x(i)$ 为蛋白质 A 中的第 i 个原子经刚体转化后的坐标；$y(i)$ 为蛋白质 B 中对应的第 i 个原子的坐标。

刚体转化是将蛋白质 A 的结构（即待比对蛋白）经过平移（translation）和旋转（rotation）操作，叠加到蛋白质 B（即目标蛋白）的结构上，使得 cRMS 最小（即优化叠加）。必须指出的是，比对那些序列相似性很低的蛋白质结构的时候，通常不考虑侧链，因为这些侧链的相似性往往很低。有时为了提高计算效率，很多结构比对算法中只考虑蛋白质骨架上的原子或只考虑 C_a。

常用的分子内距离打分函数是分子内均方根距离，它衡量的是两个子结构中对应的距离矩阵的相似性，即

$$\text{dRMS} = \sqrt{\frac{\sum_{i=1}^{N-1} \sum_{j=i+1}^{N} (d_{ij}^{A} - d_{ij}^{B})^2}{N(N-1)}}$$

式中，d_{ij}^{A} 和 d_{ij}^{B} 分别为 A 与 B 中原子 i 及原子 j 的距离。

此外，文献中开发的算法还采用了其他打分函数，但不外乎以上两种类型，目前还无法判断哪一种方法更具优势。相比较而言，分子内距离打分函数在对共同子结构寻优过程中可绕过分子叠加的过程，但要直观显示最终结构比对的结果，仍然需要用到分子叠加。作为最终衡量两个蛋白质结构相似性的方法，以上两个打分函数的缺陷是统计意义不够明确。例如，cRMS 通常与要比较的蛋白质的大小有关，较大的蛋白质倾向于会有更大的 cRMS。所以，许多开发的结构比对算法还用一些具有统计意义的显著性参数来衡量两个蛋白质的结构相似性。

除了双结构比对方法，一些多结构比对方法也相继被开发。多结构比对大多采取渐进式的策略，这与一些多序列比对的策略相似。首先，对一组蛋白质中的蛋白质进行两两结构比对；然后，根据两两结构比对的分数构造这一组蛋白质的系统发育树；接着，最相似的两个蛋白质首先被比对上；最后，依据建立的系统发育树，其他蛋白质逐渐被添加到已建立的比对上，直到所有的结构都被添加，进而获得一个多结构比对。

（三）常用结构比对方法

一个好的结构比对方法必须高度自动化，而且具有非常快的运算速度，

只有这样才能满足我们对大量蛋白质结构聚类的要求，或搜索结构数据库中与目标蛋白结构相似的蛋白质的需要。迄今为止，已有超过几十种的结构比对方法被相继开发，其中一些优秀的方法（如 DALI、TM-align 等方法）已得到了广泛的应用。下面将介绍几种常用的结构比对方法，旨在加深读者对结构比对原理的理解。

1. DALI 方法

DALI 方法是采用分子内距离的方法，它的主要策略是通过将结构相似的氨基酸片段拼接成一个完整的结构比对（Holm and Sander，1993）。在计算相似性分数时，DALI 采用分子内距离矩阵来计算两个共同子结构的相似性。该方法采用蒙特卡罗模拟来决定如何将结构比对上的氨基酸片段拼接成一个完整的结构比对。最终比对上的两个蛋白质的共同子结构的 dRMS 作为 DALI 比对的原始分数。为尽可能获得最优的结构比对，DALI 使用许多初始比对来搜索分数最高的比对。为直观表征两个蛋白质的结构相似性，DALI 还提供了具有统计意义的 Z-score。算法在两个蛋白质之间寻找相似的接触模式，并进行优化后返回最佳的结构比对方案。这种方法允许任意长度的空位，并允许比对片段间互相交替连接，这样就实现了在整体上不相似的不同蛋白质之间寻找相似的特定结构域。DALI 的 Web 界面能对 PDB 数据库中已有的两组坐标进行分析，也可对由用户提交的两个蛋白质的 PDB 文件进行比对。DALI 同时也提供了可供用户下载使用的结构比对软件包。

2. CE 方法

CE 方法也属于分子内距离比较的方法。与 DALI 相似，CE 也是通过结构比对上的氨基酸片段连续地拼接成整个结构比对（Shindyalov and Bourne，1998）。与 DALI 不同的是，CE 中考虑八个残基的氨基酸片段，如果两个氨基酸片段的 RMSD 值小，则认为这两个氨基酸片段结构相似。在拼接过程中，CE 允许相邻比对上的氨基酸片段插入不超过 30 的空位。通常情况下，CE 通过选取一个初始的片段进行延长。虽然这种启发式的方法本质上是贪婪的，但它也考虑到那些不是最佳匹配的氨基酸片段，从而扩大搜索的范围。之后，CE 通过采用动态规划算法及蒙特卡罗算法来优化比对，尽可能地使比对上的氨基酸数目长度增加，并保持比对上的两个子结构具有较小的 RMSD 值。CE 采用 Z-score 来描述结构比对的统计显著性。通常，当 Z-score>4.5 时，意味着两个蛋白质具有同一家族层次的相似性；当 Z-score 为 4.0~4.5 时，表示两个蛋白质属于同一超家族层次的相似性，或功能相关的相似性；当 Z-score<

3.7 时，两个蛋白质的结构相似性是非常低的。

3. STRUCTURAL 方法

STRUCTURAL 方法采用分子间距离的方法实现两个蛋白质的结构比对。首先，对两个蛋白质结构设置一个初始的共同子结构（即初始比对），根据刚体转化，对这两个子结构进行叠加，然后找到优化的比对。然后，根据新找到的优化比对上对应的两个子结构再进行分子叠加，如此反复，直到最后获得的比对收敛。必须指出的是，不同初始子结构获得的最优比对结果是不一样的，因此，为尽可能地获得全局最优，采用不同的初始比对。STRUC-TURAL 中采用的初始比对构造分为五种方式：前三种方式分别为两个蛋白质的 N 端、C 端和中部（不考虑任何空位）；第四种方式是根据两条链的序列全同率；第五种方式是根据两条链上残基 C 原子的扭转角相似性来定义的。当给定共同子结构、需要刚体转化时，采用最小化 RMSD 值来寻找最优的分子叠加。STRUCTURAL 采用双动态规划的方法从分子叠加结果来找优化的比对，并构造 STRUCTURAL 分数来体现两个结构的相似性。

4. SSM 方法

SSM（secondary structure matching）方法也是采用分子间距离的方法来实现两个蛋白质的结构比对。它通过迭代搜索一个刚体转化来叠加两个蛋白质结构，从而找到最优比对。被比对的蛋白质结构按照各自的二级结构单元被分解成若干子结构。根据这些二级结构单元的位置及空间取向，SSM 建立起初始转换来匹配这些子结构。在已有子结构的基础上，SSM 将其邻近的氨基酸也考虑为共同子结构，并通过优化叠加来进一步优化共同子结构。通过迭代的方法，SSM 试图找到最优的共同子结构，最终的共同子结构还会通过进一步的精修，去除一些不合理的比对上的氨基酸对。算法本质上也是贪婪的，它首先考虑匹配上的二级结构单元，并不断地将其邻近的氨基酸进行考虑来扩大共同子结构。为衡量结构比对的相似性，SSM 引入几何参数 Q，可综合考虑 RMSD、比对上氨基酸长度及两个蛋白质的氨基酸链长度。同时，SSM 还提供具有统计意义的 P-value 和 Z-score 来衡量两个蛋白质的结构相似性。

5. TM-align 方法

TM-align 方法采用类似于分子间距离的方法来实现两个蛋白质的结构比对，其主要特色是使用 TM-score 来描述两个子结构的相似性。计算 TM-score 时，不同距离的残基对被赋予不同的权重，因此 TM-score 比 RMSD 值更为敏感。TM-align 通过三种方式来建立初始共同子结构（即初始结构比对）。第一种方式是基于二级结构的比对；第二种方式是不允许空位的结构匹配；第三种方式是动态规划法的序列比对。将以上三种方式产生的初始结构比对，经多次启发式的迭代，直到找到具有最高 TM-score 的结构比对。通过对不同的数据集进行比较的结果显示，TM-align 方法得到的结构比对的结果会比一般的方法有更高的准确度及覆盖度。另外，TM-align 程序运行的速度也非常快，比 CE 方法快 4 倍左右，比 DALI 方法快 20 倍左右。两个蛋白质结构用 TM-align 方法比对得分为 0~1，比对分数越大，代表两个蛋白质结构越相似：比对分数小于 0.2，则表示两个蛋白质结构不具有相似性；比对分数如果大于 0.5，则表示两个蛋白质属于同一个折叠（fold）类型。

除了以上介绍的一些经典的结构比对策略及其代表性方法，针对一些特殊的蛋白质结构，近年来，一些新的蛋白质结构比对策略也被提出。例如，Ye 和 Godzik 在 2003 年开发的柔性蛋白质结构比对方法，通过将被比较的蛋白质之一的结构在铰链点（hinge point）允许进行弯曲，然后再进行刚体比较，这种结构比对方法可能对那些有较大构象变化的蛋白质特别有用。针对蛋白质对结构存在循环置换现象（circular permutation，CP），即两个蛋白质结构相似但从序列层次上看存在 N 端与 C 端互换的现象，Lo 和 Lyu 在 2008 年还开发出 CPSARST 方法，专门用于这类特殊蛋白质的结构比对。值得一提的是，蛋白质功能位点空间结构的比较已变得越来越重要，其原因是研究表明两个蛋白质结构不相似，但只要它们存在相似的功能位点结构（如相似的活性位点或相似的配基结合口袋），则这两个蛋白质同样具有功能相似性。作为蛋白质结构比对的扩展，一系列蛋白质功能位点的空间结构比较算法已相继被开发。鉴于目前结构基因组研究积累了许多结构已知但功能仍未知的蛋白质，通过这种蛋白质功能位点区域结构相似性的比较，无疑将加快对这些蛋白质的功能注释。

三、蛋白质结构预测

蛋白质结构预测的理论基础是蛋白质的高级结构主要由其一级序列决定。与通过蛋白质组学和基因组学技术获得的海量蛋白质序列数据相比，实验测定的蛋白质结构数据还远远不能满足人们对蛋白质功能研究的需要。因此，通过生物信息学的手段开展蛋白质结构理论预测具有非常重要的学术意义和实际应用价值。迄今为止，蛋白质结构预测已走过 40 多年的历程，已取得长足的进步，许多预测方法相继被开发，并被频繁地应用在生命科学研究的诸多领域。按照预测的任务划分，蛋白质结构预测主要可分为二级结构预测和三级结构预测，通常先进行二级结构预测，再进行三级结构预测。

（一）二级结构预测

蛋白质二级结构指的是蛋白质主链折叠形成的由氢键维系的有规则构象，包括三种最主要的二级结构元件（secondary structure element）——α-螺旋（H）、β-折叠（E）和无规卷曲（C）。二级结构预测主要就是要预测一个蛋白质序列中每个氨基酸所处的二级结构元件（即 H、E 或 C），尽管一些二级结构预测方法也会对不经常出现的其他二级结构元件进行预测。对经大量实验测定的蛋白质序列与结构的统计分析表明，不同氨基酸及其所处的局部氨基酸片段（序列上下文）形成特定二级结构的倾向性是不同的。二级结构预测的基本原理就是通过对结构已经测定的蛋白质的序列及其二级结构对应关系的统计分析，学习和归纳出一些预测规则，用待测蛋白质的二级结构预测。蛋白质二级结构预测开始于 20 世纪 60 年代中期，经过科学家的不懈努力，迄今为止，文献上已报道了几十种不同的预测方法，在预测精度方面也取得了较为满意的结果，目前一些主流的蛋白质二级结构预测方法的预测精度可接近 80%。

为方便读者理解，可以将已开发的二级结构预测方法的发展大致分为三代。第一代方法指的是 1980 年以前开发的方法，主要特点是采用简单的统计方法，基于对单个残基形成不同二级结构的统计，代表性的方法有 Chou-Fasman 方法，总体上预测准确性不超过 60%。第二代方法指的是 1980～1992 年开发的方法，主要特点是采用更为复杂的统计方法（如信息论的考虑）和预测中对残基所处的周围氨基酸片段的考虑，代表性的方法有 GORⅢ，总体精度不超过 65%。第三代方法指的是 1992 年以后开发的预测方法，这代方法的显著特点是采取更为先进的机器学习方法（如神经网络），将多序列比对作为预测的输入，代表性的方法有 PHD 和 PSIPRED 方法，总体上这代方法预测精度大大地提高，普遍可超过 70%。总体上看，第一代和第二代方法总体精度还不够理想，仅比随机预测略好；只有第三代方法，二级结构预测的精度才令人满意。

目前，随着二级结构预测的日趋成熟，蛋白质二级结构预测进入实用阶段，应用范围进一步扩大。二级结构预测的意义和应用价值在于：根据二级结构预测的结果，可迅速对预测蛋白可能的空间结构有大致了解，可用于对预测蛋白结构的初步分类、预测蛋白中不同结构域或功能域的界定。二级结构预测结果还频繁地用于蛋白质序列和结构分析中的其他生物信息学问题，如好的二级结构预测结果有助于提高蛋白质序列比对的精度，好的预测结果还可用来预测蛋白质的功能位点。二级结构是联系一级结构和三级结构的桥梁，因此二级结构预测可为三级结构预测提供一个很好的起始条件。

1. 蛋白质二级结构预测方法

（1）DPM（双重预测方法）：先预测蛋白质的结构分类再预测序列的二级结构，分为四步：从氨基酸组分预测蛋白质结构分类，用简单算法初步预测二级结构，比对两个独立预测，最后优化参数得到二级结构。

（2）DSC 算法：将二级结构预测分为两步：首先预测基本概念，然后利用简单线性统计方法结合概念预测二级结构，其准确率较高。

（3）PHDsec：基于多序列比对结果，使用神经网络算法预测二级结构，是第一个预测准确率超过70%的方法。

（4）SOPMA：采用 GOR、Levin 同源预测方法、DPM、PHD 和 CNRS 的 SOPMA 这五种相互独立的方法预测，输出并汇集整理"一致预测结果"。

（5）MLRC 算法：集 GOR4、SIMPA96 和 SOPMA 为一体，处理蛋白质二级结构预测结果，并估计分类的后验概率。

（6）Jpred：运用 Jnet 神经网络算法预测二级结构。

2. 蛋白质结构域识别方法

结构域对应独立折叠的一段连续氨基酸序列，通常由一个基因外显子编码，并具有特定功能。结构域一般是构成蛋白质亚基的紧密球状区域，在蛋白质中具有相对独立的三级结构。在较大的蛋白质中，结构域之间通过较短的多肽柔性区互相连接，形成二级结构与三级结构之间的一个过渡层次。一般每个结构域由100~200个氨基酸残基组成，构成独特空间构象，实现特定生物化学功能，是蛋白质工程化设计的基本单位。

结构域识别方法主要包括：根据蛋白质空间结构信息利用机器学习方法获取结构域信息的方法、通过对具有代表性三级结构的蛋白质建立隐马尔可夫模型的方法、分析蛋白质序列构象熵值判定结构域边界的方法、运用神经网络从蛋白质序列获取结构域边界的方法和基于经验的人工划分方法等。

3. 基于基序的方法

基于基序的方法通过识别功能相关的蛋白质中保守的三维基序，并建立这些保守的基序和保守的蛋白质功能间的映射关系，用于预测目标蛋白质的某些生物化学功能。

（1）STE 程序和数据库：储存了酶活性位点保守基序信息。此数据库用位点匹配程序寻找关键的功能位点残基作为保守残基。但是这些数据分析发现，即使高度同源的蛋白质，有些程序认证的功能位点残基也不保守，即不属于结构基序。因此，需要仔细分析这些信息以寻找新蛋白质的未知功能。

（2）TESS 程序：采用了几何散列算法，通过模板研究和重叠，从蛋白质的高级结构中寻找保守的必需残基。

（3）模糊功能形态（FFF）：从三维信息角度认证与生物学功能相关位点的保守性。其用主链 α 碳原子坐标进行匹配。

（4）SPASM：同时用主链 α 碳原子和侧链基团作为分析对象，并列寻找保守残基，并用于搜寻结构数据库中能匹配的已知功能蛋白。

（5）分子识别策略分析：基于已知功能域四周原子的叠合认证保守性预测蛋白质功能。

（6）蛋白质侧链的保守模式分析：类似于前述的 TESS、FFF 和 SPASM，分析重复出现的氨基酸侧链的保守性。这种方法只需新蛋白质的结构数据和与之关联的多重序列比对。

严格来说，二级结构预测还仅仅属于蛋白质结构性质的预测，离三级结构预测的目标尚远。目前，属于这一范畴的其他预测问题还有蛋白质的表面可及性预测、膜蛋白的跨膜区预测、蛋白质序列中氨基酸在空间结构中是否存在接触的预测等。研究发现，在生理条件下，许多蛋白质中部分序列片段不能形成固定的二级结构，即不能折叠成稳定的三维构象。这种区域通常称为蛋白质混乱区（disordered region），它对蛋白质的功能具有重要的影响，如蛋白质混乱区经常被用来调控蛋白质-蛋白质相互作用。蛋白质混乱区的预测也属于蛋白质结构性质的预测，是近几年来蛋白质生物信息学中的一个热点课题。

（二）三级结构预测

蛋白质三级结构预测方法主要可分为三类：同源模建、折叠识别和从头计算。同源模建（homology modeling）是发展最为成熟的蛋白质结构预测方法，迄今已有二十余年的历史。其基本原理是基于蛋白质序列和结构的进化关系，即两个蛋白质如果具有足够的序列相似性，则它们具有相似的空间结构。因此，通过寻找与待测序列同源的、结构已测定的蛋白质，并将其作为模板，可实现对待测蛋白质的结构预测。蛋白质折叠识别（fold recognition）又称穿线法（threading method），是过去十几年研究最为活跃的结构预测方法。其主要原理是蛋白质空间结构比序列更为保守，即两个序列相似性很低的蛋白质也有可能存在很高的结构相似性（弱同源性）。因此，可以通过寻找与待测序列弱同源的蛋白质作为结构模板进行结构预测。从头计算法（ab initio method）的原理是蛋白质的天然构象对应其能量最低的构象，通过构造合适的能量函数及优化方法，可以实现从蛋白质序列直接预测其三维结构。从头计算法的物理化学意义明晰，不依赖于模板，有可能预测到全新的蛋白质结构，但由于很难找到精准的能量函数，以及多变量优化中存在的大量的局部最小值，因此，从头计算法目前未达到很实用的程度，常作为补充与其他算法综合使用。

蛋白质结构同源模建（又称同源模拟、同源建模）的理论基础是相似的蛋白质序列对应相似的蛋白质结构。随着实验测定的蛋白质结构数据的增加，人们发现如果两个蛋白质享有足够的序列相似性，绝大多数情况下它们的三维结构也非常相似，从而进一步印证了这个理论。如果一个蛋白质的空间结构已被实验测定，则可以以该结构为模板来预测另一个序列与之相似的蛋白质的空间结构。经过二十年左右的努力，不同的同源模建方法相继被开发，而且随着计算机计算能力的提高，同源模建已实现高度自动化。总体上，同源模建一般可分为以下几个步骤：模板的选择，待测序列与模板序列的比对，模型的建立，模型的评估和循环精修。

1. 同源模建

（1）模板的选择。模板的选择是同源模建第一个关键步骤。通常，模板的选择是通过 BLAST 对蛋白质结构数据库 PDB 的同源性搜索来实现。一般情况下，当序列和候选模板蛋白具有 30% 以上的序列同一性时，候选模板是较为合理的；在一些情况下，序列相似性较高，模板的同一性要求也可降低至 25% 左右。除了序列同一性作为评判序列与模板的匹配程度的合适参数，一些统计参数（如 BLAST 中的 E-value）也可用来判断序列与模板的匹配程度。在模板选择中，如搜索到许多可用的模板，则既可以挑选其中最佳的一个模板（单模板同源模建），也可以选择同一性排名前 3~5 名的蛋白质共同作为模板（多模板同源模建）。至于单模板同源模建与多模板同源模建的质量孰优孰劣，必须根据具体的实例来确定。最简单的判断方法是两者皆尝试，从中选取质量较高的模型。另一模板选择原则是，在可能的情况下，模板的结构实验测定的质量应尽量高，如 X 射线衍射法测定的结构分辨率越高越好。

（2）待测序列与模板序列的比对。一旦模板确定后，下一步就是要对待测蛋白及结构模板的全长序列进行序列比对。通常，当待测蛋白与模板享有很高的序列同一性时，不同的序列比对方法总能产生相同的比对。然而，当待测蛋白与模板的序列同一性不够高时，不同的序列比对方法产生的比对会有较大的差异，这种情况下往往需要对不同序列比对的结果进行一一尝试，甚至手工局部微调序列比对结果，以便获得质量更高的模型。如果选择了多模板同源模建，则需要做待测蛋白及模板的多序列比对。

（3）模型的建立。同源模型的建立是同源模建的核心部分，这一步一般是由模建软件自动完成，无需用户手动操作。它包括以下几个子步骤：待测蛋白的主链模建；loop 区模建；侧链安装。主链模建非常容易，待测蛋白中比对上的氨基酸的主链可以从模板中相应位置氨基酸的主链拷贝得到。通常，待测蛋白与模板的比对会伴随着插入或删除造成的空位，这使得序列中的某些区域在模板中没有与之比对上的部分，主链需要进行调整和修补，即 loop 区模建。loop 区模建常用的方法有数据库搜索方法和系统构象搜索。总体来说，loop 区模建是同源模建中的一个难题，特别是对于较长氨基酸片段的 loop 区，很难保证模建的结果是可靠的。侧链安装的主要原则是借鉴结构已经测定的蛋白质的侧链构象，或从能量角度和空间位阻角度出发预测目标蛋白中残基的侧链构象。大量实验已测定的蛋白质结构表明，氨基酸往往倾向于某几种特定的侧链扭转角。对这些侧链构象进行收集，并根据出现频率加以排列，这就是所谓的构象库（rotamer）。实际上，目前的侧链构象预测方法主要利用构象库的概念。例如，目前比较流行的侧链安装程序 SCWRL 就是采用蛋白质骨架相关的侧链构象库。

（4）模型的评估和循环精修。结构建模中获得的初始模型不可避免地含有结构不合理的地方，如不合适的键角和键长、过近的原子接触等。采用合适的能量函数对模型进行能量最小化，能够消除结构中不合理的地方。

对于同源模建获得的模型必须进行必要的模型评估。模型评估并不能评判所建模型与真实结构之间的相近程度，但是可以从几何学、立体化学和能量分布 3 个方面评估一个模型的自身合理性。在前面模板选择和序列比对部分提到的模型质量就是指这里的模型评估结果。最常见的模型评估手段是利用软件自动绘制蛋白质主链二面角的 Ramachandran 图，判断处于 Ramachand-ran 图中许可区域的氨基酸的比例是否高于 85%，检查分子中的键长、键角和过近接触等，通过判断这些立体化学性参数的异常来判断所建模型的好坏。另外一种策略，就是先对实验测定的蛋白质结构进行统计，得到一些打分函数，然后比较预测模型中的打分，实现对预测模型的评估。迄今为止，除了建模软件自带的一些模型评估方法，一系列独立的方法已被开发出来，专门用来做模型评估，如 PROCHECK、Verify3D、ModFold、MetaMQAP、ProQ 等。

通过模型评估发现的存在于模型中的整体或局部的问题，往往需要追溯到选择模板或序列比对步骤去解决。尝试调整模板或序列比对，重新构建模型，重新评估，这样循环操作，直至获得满意的模型。仅对模型骨架和侧链的局部优化（长度小于 20 个氨基酸），可以使用 ModLoop 软件，指定调整区域起始与终止的氨基酸位置，便可得到一系列优化后的结果。

总体上看，同源模建技术已经相当成熟。文献上已报道了几十种同源模建方法，一些方法开发者提供了可免费下载的版本或界面友好的服务器，极大地方便了用户的使用。目前，同源模建仍存在着一些瓶颈，如找不到合适的模板、待测序列与模板的序列比对不准确及 loop 区的模建不准确，然而，从本质上来说，还是可用的模板不够多。随着越来越多的蛋白质的空间结构被实验测定，将会为同源模建提供更多的结构模板，完全有理由相信蛋白质同源模建将会发挥更大的作用。

2. 折叠识别

（1）折叠识别基本原理。蛋白质折叠识别方法是从蛋白质结构数据库中识别与待测序列具有相似折叠类型的结构，进而实现对待测序列的空间结构预测。自然界中蛋白质折叠类型的数目有限，许多蛋白质虽然享有很低的序列相似性，但它们仍可能具有相同的折叠类型，这就是折叠识别的理论依据。现在普遍认为，折叠类型的总体数目会在几千以内。近年来，虽然许多新蛋白质的结构不断被解析，但折叠类型数目的增长趋于平缓。对于一个待测序列，如果它所对应的折叠类型已被实验测定，如何通过合适的计算方法找出它所对应的折叠类型，就是折叠识别要解决的核心问题。

折叠识别一般可以分为以下四个步骤进行：

1）建立蛋白质结构模板数据库。蛋白质结构模板数据库通常可以以 PDB 数据库或者 SCOP 数据库中的蛋白质结构数据作为基础，选取具有代表性的蛋白质结构，尽量让模板数据库中的结构覆盖目前已测定的绝大部分折叠类型；

2）设计合适的打分函数来衡量待测序列与模板数据库中结构的相容性；

3）对打分函数得到的结果进行统计显著性分析。这一步一般需要将序列与结构之间的相容性打分转化为具有统计意义的参数；

4）对结构模板数据库中通过计算得到的具有统计显著性的蛋白质结构排序。折叠识别方法一般会给出多个可能具有结构相似性的蛋白质结构模板。一个理想的折叠识别方法还需给出待测序列与模板蛋白的序列比对。一旦模板及比对确定下来，同样采用同源模建的结构模拟步骤实现对待测蛋白的三维结构模建。

（2）折叠识别方法的发展历史。折叠识别按其发展过程可以分为两代方法。第一代折叠识别方法通常指的是 2000 年以前开发的方法，更多情况下被称为穿针引线法（threading）。其主要思路是：在计算待测序列与模板序列比对时，考虑待测序列与模板的结构相容性。换句话说，与传统的序列比对相比，模板的结构信息得以考虑，最经典的两个策略是使用分子平均势能函数及考虑不同氨基酸倾向于出现在不同结构环境。虽然，第一代折叠识别算法在方法学上具有很大的突破，但总体上并不实用。例如，在其代表性方法 Threader 中，双动态规划获得的比对精度不一定比传统序列比对方法好，计算时间也偏长。第二代方法是指 2000 年后开发的折叠识别算法，其主要特点是：序列之间的进化信息被充分考虑；不同信息通过复杂的数学算法被有效整合成一个复杂化的打分函数；许多方法还提供在线服务器；蛋白质折叠数据库被不断更新；打分函数的统计参数意义更加明显。这些特点均使第二代折叠识别方法越来越实用。为便于理解，第二代折叠识别方法可大致归纳为三种类型。第一类方法是在构建序列和模板的比对时，除了考虑待测序列的进化信息，还考虑模板的结构信息，代表性方法有 3D-PSSM 和 FUGUE。第二类方法是采用机器学习的方法将序列信息和结构信息整合成一个折叠识别系统，代表性的方法有 pGenThreader。第三类方法是基于 profile-profile 比对原理，对待测序列和模板分别构建 profile，然后再进行 profile-profile 比对，原则上能更大程度地考虑序列之间的进化信息，代表性的方法有 FFAS03。

蛋白质折叠识别已经成为蛋白质结构预测的主要方法之一，特别是第二代折叠识别算法已经相对成熟。同源模建与折叠识别在预测蛋白质结构上比较类似，被统称为基于模板的结构预测方法。蛋白质折叠识别方法的成熟大大地扩大了同源模建的应用场合，拓展了蛋白质结构预测的实际应用范围。

需要指出的是，虽然不同折叠识别方法的原理相似，但实际表现还是有较大的差别，不同的方法往往体现一定的互补性。因此，将不同的方法整合到一个预测系统将有可能最大限度地实现对待测蛋白质的折叠识别，如波兰生物信息研究所开发和维护的 MetaServer。

3. 从头计算法

从头计算法的原理是蛋白质的天然构象对应其能量最低的构象，因此通过构造合适的能量函数及优化方法，可以实现从蛋白质序列直接预测其三维结构的目的。由于很难找到精准的能量函数，以及多能量优化过程中存在大量的局部最小值，目前从头计算法还远未像前两种方法那样成熟实用，它一直是蛋白质结构预测中最具挑战性的课题。从头计算法的物理化学意义明晰，不依赖于模板，有可能预测到全新的蛋白质结构，所以一直受到许多研究人员的青睐。最近，从头计算法已取得很大的突破，对一些含氨基酸数量为 100~200 的较小的蛋白质，有可能预测得到高精度的三维结构。因此，当采用同源模建和折叠识别无法实现对待测蛋白的空间结构预测时，可以考虑采用从头计算法来获得结构模型。虽然单纯运用从头计算方法得到的模型还不能可靠地用于分子对接和药物分子设计，但预测得到的一些低分辨率的结构模型结果可用来作蛋白质功能注释，新的算法也增强了我们对蛋白质折叠机制的认识。鉴于从头计算法涉及较多的物理化学原理和数学方法，为便于理解，不对具体的能量函数及能量优化方法展开论述，只是通过介绍一个较为流行的软件来加深读者对从头计算法的理解。

QUARK 是美国密歇根大学 ZhangYang 课题组开发的一种从头预测结构的方法，其主要原理为蛋白质中 1~20 个氨基酸长片段的结构可以从已知结构蛋白的相似氨基酸片段的结构拷贝中得到。待测蛋白的氨基酸片段先通过预测其二级结构及序列相似性比较，从蛋白质氨基酸片段模板结构库中找到其应该采取的构象；然后，这些氨基酸片段的构象再在一个原子水平的经验力场系统的指导下，通过复制-交换蒙特卡罗模拟（REMC）方法被装备起来，得到一系列非天然构象。最后采用基于统计的能量打分函数对这些构象进行评价，通常能量越低，越应该接近天然构象。QUARK 在第九届和第十届国际蛋白质结构预测竞赛（Critical Assessment of Techniques for Protein Structure Prediction，CASP）的自由建模组中排名第一。

4. 综合法

近几年一些新开发出来的蛋白质结构预测软件不仅限于使用某一种算法，

而是综合上述三种算法中的同源模建和从头计算，或折叠识别和从头计算，还有一些甚至同时综合了这三种算法。这些新方法往往可以在依靠单独一种算法得不到高质量结构模型的情况下发挥理想的作用。同时，模板的选取也在全长模板的基础上出现了局部多模板拼接算法，即在使用同源模建和折叠识别都无法得到理想的全长模板的情况下，寻找与待测蛋白局部匹配的一组片段模板，每一个片段模板既可以通过同源模建得到也可以通过折叠识别得到，这些片段模板拼接起来可以基本覆盖待测蛋白。而待测蛋白中个别未被模板覆盖的区域则可以使用从头计算法来补充。I-TASSER 就是其中典型的代表。I-TASSER 是美国密歇根大学 Zhang Yang 课题组开发的一种综合了三种基本方法的蛋白质结构预测软件，其运行主要分为以下三步：第一步，采用 LOMETS 折叠识别方法对目标序列在 PDB 数据库中搜索相似的模板。第二步，根据折叠识别的比对结果，目标序列可分为被比对的区域和无法比对的区域。被比对区域的结构可以从模板中获得，目标序列中无法比对区域的结构则采用基于立体网格模型的从头计算法预测，然后序列全长的结构模型通过复制-交换蒙特卡罗模拟（REMC）装备得到。如果 LOMETS 找不到合适的模板，则整个结构采用从头计算法模拟。模拟得到一系列构象后，采用 SPICKER 方法进行聚类，挑选低能量的构象簇。第三步，用 SPICKER 方法对得到低能量的簇中心的构象重新进行片段装备模拟。第三步的主要目的是消除立体碰撞，使簇中心的构象更优化。对第二次模拟中产生的构象再进行聚类，选择能量低的构象，经氢键网络优化后作为 I-TASSER 获得的蛋白质结构的最终全原子模型。I-TASSER 在第七届、第八届、第九届、第十届 CASP 竞赛中排名第一。

（三）不同蛋白质预测方法的评价与选择

本节介绍的三种蛋白质三级结构预测方法及蛋白质二级结构预测方法，基本上反映了目前蛋白质结构预测的总体情况。虽然蛋白质结构预测还远未完善，方法学上仍然需要新的突破，但蛋白质结构预测的应用正日益扩大。例如，基因编码蛋白质的结构预测可加快功能基因组的研究；药物靶标蛋白的结构预测可加快新药的开发。

在实际应用中，为一条蛋白质序列选择具体的蛋白质结构预测方法时，并没有一个绝对的规律来判断究竟哪一个方法最适合。往往需要多尝试几种方法，从中选择较为合适的。这里我们给出一个大致的判断流程：首先，如果在 PDB 数据库中存在与待测蛋白序列同一性大于或等于 30% 的全长模板，就可直接使用同源模建法 Swiss-Model 的全自动模式或序列比对模式建模；如果没有，则考虑折叠识别法，如 pGenThreader。然后，看折叠识别法找出的模板自评估质量是否达到 "high" 以上，如果达到，则可以使用该模板（单模板或多模板）建模；如果模板质量不高，则须再次判断待测蛋白质序列的长度是否在 200 个氨基酸之内。如果待测蛋白质序列长度小于 200 个氨基酸，则可以使用从头计算法，如 QUARK；反之，则推荐使用综合法 I-TASSER。必须指出的是，并不是所有结构未知的蛋白质序列都可以通过预测得到较理想的结构模型。对于很多序列来说，无论用何种方法都无法预测得到质量较高的结构模型。

随着不同预测方法的相继开发，非常有必要对不同的方法进行公正的评价。目前，学术界存在两种专门用于蛋白质结构预测评价的手段。

（1）蛋白质结构预测 CASP 竞赛：CASP 竞赛是通过与结构生物学家合作来实现的。首先，结构生物学家提供结构已测定但未公开的蛋白质给 CASP 竞赛参加者，CASP 竞赛参加者通过他们各自的方法对蛋白质结构进行预测，然后将结果提交给 CASP 组委会。运用结构比对的方法，将这些预测的结构与实验测定的蛋白质结构进行比较，然后进行评价。CASP 竞赛起始于 1994 年，每两年举行一次，该竞赛极大地促进了蛋白质结构预测的发展。

（2）实时的评价方法：研究人员发现，对不同预测方法的评价不能仅仅依赖于某一测试集，所以实时的评价方法也就应运而生。其主要思路是：将 PDB 数据库中新近公开的蛋白质结构提交给不同预测服务器，然后搜集具体的预测结果，每隔一段时间对不同的方法进行评价。这种实时评价的方法可以全自动地实现对不同预测方法的连续评价。

在国际蛋白质结构预测竞赛（CASP）上，DeepMind 推出的 AlphaFold 程序在百余支队伍中脱颖而出。CASP 的比赛规则之一是参赛者预测的蛋白质结构必须已经通过实验验证但未公开发表。预测出的结果会通过实验方法进行匿名检验，二者相似度越高，得分也就越高。在比赛中，DeepMind 的 AlphaFold 将深度学习与张力控制算法结合，并应用于结构和遗传数据，该深度学习网络利用目前已知的 170 000 种解析完毕的蛋白质结构进行了训练。结合蛋白质折叠的物理结构和几何约束信息，AlphaFold 可以预测出目标蛋白质的序列结构——甚至还包括楔入细胞膜的蛋白质，这是理解许多人类疾病的关键。但 AlphaFold 也不是十全十美的。比赛中，在预测一个由 52 个小重复片段组成的蛋白质结构时，AlphaFold 的分数并不高。目前，DeepMind 已经公布了 AlphaFold 首个版本的详细信息，供其他研究者复制使用。DeepMind 有关研发团队表示，还将继续对 AlphaFold 展开训练，以便解析更复杂的蛋白质结构。

第三节　蛋白质对接、折叠与疾病

一、蛋白质对接

（一）蛋白质相互作用

蛋白质相互作用是指在生化作用或静电力作用下，两个或多个蛋白质分子之间产生物理性接触。无论在细胞水平还是系统水平，极少有单体蛋白质分子独自行使功能的情况。复杂多样的分子过程都是由分子机器控制和执行的，而分子机器本身就是由大量蛋白质分子在相互作用的有序组织下构建而成的。蛋白质相互作用的研究在探寻细胞信号转导途径、复杂蛋白质结构的建模及理解蛋白质在各种生物化学过程中的作用方面都是非常必要的。

蛋白质相互作用有不同的分类原则。从组成复合体的单体类型角度，可以分为同源相互作用和异源相互作用。同源复合体中的所有单体都是同一种蛋白质，很多酶、载体蛋白、支架蛋白和转录调控因子都以同源复合体的形式行使功能；异源复合体中包含不同的蛋白质单体，在细胞信号传导通路中最为常见，这种异源相互作用只可能出现在不同蛋白质单体的结构域之间。从相互作用稳定程度的角度，可以分为稳固相互作用和瞬时相互作用。同源复合体中各个单体之间的相互作用往往都是稳固相互作用，而信号传导通路中涉及的蛋白质之间往往都是瞬时相互作用，即一个蛋白质短暂地与另一个蛋白质结合，在行使完功能之后再与之分离。从相互作用力的角度，可以分为共价相互作用和非共价相互作用。共价相互作用主要是由二硫键和电子共同维持的，较为少见；非共价相互作用可以由氢键、离子键、范德华力或亲疏水作用维护，是蛋白质相互作用的主要形式。

（二）蛋白质对接及分析软件

蛋白质相互作用研究方法多种多样。免疫共沉淀和酵母双杂交系统等生化方法仅可以鉴定特定的蛋白质是否相互作用，而不能确定空间上如何相互作用；X 射线晶体衍射和核磁共振等结构生物学技术可以高分辨率地展示蛋白质之间在空间上是如何结合的，但实验操作十分困难且费用高。这里重点介绍利用计算机预测蛋白质的相互作用模式，即蛋白质对接。蛋白质对接的基本过程是：已知两个蛋白质结构，搜索这两个蛋白质理论上可能产生的数百万个结合构象，再利用生物信息学评价标准过滤排除不合理的结构，然后对每一个入围的构象都用精细的能量函数打分，最终确定能量最低的构象。因此，对接的准确程度直接取决于两个因素：搜索结合构象的全面性和能量函数的合理性。搜索结合构象及排除不合理构象主要考虑分子表面几何形状互补性和静电互补性，搜索范围越大对计算资源的要求就越高。能量函数的定义要体现出各类非共价效应、亲疏水效应、溶质熵效应，以及它们各自的权重。理论上对接可分为刚性对接、半柔性对接和柔性对接三类。刚性对接是指在计算过程中，参与对接的分子构象不发生变化，仅改变分子的空间位置与姿态。刚性对接计算量相对较小，适合处理多数蛋白质结合的问题。半柔性对接是指对接过程中仅指定的片段构象允许发生一定程度的变化，如某些氨基酸的骨架和侧链允许在一定范围内活动。半柔性对接方法兼顾计算量与模型的预测能力，也是应用比较广泛的对接方法。柔性对接在对接过程中允许整个研究体系的构象发生自由变化，由于变量随着体系的原子数呈几何级数增长，因此柔性对接方法的计算量非常大，消耗计算机时间很多，对应软件的开发远远没有达到实用的程度。

这里简单介绍 4 个蛋白质对接及分析软件。必须强调的是，蛋白质对接只能是在已知两个蛋白质有相互作用的前提下，用来预测它们在空间上是如何相互作用，而不能预测两个蛋白质是否有相互作用。

ZDOCK 是由美国马萨诸塞州立大学和波士顿大学联合开发的一种刚性对接软件。用户只需在网页上上传两个 PDB 格式的蛋白质结构文件，或只输入其 PDB ID（如果它们是 PDB 数据库中的结构）。之后可以可视化地在每个结构上选取必须参与结合的氨基酸或不允许参与结合的氨基酸。经过十几分钟至数小时，对接结果被发送至用户邮箱，用户可以从中提取根据能量函数打分排任意前几名的结果。

GRAMM-X 是由美国堪萨斯大学 Vakser 课题组开发的一种刚性对接软件。操作过程与 ZDOCK 十分相似，在网页上上传 PDB 格式的蛋白质结构文件，或只输入其 PDB ID，同时可指定每个结构上必须参与结合的氨基酸，但无法指定不允许参与结合的氨基酸。GRAMM-X 除二聚对接以外，还可以进行同源多聚对接，即只输入一个蛋白质结构和一个自然数 n，GRAMM-X 可以返回一个由此蛋白质聚合形成的同源 n 聚体。

HADDOCK 是由荷兰乌特勒支大学 Bonvin 课题组开发的一种半柔性对接软件。不同于绝大多数对接软件，HADDOCK 在考虑几何形状互补和能量分布的基础上还着重参考了生物化学和生物物理学实验中得到的相互作用数据，如磁共振滴定实验中得到的化学位移扰动数据、基因定点突变实验数据等。近几年 HADDOCK 的功能不断扩增，现在除蛋白质对接外，还可以执行蛋白质-DNA 对接、蛋白质-RNA 对接、蛋白质-化合物对接。

PDBePISA 是一个在线的交互式的分子相互作用探测分析工具。对于输入的蛋白质复合体，无论是对接结果还是晶体结构，PDBePISA 都可以详细地计算出复合体相互作用面上的原子数及比例、相互作用面上的氨基酸数及比例、相互作用面积及比例、溶剂化自由能，以及相互作用面上的氢键、二硫键、盐键、共价键的位置及其作用强度。

二、蛋白质折叠与疾病

（一）蛋白质折叠的意义

在自然界的各种生物体中，蛋白质是构成生物体系的基础，它执行着各种各样的生物功能。正如 26 个字母可以组成数以万计的英文单词一样，组成蛋白质的 20 种氨基酸构成了自然界中几乎所有的蛋白质。到目前为止，由于氨基酸组成的数量和排列顺序不同，仅人体中的蛋白质就多于 10 万种以上。20 种氨基酸以肽键的形式连接成肽链，而肽链则会组装或折叠成特定的三维空间结构。其中，有些蛋白质的结构比较复杂，是由多条肽链组成的，每一条肽链称为一个亚基，在亚基之间又存在特定的空间关系。因此蛋白质分子具有非常特定而又复杂的空间结构。每一种蛋白质分子都有自己独特的氨基酸的组成和排列顺序，并由这种氨基酸排列顺序决定它特定的空间结构，这就是众所周知的 Anfinsen 原理。也正是因为蛋白质的一级序列折叠形成正确的三维空间结构才使得蛋白质具有正常的生物学功能。如果这些生物大分子的折叠在体内发生故障，形成错误的空间结构，不但将丧失其生物学功能，甚至会引起疾病。目前，由蛋白质异常的三维空间结构引发的疾病包括疯牛病、阿尔茨海默病、囊性纤维化、家族性高胆固醇血症、家族性淀粉样蛋白症、白内障及某些肿瘤等，这类疾病也可以统称为构象病。

（二）蛋白质折叠研究的概述

具有完整一级结构的多肽链如何从其伸展状态折叠成具有特定结构的、有活性的蛋白质？这是长期以来一直困扰科学家的问题。

1963 年，美国科学家 Anfinsen 发现，还原变性的牛胰核糖核酸酶在不需其他任何物质帮助的情况下，仅通过去除变性剂和还原剂就可以折叠回原来的天然结构，并且其特有的功能也不会丧失，由此他们提出了蛋白质折叠的"热力学假说"（thermodynamic hypothesis），Anfinsen 也由此获得了 1972 年的诺贝尔化学奖。他们认为，一些小型珠蛋白的天然折叠结构是热力学的稳定态，即通常的自由能全局最小（global minimum）的状态。蛋白质的一级结构序列所提供的全部信息可以完全且唯一地决定分子的天然结构，也就是说，蛋白质的一级结构决定了高级结构。Anfinsen 的"热力学假说"得到了许多体外实验的证明，的确有许多蛋白质在体外可进行可逆的变性和复性，尤其是一些小分子质量的蛋白质。长期以来，这个思想构成了从物理规律出发研究蛋白质折叠问题的基本出发点。但随着对蛋白质折叠研究的广泛开展，人们发现许多蛋白质在体外的变性、复性过程并非完全可逆，有的变性多肽链的复性效率很低，而且多肽链在体外的复性速率大大地低于在体内的折叠速率。因此，蛋白质在折叠过程中实际上受许多因素的限制。

1968 年，美国分子生物学家 Cyrus Levinthal 提出了有关蛋白质折叠的利文索尔悖论（Levinthal's paradox）：一条蛋白质序列，其空间可能构象有天文数字之多。在这庞大的构象集合中找出其唯一的自然状态将是非常困难的。例如，一个由 100 个氨基酸组成的肽链，假设每个氨基酸仅有 3 种不同构象，其就有 3100 种可能的构象，再假定此蛋白质在寻找总能量最低的构象状态时每尝试一次耗用 10^{-3}s，那么该蛋白质要逐一尝试所有构象去寻找其唯一的天然态所需要的时间就是 3^{33} 年！然而，人们在体外所观测到的蛋白质的折叠时间为数毫秒至数秒。因此，Levinthal 认为蛋白质的折叠必然是按照某一特定的路径进行，才能在如此短的时间内完成折叠过程。他强调了在蛋白质折叠的过程中动力学控制对于折叠的重要性。

那么如何调和热力学和动力学在折叠过程中的作用呢？1995 年，Wolynes 等提出了蛋白质折叠漏斗概念，这一观点认为蛋白质体系有很多复杂的自由度，其自由能作为自由度的函数构成一个所谓的能量面。他们认为漏斗的顶部代表蛋白质的完全不折叠态，此态的自由能和熵均为最大，漏斗的底部唯一的结构为蛋白质的天然态（折叠态）。蛋白质从非折叠态到天然态的过程即折叠过程中，熵不断减少，从而引起其自由能的升高，并通过能量的降低来补偿，使得折叠过程中自由能也不断地减小，从而到达其最小的状态，即热力学的稳定态。自由能面上存在着很多的局部极小值，即一些自由能局域极小的竞争状态，这些竞争状态不会影响天然态的稳定存在，但会影响折叠的动力学过程，表现为折叠过程中一些亚稳的中间状态。同时，在某一次折叠过程中，蛋白质并不是在能量面上进行随机搜索，它所经历的构象仅占全部构象的很少部分。也就是说，折叠是沿着某一特定的路径进行的，从而保证了折叠动力学上的可及性。与 Levinthal 不同的是，这一路径不是唯一的，而是一系列折叠路径的集合，蛋白质的折叠取决于这个集合的整体因素，而不是特定元素。因此，蛋白质折叠可以说是热力学和动力学因素共同作用、相互协调的结果。

（三）蛋白质折叠机制的理论模型

随着对蛋白质折叠问题的进一步研究，人们发现许多相似氨基酸序列的蛋白质具有不同的折叠结构，而另外一些氨基酸序列不同的蛋白质却折叠成相似的空间结构。那么，蛋白质的氨基酸序列究竟是如何确定其空间构象的呢？有关蛋白质折叠机制的研究提出了以下五种可能的理论模型。

1. 框架模型

框架模型（framework model）认为蛋白质的局部构象依赖于其局部的氨基酸序列。其折叠是分段进行的，即一部分氨基酸序列先组成一个单位进行折叠，形成不稳定的二级结构单元（flickering cluster）；随后这些二级结构单元逐步靠近、接触，从而形成稳定的二级结构框架；最后，这些二级结构框架相互拼接，肽链逐渐紧缩，形成了蛋白质的三级结构。

2. 疏水塌缩模型

疏水塌缩模型（hydrophobic collapse model）认为疏水作用力是蛋白质折叠过程中起决定性作用的力。在形成任何二级结构和三级结构之前，首先发生很快的非特异性的疏水塌缩。

3. 扩散-碰撞-黏合机制

扩散-碰撞-黏合机制（diffusion-collision-adhesion model）认为蛋白质的折叠起始于伸展肽链上的几个位点，在这些位点上会生成不稳定的二级结构单元或者疏水簇，这些结构单元和疏水簇主要依靠局部序列的近程或中程

（3~4 个残基）相互作用来维系。它们以非特异性布朗运动的方式扩散、碰撞、相互黏附，导致大的结构生成并因此增加了稳定性。进一步的碰撞形成具有疏水核心和二级结构的类熔球态中间体，这些中间体再调整为致密的、无活性的、类似天然结构的高度有序熔球态结构。最后，无活性的高度有序熔球态转变为完整的、有活力的天然态。

4. 成核-凝聚-生长模型

根据成核-凝聚-生长模型（nuclear-condensation-growth model），肽链中的某一区域可以形成"折叠晶核"，以这些晶核为核心，整个肽链继续折叠，进而获得天然构象。所谓"晶核"实际上是由一些特殊的氨基酸残基形成的类似于天然态相互作用的网络结构，这些残基间不是以非特异的疏水作用维系的，而是由特异的相互作用使这些残基形成了紧密堆积。晶核的形成是折叠起始阶段的限速步骤。

5. 拼版模型

拼版模型（jigsaw puzzle model）的中心思想就是多肽链可以沿多条不同的途径进行折叠，在沿每条途径折叠的过程中都是天然结构越来越多，最终都能形成天然构象。而且沿每条途径的折叠速度都较快，与单一途径折叠方式相比，多肽链速度较快。此外，外界生理生化环境的微小变化或突变等因素可能会给单一折叠途径造成较大的影响，而对具有多条途径的折叠方式而言，这些变化可能给某条折叠途径带来影响，但不会影响另外的折叠途径，因而不会从总体上干扰多肽链的折叠，除非这些因素造成的变化太大，以至于从根本上影响多肽链的折叠。

（四）分子伴侣与蛋白质折叠

分子伴侣这一概念是 Laskey 等首先开始使用的。1978 年，Laskey 在研究非洲爪蟾核小体形成时发现，只有在一种细胞核内的酸性蛋白——核质素（nucleoplasmin）存在时，DNA 与组蛋白才能组装成核小体。在生理离子强度下，体外把 DNA 与组蛋白混合在一起，二者不能自我组装，而是发生沉淀。如果把组蛋白与过量核质素先进行混合，然后再加入 DNA，则可形成核小体结构，而且最终形成的核小体中没有核质素。据此，Laskey 称核质素为"分子伴侣"。因此，分子伴侣是一种能引导蛋白质正确折叠的蛋白质，它能够结合和稳定另外一种蛋白质的不稳定构象，并能通过有控制的结合和释放，促进新生多肽链的折叠、多聚体的装配或降解及细胞器蛋白的跨膜运输等。

当蛋白质折叠时，它们能保护蛋白质分子免受其他因素的干扰。分子伴侣是从功能上定义的，凡具有这种功能的蛋白质都是分子伴侣，它们的结构可以完全不同。迄今为止发现的分子伴侣大多属于热激蛋白（heat shock protein，HSP）的范畴，大致可分为四类非常保守的蛋白质家族，即核质素家族、HSP60 家族、HSP70 家族、HSP90 家族，这些家族广泛地存在于动物、植物和微生物中。

（五）蛋白质错误折叠与疾病

在体内保证蛋白质正确折叠的过程一般分为两步：首先是识别错误，即发现或找到哪些蛋白质受到了损伤；其次是决定错误能否更正，能更正的蛋白质会在分子伴侣的帮助下恢复正常结构，不能更正的则通过蛋白酶降解后清除。如果保证蛋白质正常折叠的这一保护机制发生障碍，就可能出现错误折叠的蛋白质分子，从而引起一些疾病。对于这类疾病，蛋白质分子的氨基酸序列没有改变，即蛋白质多肽链具有正确而完整的一级结构，但在折叠过程中发生了异常或错误，形成了错误的空间构象和三维结构，这就会导致蛋白质分子生物学功能丧失，甚至引起疾病，这类疾病就是"构象病"或"折叠病"。目前已知的"构象病"包括疯牛病（prion disease）、阿尔茨海默病（Alzheimer's disease）、帕金森病（Parkinson's disease）等。这类疾病属于神经退行性疾病（neurodegenerative disease）的范畴，它是神经系统中一类与衰老相关联的退行性疾病。由蛋白质折叠异常所引起的疾病还有囊性纤维病变、家族性高胆固醇症、家族性淀粉样蛋白症、某些肿瘤、白内障等。目前，蛋白质错误折叠与疾病的关系已成为分子生物学新的热点研究问题。

1. 蛋白感染因子导致的疾病

蛋白感染因子导致的疾病（prion disease）能引起人和动物之间的可转移性神经退行性疾病，如库鲁病（Kuru）、克-雅病（Creutzfeldt-Jakob Diseases，CJD）、格斯特曼综合征（Gerstmann Syndrorne，GSS）和致死性家族性失眠症（Fatal Familial Insomnia，FFI），以及动物的羊瘙痒病（Scrapie）、牛海绵状脑病（Bovine Spongiform Encephalopathy，BSE，俗称疯牛病）和鹿、猫、水貂等的海绵状脑病。1985 年，最早在英国发现疯牛病，它是由一种尚未完全了解其本质的蛋白感染因子——prion（proteinacious infectious particle）所引起的。Prion 一词最早是由美国加州大学 Prusiner 等提出的，它的传播主要是通过细胞中正常的蛋白质分子向致病型蛋白质分子的转化。Prion 的正常形式（the normal or cellular form of prion protein，PrP^C）与疾病形式（the pathogenic or scrapie form of prion protein，PrP^{Sc}）具有完全相同的氨基酸顺序和共价修饰，但三维结构却相差很大，核心是蛋白质内 α-螺旋结构向 β-折叠结构的转化。实验研究表明，前者含 40% 的 α-螺旋，几乎不含 β-折叠；而后者含 43% 的 β-折叠及 30% 的 α-螺旋。关于 prion 相关蛋白的功能，已发现 PrP^C 存在功能的多样性，如铜离子转运、信号转导、抗氧化等。有趣的是，在完全敲除 PrP^C 基因的小鼠中，其表现基本正常。因此，PrP^C 的具体功能尚待进一步的研究。

2. 淀粉样蛋白导致的疾病

由淀粉样蛋白导致的疾病（amyloid disease）大致分为 2 类——阿尔茨海默病和帕金森病。这 2 类疾病的共同点是正常的蛋白质错误折叠成淀粉样肽，并聚合成不溶性的淀粉样沉积在组织内，称为淀粉样蛋白变性。研究表明，老年痴呆症的发生与淀粉样前体蛋白（amyloid precursor protein，APP）的剪切和结构转换为 β 淀粉样多肽（beta-amyloid，Aβ）并以多肽链间的 β-折叠形成纤维状沉积物有关。在帕金森病患者脑中也有被称为 Lewy 小体的蛋白质沉积物，这些蛋白质沉积物包含有 α-突触核蛋白形成的纤维。理解这些蛋白质，如 Aβ、α-突触核蛋白等为何在脑中会发生错误折叠，可能是治疗这些神经退行性疾病的关键问题。

第四章　基因组信息分析

随着各种生物基因组计划的进行，基因组信息学分析越来越成为生物信息学分析的一个重要内容。本章介绍人类基因组计划的提出与完成，原核基因组与真核基因组的特点以及表观基因组学的相关内容。

第一节　人类基因组计划的提出与完成

一、人类基因组计划的提出

（一）人类基因组计划的宗旨

人类基因组计划由美国科学家于 1985 年率先提出，并于 1990 年正式启动。美国、英国、法国、德国、日本和我国科学家共同参与了这一价值达 30 亿美元的人类基因组计划。这一计划旨在对 30 多亿个碱基对构成的人类基因组进行精确测序，发现所有人类基因并确定其在染色体上的位置，从而破译人类全部遗传信息。人类基因组计划与曼哈顿计划、阿波罗计划并称为"三大科学计划"。

（二）基因组计划的研究对象

经初步研究之后，基因组计划选择了人类作为研究目标。为什么不选择基因组规模较小或有经济价值的生物呢？选择人作为研究对象的主要原因在于：人类是在进化历程中最高级的生物，破解人类的遗传密码有助于我们认识自身、掌握生老病死规律，从而有助于疾病的诊断和治疗，并进一步了解生命的起源等问题。同时，为了与人类基因组进行比较，人类基因组计划还包括对五种生物基因组的研究，即酵母、线虫、大肠杆菌、小鼠和果蝇。应用模式生物揭示某种具有普遍规律的生命现象，已经成为生命科学研究的基本策略。其好处在于，将这些模式生物得到的数据与人类基因组相比较，不仅可以通过不同生物基因序列的同源性来阐明人类相应基因的功能，而且可以进行很多在人体内不可能进行的实验研究。

二、人类基因组计划的主要任务

人类基因组计划主要有两项任务：一是进行 24 条染色体的遗传、物理图谱构建及脱氧核糖核苷酸顺序的分析；二是致力于基因识别及功能的研究。其具体内容包括：对人类基因组进行标记和划分；对基因组 DNA 进行切割和克隆，并利用已知的标记将这些克隆的 DNA 片段有序排列；测定人类基因组的全部 DNA 序列。

最终，人类基因组计划要完成作图（包括遗传图谱、物理图谱的建立及转录图谱的绘制）、测序和基因识别，还包括模式生物（如酵母、线虫、大肠杆菌、小鼠等）基因组的作图和测序，以及信息系统的建立。同时，对致病基因的克隆也是人类基因组计划的目标之一。疾病与基因直接或间接相关，通过生物学、医学等技术对相关基因进行抑制或调控，即可取得治疗疾病的效果。如果掌握了与某种疾病相关的基因及其突变，就可以对该疾病进行预测、诊断甚至治疗。如果能够做到"因人施药"，则将是基因组研究给人类带来的最大福音。

（一）遗传图谱

遗传图谱（genetic map）又称连锁图谱，是以具有遗传多态性（在一个遗传位点上具有一个以上的等位基因，这些等位基因在群体中的出现频率皆高于1%）的遗传标记为"路标"，以遗传学距离（在减数分裂事件中2个位点之间进行交换、重组的百分率，1%的重组率称为1 cM）为图距的基因组图。遗传图谱的建立为基因识别和完成基因定位创造了条件。

（二）物理图谱

物理图谱（physical map）是指构成基因组的全部基因的排列和间距的信息，它是通过对构成基因组的 DNA 分子进行测定而绘制的。绘制物理图谱的目的是将有关基因的遗传信息及其在每条染色体上的相对位置线性而系统地排列出来。

（三）转录图谱

对与基因转录表达产物 mRNA 互补的 cDNA 进行大规模测序，是序列标签位点的主要来源，并以此构建人类基因组转录图谱。

（四）序列图谱

随着遗传图谱和物理图谱的完成，测序就成为重中之重的工作。DNA 序列分析技术是一个包括制备 DNA 片段化及碱基分析、DNA 信息翻译的多阶段过程。通过测序可以得到基因组的序列图谱。

三、人类基因组计划的最终完成

2000 年 6 月 26 日，公共领域和 Celera 公司同时宣布完成人类基因组工作草图；2001 年 2 月 15 日，Nature 期刊发表了国际公共领域的结果；2001 年 2 月 16 日，Science 期刊发表了 Celera 公司及其合作者的结果。2003 年 4 月，中国、美国、英国、日本、法国、德国六国政府首脑联名发表声明，宣布国际人类基因组测序协作组已经解读了人类生命密码书中所有章节的秘密，获得了人类基因组的完成图。破译遗传语言的人类基因组计划被誉为生命科学的 "登月计划"，共耗时 13 年。蕴含着人类生命遗传奥秘的遗传语言由 30 多亿个碱基对组成，其测序结果由专门的网站收录，全世界都可以不受限制地免费获取这些信息。同时，许多模式生物基因组计划完成了测序工作，更多的生物基因组被列入测序计划中。人类掌握了极大量的遗传数据，期待揭示其中的生命奥秘。

对于人类基因组计划，中国也作出了自己的贡献。1994 年，中国人类基因组计划在吴旻、强伯勤、陈竺、杨焕明的倡导下启动，先后开展了 "中华民族基因组中若干位点基因结构的研究" 和 "重大疾病相关基因的定位、克隆、结构和功能研究"。1997 年，我国成立了第一家生物信息中心——北京大学生物信息中心，它是欧洲分子生物学网络组织 EMBnet 的中国国家结点，几年来与多个国家的生物信息中心建立了合作关系，并为国内外用户提供了多项生物信息服务。在此之后，中国人类基因组研究北方中心（北京）、南方中心（上海）和华大基因研究中心（北京）相继成立，为中国开展基因组生物信息学的研究创造了数据条件。1999 年 9 月，中国获准加入人类基因组计划，承担了测定人类 3 号染色体短臂上一个约 30 Mb（Mb 表示兆碱基，即 100 万个碱基）区域的测序任务，该区域约占人类整个基因组的 1%。基于人类基因组计划工作的实施，中国在基因组测序方面取得了长足的进步，先后测定了水稻、腾冲嗜热杆菌、家蚕、日本血吸虫等一批生物的基因组序列。

（一）人类基因组概况

人类核基因组 DNA 总长度约为 31.647 亿个碱基对。其中，编码序列约占 3%，非编码序列约占 97%。人类基因组包含约 2.5 万个基因，分布于 22 对常染色体和 X、Y 性染色体。

随着越来越多物种的基因组测序完成，将有助于人类基因组的功能研究和进化分析。

（二）人类基因组计划的影响

人类基因组计划是生命科学史上第一个大的科学工程，开启了对生物进行全面、系统研究的探索。基因组计划的成功使我们了解了包括酵母、线虫、大肠杆菌、小鼠、果蝇等模式生物和人类的所有遗传信息的组成，以及大规模的基因和这些基因产物的功能基因表达图谱。人类基因组计划的完成对于科学研究、生物技术和医学，甚至人类社会和经济生活的各个方面都有重要而深远的影响。

首先，人类基因组计划推动了生物学的基础理论研究。确定人类基因组中基因的序列、组织和物理位置，有利于研究基因的功能及其相互之间在表达和调控机制方面的联系，了解转录和剪接调控元件的结构与位置，从整个基因组结构的宏观水平上理解基因转录与转录后的调控。同时，确定人类基因组有助于从整体上了解染色体结构，包括各种重复序列及非转录"框架序列"的大小，了解各种重复序列和非转录序列在染色体结构、DNA 复制、基因转录和表达调控中的影响和作用，发现新的基因和蛋白质。

其次，人类基因组计划对生物进化研究具有重要意义。生物的进化史都刻写在各基因组的"天书"上，通过比较基因组学，人们可以研究更多的进化问题。如起源于 13 亿年前的草履虫是人的亲戚吗？人是由 300 万年至 400 万年前的一种猴子进化来的吗？人类的祖先是否起源于非洲？第一次"走出非洲"是在 200 万年前吗？

再次，人类基因组计划对生物技术的影响非常深远，它催生了基因工程药物的开发，如分泌蛋白（多肽激素、生长因子、趋化因子、凝血和抗凝血因子等）及其受体；深化了基因和抗体试剂盒、诊断和研究用生物芯片、疾病和筛药模型的研究；推动了细胞、胚胎和组织工程；促进了多种生物技术的发展，如胚胎和成年期干细胞、克隆技术和器官再造等。

最后，人类基因组计划将给医学和制药方面带来重大革命。人类基因组计划有助于发现新的致病基因，通过基因治疗解决传统方法无法解决的疑难杂症，识别疾病易感基因并对风险人群进行生活方式和环境因子的干预。人类基因组计划还能够帮助筛选新药和药物作用的药物靶标，辅助进行合理的药物设计，对基因蛋白产物的高级结构进行分析和预测并模拟药物作用过程，还能够促进个体化的药物治疗及药物基因组学的发展。

同时，人类基因组计划的完成也引发了人们的诸多担忧。或许《侏罗纪公园》不再只是科幻故事？会不会有人利用基因组数据制造灭绝性的生物武器？怎样解决由人类基因组计划引发的基因专利战和基因资源的掠夺战？在基因组时代，人们怎样保护个人隐私？在人类基因组计划完成初期，时常可以听到人们关于基因组作用的讨论和担忧。但随着时间的流逝，人们越来越清楚地发现，基因组仅提供了一个数据基础和一种出现重大变革的可能性。总的来说，只要人们能够正确地利用基因组数据资源，基因组数据就会造福于人类。

（三）新一代测序技术

1980 年，英国生物化学家 Frederick Sanger 与美国生物化学家 Walter Gilbert 建立了 DNA 测序技术并获得诺贝尔化学奖。此后十几年间，几乎所有的 DNA 测序操作都采用半自动化毛细管电泳 Sanger 测序法。该技术的基础是双脱氧链末端终止法——根据核苷酸在某一固定的点开始，随机地在某一个特定的碱基处终止，产生 A、T、C、G 四组不同长度的一系列核苷酸，然后在尿素变性的凝胶上电泳进行检测，从而获得 DNA 序列。第一代测序技术包括这种以 Sanger 测序法为基础的双脱氧链终止法，另外还包括 DNA 化学降解法、焦磷酸测序法。sanger 测序法因其性能优良和成本相对低廉从而用途广泛，成为了第一代测序技术的代名词。

高通量鸟枪 Sanger 测序法的基本流程是：首先，基因组 DNA 被随机地切割成小片段分子，接着众多小片段 DNA 被克隆入质粒载体，随后转化到大肠杆菌中。然后，培养大肠杆菌提取质粒，进行测序，获得一系列长短不一的末端标记有荧光的片段。最后，对每个延伸反应产物末端的荧光颜色进行识别来读取 DNA 序列。在人类基因组计划的实施过程中，对多项测序技术进行了改进：应用体外 PCR 替代了大肠杆菌扩增质粒的过程；使用荧光标记物取代了放射性标记物；使用毛细管电泳取代了传统的平板凝胶电泳；建立了末端配对测序法，可对短片段序列进行测序。

后来，Sanger 测序法发展成为鸟枪循环芯片测序法，其流程为：首先将基因组 DNA 随机地分割成小片段 DNA 分子，然后在这些小片段 DNA 分子的末端连接上普通的接头，最后用这些小片段 DNA 分子制成克隆芯片。每一个克隆都含有一个小片段 DNA 分子的许多个副本，许多克隆集合在一起就形成了克隆芯片。这样一次测序反应可以同时对众多的克隆进行测序。最后与 Sanger 测序法一样，通过对每个延伸反应产物末端的荧光颜色进行识别来读取 DNA 序列。重复上述步骤就能获得完整的序列。这种测序方法最突出的特点是边合成边测序，是 Illumina 公司系列自动测序仪的工作原理，主要包括文库构建、文库质控、桥式 PCR 形成单克隆的簇、测序及数据分析。第二代测序技术，又称为新一代测序技术或下一代测序技术（NGS），主要包括 Illumina 公司测序技术、Ion Torrent 测序技术、ABI 公司的 SOLiD 测序技术及华大的 BGISEQ 测序技术，其中 Illumina 公司承担着全世界大约 80% 以上的核酸测序，是市面上主要的第二代测序技术。有了这种新技术，人类基因组测序的费用将大为降低，估计平均每个样品仅需花费 100 美元。同时，该技术的测序速度要比第一代测序技术快 2 万倍。10 年前，人类基因组计划和 Celera 公司花费了数年的时间才得到完整的人类基因组序列图谱。但到 2008 年，由于有了新一代的测序仪，仅用 3 个月的时间就获得了 James Watson 的个人完整基因组序列。现在，利用商业化单分子实时测序仪（single molecule real-time sequencing，SMRT），可以在几分钟之内完成单个人体基因组测序的工作。

第三代测序技术的核心是单分子测序，是直接对单个 DNA 分子进行测序，无须进行 PCR 扩增。因此避免了 PCR 扩增过程中可能引入的错误，从根本上消除由此产生的误差，并提高了测序的通量和读长。相对于前两代测序技术，第三代测序技术具有以下优势：实现了更高的通量和更短的测序时间；运行成本低，特别是在大规模应用中；无特定的碱基偏好性，可以更全面地检测基因组结构变异；减少了因 PCR 带来的假阳性率和碱基替换等常见错误；能够生成长片段序列并实时分析数据，适合于复杂基因组拼装和表观遗传学研究。不过，目前，第三代测序技术存在以下缺点：尽管整体准确率较高，但单个读长的错误率仍然较高，需要重复测序以纠错，增加了测序成本；依赖于 DNA 聚合酶的活性，如果聚合酶性能不佳可能影响测序结果；目前，用于第三代测序数据的生物信息学工具相对较少，数据分析平台尚需进一步完善；虽然运行成本较低，但设备购置和维护费用仍然较高，且数据处理和分析成本也相对较高。尽管第三代测序技术需要克服其劣势以实现更广泛的应用，但是该测序技术以其独特的单分子测序能力和长读长优势，在大型基因组研究和高精度变异检测方面展现巨大的应用潜力。

总之，新一代的测序仪提供了前所未有的高并行性、快速度和低成本测序，使基因组研究工作迅速向深度和广度发展。DNA 测序技术已广泛应用于生物学研究的各个领域，很多生物学问题都可以借助高通量 DNA 测序技术得以解决。新一代测序技术的出现，让基因组测序这项以往专属于大型测序中心的特权能够被众多研究人员分享，从而催生了个人基因组学（personal genomics）、肿瘤基因组图谱（cancer genome atlas）、环境基因组学（environmental genomics）和进化基因组学（evolutionary genomics）等多个研究方向。目前，新的测序技术及手段还在不断涌现，新一代 DNA 测序技术有助于人们以更低的成本，更全面且更深入地分析基因组、转录组及蛋白质相互作用组的各项数据。在不久的将来，各种测序技术将成为一项广泛使用的常规实验手段，给生物学和生物医学研究领域带来重大变革。

第二节　原核基因组与真核基因组特点

一、原核基因组特点

原核生物的基因组大都是双链环状分子，在重要的功能位点有明显的序列特征，利用这些特点可进行基因识别。

（一）开放阅读框（ORF）

编码蛋白质或 RNA 的开放阅读框包括从起始密码子到终止密码子的 DNA 序列。与真核生物相比，原核生物基因结构相对简单，通常由单一的环状 DNA 分子组成，其基因组的开放阅读框是可能编码蛋白质的部分，具有明确的起始密码子和终止密码子，并且由于没有内含子的存在，可以直接进行翻译。通过对 ORF 的分析，可以了解原核生物的基因表达、蛋白质功能以及适应环境的机制。对原核基因来说，预测基因的主要任务就是识别开放阅读框。ORF 的长度可以变化很大，从几十个到几千个碱基对。在某些情况下，ORF 之间可能存在重叠，即两个 ORF 的序列部分或全部相同。绝大部分原核生物蛋白质的长度大于 60 个氨基酸残基 ［在大肠杆菌（*Escherichia. coli*）中，蛋白质编码区域平均长度为 316.8 个密码子，不到 1.8% 的基因的长度小于 60 个密码子]。

(二) 高基因密度

原核生物基因组的许多信息都是为了维持细胞的基本功能，如构造和复制 DNA、产生新蛋白质以及获得和存储能量。原核基因组中除 rRNA、tRNA 基因有多个拷贝外，重复序列不多。在原核基因组中，基因分布的密度非常高，少有非编码 DNA，其中的 DNA 分子的绝大部分是用来编码蛋白质的，只有非常小的一部分不转录，这点与真核生物的 DNA 分子不一样。完全测序的细菌和古细菌的基因组数据表明，其中 85%~88% 的核酸序列与基因的编码直接相关。例如，在大肠杆菌中总共有 4288 个基因，平均编码长度为 950bp，而基因之间的平均间隔长度只有 118bp。

(三) 简单的基因结构

原核基因按功能相关成串排列，组成操纵子，这是基因表达调控的单元，共同开启或关闭，转录出多顺反子的 mRNA。

原核生物的基因为蛋白质编码的序列绝大多数是连续的。与真核基因结构相比较，原核基因的结构非常简单，完整的基因结构从基因的 5′端启动子区域开始，到 3′端终止区结束。基因的转录开始位置由转录起始位点确定，转录过程直至遇到转录终止位点结束，转录的内容包括 5′端非翻译区 (5′UTR)、开放阅读框及 3′端非翻译区 (3′UTR)。基因翻译的准确起止位置由起始密码子和终止密码子决定，翻译的对象即介于这两者之间的开放阅读框。原核基因为连续基因，通常以操纵子的形式呈现。

(四) 原核基因组中的 GC 含量

碱基 G、C 相对于 A、T 的丰度很早就被看作区分细菌基因组的特征之一。不同的原核生物中，GC 含量 (GC content) 为 25%~75%，变化非常大。基于这样的简单事实，测量基因组的 GC 含量被证明是一种识别细菌种类的特别有效的方法。

二、真核基因组特点

真核生物在各个方面都要比原核生物复杂得多，真核生物基因组的规模远大于原核生物基因组，真核基因结构也远比原核基因结构复杂、多变。在整个 DNA 序列中，蛋白质编码区域仅占一小部分，而非编码序列则占很大一部分。真核生物基因是多外显子基因，外显子被大量内含子分隔是其重要特征。人类基因平均有五六个外显子，外显子平均长度 200bp，而内含子平均长度却达 2000bp。这一切大大地增加了真核基因预测的难度。

（一）基因组规模

真核细胞的细胞核中一般有多条线性染色体，而且通常包含每条染色体的双拷贝。真核生物基因组比原核生物基因组要大得多。例如，人的基因组总长度超过 30 亿对碱基，大肠杆菌基因组约 4×10^6 bp，哺乳类基因组在 10^9 bp 数量级，比细菌大千倍；大肠杆菌约有 4000 个基因，人则约有 2.5 万个基因。

（二）非编码序列

真核生物具有复杂的基因组结构。就人类基因组而言，编码区域在人类基因组所占的比例不超过 3%。其余 97% 是非编码序列。而在非编码序列中，各种重复序列占了很大一部分，用复性动力学等实验表明有三类重复序列：

1. 高度重复序列

这类序列一般较短，长 10~300bp，在哺乳类基因组中重复 10^6 次左右，占基因组 DNA 序列总量的 10%~60%，人的基因组中这类序列约占 20%，功能还不明了。

2. 中度重复序列

这类序列多数长 100~500bp，重复 10~10^5 次，占基因组的 10%~40%。例如，哺乳类中含量最多的一种称为 Alu 的序列，长约 300bp，在哺乳类不同种属间相似，在基因组中重复 3~10^5 次，在人的基因组中约占 7%，功能也还不很清楚。在人的基因组中 18S/28S rRNA 基因重复 280 次，5S rRNA 基因重复 2000 次，tRNA 基因重复 1300 次，五种组蛋白的基因串连成簇重复 30~40 次，这些基因都可归入中度重复序列范围。

3. 单拷贝序列

这类序列基本上不重复，占哺乳类基因组的 50%~80%，在人基因组中约占 65%。绝大多数真核生物为蛋白质编码的基因在单倍体基因组中都不重复，是单拷贝的基因。以前，这些非编码区曾被认为是"垃圾 DNA"而不具分析价值。直到现在，我们还缺乏对其功能的全面认识。不过，越来越多的研究已表明，不编码蛋白质或 RNA 的 DNA 对 3% 的编码 DNA 具有重要的作用，尤其是调节的、结构的或酶方面的作用。

非编码 DNA 对于复制和控制特定细胞的基因表达相当重要，然而，它们所包含的还只是与一些作为基因表达和复制中必需的蛋白质特异性结合的短序列。目前，可以明确的是，这些蛋白质是生长因子或激素的受体，其结合物质对于细胞及胚胎发生期的细胞分化、形态发生和模式形成均具有重要的作用。

DNA 序列的非编码区在进化中的作用也是巨大的。一般来说，突变是随机事件，而染色体的非编码部分包含碱基组成中的大部分变异，这就给染色体重组和沉默突变的积累提供了一个"平台"。

（三）基因组结构

与原核生物比较，真核生物的基因组更为复杂。原核生物的基因组基本上是单倍体，而真核基因组是二倍体。真核生物一个结构基因转录生成一条mRNA，即 mRNA 是单顺反子，基本上没有操纵子的结构。

真核基因通常以 ATG 和 TGA 分别作为翻译的起始密码子和终止密码子。在翻译起始位点前存在所谓的冈崎片段（保守序列 CCGCCATGG），转录起始位点前还存在 CpG 岛，转录终止位点后存在多聚嘌呤片段。在一个真核基因结构中，编码某一蛋白质序列不同区域的各个外显子并不连续排列在一起，而常常被长度不等的内含子所隔离，形成镶嵌排列的断裂方式，即外显子和内含子交叉排列，转录后需经剪接（splicing）去除内含子，才能翻译获得完整的蛋白质，这就增加了基因表达调控的环节。真核基因外显子长度一般小于内含子长度，外显子与内含子之间的边界绝大部分满足 GU-AG 规则。此外，外显子区与非编码区在密码子使用偏好上有明显区别，真核基因组以等值区形式组织基因。以上这些规律常常被用于外显子识别。

不同真核基因组中内含子出现的数量有较大差别。例如，酵母基因组6 000 个基因中总共只有 239 个内含子，而绝大部分人类基因至少有一个内含子，人类的某些单个基因中就可能有 100 个或更多的内含子。除剪接所需的序列以外，内含子的长度和核酸序列几乎不受选择性限制。

（四）复杂的基因转录调控

真核细胞具有更加复杂的转录起始调控机制，真核生物有细胞核结构，转录和翻译过程在时间和空间上彼此分开，并且在转录和翻译后都有复杂的信息加工过程，其基因表达的调控可以发生在各种不同的水平上。通常包括以下几个水平：DNA 水平的调控，转录前水平的调控，转录水平的调控，转录后水平的调控，翻译水平的调控和翻译后水平调控。真核生物主要的遗传物质与组蛋白等构成染色质，被包裹在核膜内，核外还有遗传成分（如线粒体 DNA 等），这就增加了基因表达调控的层次和复杂性。

基因表达调控涉及能与特异转录因子结合的顺式调控元件和与顺式调控元件结合的反式结合因子的复杂相互作用。RNA 聚合酶是最重要的一类反式结合因子。与原核生物只使用一种由多个蛋白质聚合而成的 RNA 聚合酶不同，真核生物至少使用由 8~12 个蛋白质组成的三种不同类型的 RNA 聚合酶。RNA 聚合酶 I 和 RNA 聚合酶Ⅲ负责转录生成 RNA 分子，这些分子本身执行重要的功能，在所有的真核细胞中需要始终保持相当恒定的水平。RNA 聚合酶Ⅱ专门负责转录编码蛋白质的基因。在真核细胞中，RNA 聚合酶通常不能单独发挥转录作用，而需要与其他转录因子协作。与 RNA 聚合酶 I、RNA 聚合酶Ⅱ、RNA 聚合酶Ⅲ相应的转录因子分别称为 TF I、TFⅡ、TFⅢ，其中对 TFⅡ研究最多。

顺式调控元件包括启动子、增强子和沉默子，与原核生物中多个基因共享一个启动子的操纵子结构不一样，每个真核生物的基因都有自己的启动子。绝大部分 RNA 聚合酶Ⅱ型启动子都包含一组称为基本启动子的序列和多个其他上游启动子元件，前者负责组装 RNA 聚合酶Ⅱ起始复合物（initiation complex）和开始转录的位置，后者与 RNA 聚合酶Ⅱ以外的蛋白质特异性结合用于控制转录的速率和强度。对于典型的真核细胞基因数目和细胞类型，估计至少需要五个上游启动子元件来唯一地识别某个特殊的蛋白质编码基因，并保证能以一种合适的方式来表达它。基本转录因子（basal transcription factor）是由一个 TATA 结合蛋白（TATA-binding protein，TBP）和至少 12 个 TBP 相关因子（TAF）形成的复合物，它以特定的排列次序结合启动子序列，然后帮助 RNA 聚合酶Ⅱ催化单元结合启动子序列。

（五）复杂的可变剪接机制

哺乳动物 RNA 由长度约 140 个核苷酸的外显子及中间穿插长度约上千个核苷酸的非编码内含子组成。大部分真核基因在转录后需要进行剪接，成为成熟的 mRNA。RNA 剪接是指依据 RNA 顺式元件和反式元件，在包括表观遗传信息在内的剪接指令指导下，剪接体正确识别、连接短外显子并精确去除长内含子，从而加工为成熟 mRNA 的过程。其中，可变剪接的存在使得剪接机制变得异常复杂。可变剪接是指从一个 mRNA 前体通过不同的剪接方式产生不同的 mRNA 剪接异构体的过程。基于深度测序技术估计，至少 95% 的人的外显子基因会经受可变剪接。mRNA 前体的可变剪接是真核生物基因表达调控的重要方式和产生蛋白质组多样性的重要机制。作为可变剪接的一个极端例子，有一个人类的基因已经被证明，相同的原始转录物可以产生 64 种不同的 mRNA。剪接是由剪接体实现的，剪接体由五种小核糖核蛋白颗粒（snRNP）及大约 200 个辅助蛋白组成，每一种 snRNP 由一系列蛋白质和一个小核 RNA（snRNA）组成。在多种形式的遗传信息控制下，剪接体通过识别 mRNA 上的顺式元件而完成对 mRNA 的精确转录后加工。

（六）CpG 岛

所谓 CpG 岛（CpG island）是指基因组中位于基因的 5′ 区域，长度为 300~3 000bp 的富含 CpG 二核苷酸的（常称为 CpG，以表明连接两个核苷酸的磷酸二酯键）一些区域。真核生物基因组的 G+C 含量的差异并不像原核生物间那么明显，一般来说其 CpG 二联核苷酸的出现频率远小于其随机出现的频率。但是，CpG 双核苷酸在人类基因组中的分布很不均一，在许多人类基因 5′ 端的 1~2kb 片段中 CpG 保持或高于正常概率，即 CpG 岛。这些 CpG 岛主要位于基因的启动子和第一外显子区域，约有 60% 以上基因的启动子含有 CpG 岛。GC 含量大于 50%，长度超过 200bp。

在大多数真核细胞 DNA 中，CpG 岛与一种重要的化学修饰——甲基化（methylation）密切相关，甲基化作用似乎是导致 CpG 在整个基因组中含量极少的主要原因。启动子区中 CpG 岛的未甲基化状态是基因转录所必需的，而 CpG 序列中的 C 的甲基化可导致基因转录被抑制。CpG 岛经常出现在真核生物的管家基因（housekeeping gene，指在所有组织和在发育的所有阶段都高水平表达的基因）的调控区，在其他地方出现时会由于 CpG 中的 C 易被甲基化而形成 5′ 甲基胞嘧啶，脱氨基后形成胸腺嘧啶，甲基化后的胞嘧啶特别容易发生突变（特别是突变成 TpG 和 CpA）。对人类基因组全长序列的分析结果表明，大约有 45 000 个这样的岛，并且有 50% 左右与已知的关键基因是有关联的，其余的 CpG 岛有许多似乎是和组织特异性基因的启动子相关联的。CpG 岛很少出现在不含基因的区域和那些发生多次突变的基因中。

（七）等值区

20 世纪 70 年代，研究者对牛基因组的密度梯度离心实验显示，其基因组由若干 G+C 含量相对均匀的区域组成，称为等值区（isochore）。意大利学者 Bernardi 等提出等值区概念：第一，等值区基因组序列的长度超过 100 万对碱基；第二，虽然不同的等值区其 G+C 含量差别显著，但同一等值区的 G+C 含量始终相对均匀，一般要求在等值区全长序列上移动的 1 000bp 滑动窗口中的 G+C 含量与整个序列的 G+C 含量相差不超过 1%。

（八）密码子使用偏好性

由于密码子的简并性，每个氨基酸至少对应一种密码子，最多有六种对应的密码子。在蛋白质编码过程中，某一物种或某一基因通常倾向于使用一种或几种特定的同义密码子，这种现象称为同义密码子的使用偏好性。例如，在整个酵母基因组中，所有精氨酸的 48% 由密码子 AGA 确定，而其余五种编码精氨酸的同义密码子（CGT、CGC、CGA、CGG 和 AGG）则以较低的大致相等的频率被使用（每种 10% 左右）。类似地，果蝇以完全不同的密码子使用偏好性编码精氨酸，即比起其他五种选择（每一种的出现频率约为 13%）来说，果蝇更倾向于使用密码子 CGC（33%）。

这一现象的产生与诸多因素有关，如基因的表达水平（在一些单细胞生物如 *Escherichia coli*、*Saccharomyces cerevisiae* 中，高表达的基因密码子的使用偏好性一般比较大，这主要是由于基因的碱基组成和 mRNA 翻译时的 tRNA 选择两大因素造成的）、翻译起始效应、基因的碱基组分、某些二核苷酸的出现频率、G+C 含量、基因的长度、tRNA 的丰度、密码子–反密码子间结合能的大小、起始密码子和终止密码子使用限制等。在不同物种或细胞器基因中，其偏好性程度因作用的因素数量及各因素在同义密码子偏好性产生过程中所占决定系数的大小而不同。最近的一些研究表明，基因密码子的使用与基因编码的蛋白质的结构和功能有关，与基因表达的生理功能有着密切的联系。

（九）单核苷酸多态性（SNP）

SNP 是指基因组内特定核苷酸位点上存在两种不同的碱基，其中每种在群体中的频率不小于 1%。SNP 大多数为转换置换，在 CG 序列上出现最为频繁，而且多是 C–T 转换，原因是 CG 中 C（胞嘧啶）常为甲基化的、自发地脱氨后即成为 T（胸腺嘧啶）。人类基因组有 30 亿个碱基，其中共有多少个 SNP 位点目前尚难以确定。不同研究人员的估计值也不同，有的研究人员估计每 400bp 就有一个碱基差异，另一些研究人员则估计碱基的变异频率为 0.5%～10%。如果假定 1/1 000 的碱基是多态的，那么人类基因组中存在大

约 $3×10^7$ 个 SNP 位点。

总的来说，SNP 具有以下特点：

（1）SNP 在基因组中数量大，分布密。由于 SNP 是二态的，易于自动化批量检测，因而被认为是新一代的遗传标记（第一代的遗传标记是 RFLP，第二代是各种短串联重复序列 STR）；

（2）SNP 在单个基因或整个基因组中的分布不均匀。由于选择压力等原因，SNP 在非转录序列中要多于转录序列。绝大多数 SNP 位于非编码区，而蛋白质编码区的 SNP 被称为 cSNP；

（3）许多 SNP 并不影响细胞功能，但有些可能会使人易患病或影响人体对药物的敏感性；

（4）DNA 序列的变化能影响人类对疾病、环境（细菌、病毒、毒素和化学物质）、药物和治疗的反应，这就使 SNP 对医学诊断和药物开发具有重要的意义。

第三节　表观基因组学

表观基因组学是研究由非基因序列改变所导致的基因组表达变化，如 DNA 甲基化、组蛋白修饰以及核小体定位等。染色质的基本结构单位是核小体，染色质异常常引发组蛋白发生突变，导致核小体不能正确定位，进而阻碍转录调控因子接近 DNA，从而影响基因的正常表达。作为表观基因组学研究的一个重要方向，核小体定位研究近年来随着 Chip-Seq 等高通量实验技术的发展而成为生物信息学研究的特点领域之一。核小体在基因组上的组装方式及其定位机制的研究，对于理解转录因子结合和转录调控机制等多种生物学过程具有十分重要的作用。

核小体由 DNA 和组蛋白构成，是染色体的基本结构单位。组蛋白共有四种，分别为 H2A、H2B、H3 和 H4，每种组蛋白各有两个分子，形成一个组蛋白八聚体，约 200bp 的 DNA 分子盘绕在组蛋白八聚体外面，形成了一个核小体。此时，染色质的压缩比约为 6。染色体就是由一连串的核小体所组成，当这些核小体呈螺旋状排列构成纤丝状时，DNA 的压缩比约为 40。纤丝再进一步压缩后，成为常染色质的状态时，DNA 的压缩比约为 1 000。在有丝分裂时，染色质进一步压缩为染色体，压缩比高达 1 万，只有伸展状态时长度的万分之一。

一、核小体定位的实验技术

（一）染色质免疫沉淀-芯片技术

染色质免疫沉淀（Chromatin Immunoprecipitation，ChIP）技术，又称结合位点分析法，是研究体内蛋白质与 DNA 相互作用的主要实验技术，通常用于转录因子结合位点或组蛋白特异性修饰位点的研究。染色质免疫沉淀-芯片（Chromatin Immunoprecipitation-chip，ChIP-chip）技术的基本原理是通过超声波将染色体打碎为一定长度范围内的染色质小片段，然后采用目的蛋白的特异性抗体沉淀此复合体，富集目的蛋白结合的 DNA 片段。对目的片段进行纯化，并通过芯片技术检测，获得蛋白质与 DNA 相互作用的信息。

ChIP-chip 技术有利于大规模研究 DNA 调控信息，目前 ChIP-chip 技术主要应用于两方面的研究：转录因子的结合和组蛋白的修饰。

（二）染色质免疫沉淀-测序（ChIP-Seq）技术

染色质免疫沉淀-测序（ChIP-Seq）技术是将 ChIP 与第二代测序技术相结合的技术，是继 ChIP-chip 之后研究蛋白质与 DNA 相互作用的又一技术突破。它能够在全基因组范围内高效地检测与组蛋白修饰、转录因子结合等相互作用的 DNA 区段。

ChIP-Seq 基本原理是：通过染色质免疫沉淀技术富集目的蛋白的特异性结合 DNA 片段，并对其进行纯化与文库构建；然后对富集得到的 DNA 片段进行高通量测序。通过将测序获得的数百万条序列读段精确定位到基因组上，从而获得全基因组范围内与组蛋白、转录因子等相互作用的 DNA 区段信息。

二、与核小体定位相关的 DNA 序列信号

核小体定位是指在特定条件下 DNA 序列急剧弯曲并缠绕在组蛋白八聚体上。基因组的序列信息在一定程度上影响核小体的定位，不同碱基组成的 DNA 序列，其核小体形成能力的强弱差别很大。因此，相当多学者探讨了与核小体定位相关的 DNA 序列信号。

Segal 等（2006）利用数学分析方法揭示了 DNA 序列上每 10 个碱基出现的二核苷酸 AA/TT/TA 周期性信号有利于 DNA 片段剧烈弯曲，从而紧密缠绕在组蛋白周围形成高度致密的核小体。他们还利用概率模型获得被核小体包

围的 DNA 序列，依此开发了一种算法，可用来预测整个染色体中的核小体的编码和定位方式。Segal 等（2006）同时发现，若去除这些二核苷酸 motif，此区域的核小体亲和力会降低。这些结果表明，二核苷酸 AA/TT/TA 周期性信号 motif 对序列形成核小体具有特异性。

东南大学孙啸及其同事利用频率分析和小波分析进一步研究发现，弱连接二核苷酸在核小体 DNA 序列的两端比在中间具有更小的结构周期（两端约10.4bp，中间约 11.3bp），该周期特征对应的弯曲度特征为核小体 DNA 在两端比在中间具有更大的弯曲度。

Widlund 等（1999）通过研究发现 CA 二联体对核小体定位有重要作用，同时具有基序"TATAAACGCC"的序列对组蛋白有高的亲和力，利于形成核小体。

Cacchione 等定义了 DNA 序列的弯曲度信号：

$$C = v^0 (n_2 - n_1)^{-1} \sum_{j=n_1}^{n_2} (\rho_j - i\tau_j) \exp\left(\frac{2\pi ij}{v^0}\right)$$

式中，C 的模为弯曲度；v^0 为 DNA 的平均周期（10.4bp）；ρ 和 τ 分别表征16 种二核苷酸相对于 B-DNA 结构旋转和倾斜的程度；$n_2 - n_1$ 为计算时所取DNA 片段的长度。

孙啸及其同事以 DNA 序列的弯曲度信号和核小体 DNA 的弯曲特征信号这两个信号进行卷积运算，卷积结果称为"弯曲度谱（curvature profile）"。若弯曲度信号中有一段信号与核小体 DNA 弯曲度特征信号相似，则在弯曲度谱的相应位置会出现一个波峰，依此便可预测核小体位置。

第五章　转录组信息分析

随着 RNA-seq 技术的广泛应用，产生了海量的转录组数据。怎样合理地处理和分析 RNA-seq 数据成为转录组学信息学研究的重要内容。本章内容首先扼要介绍转录组学数据的实验技术，然后着重介绍 RNA-seq 数据的分析和处理。

第一节　表达序列标签技术

一、EST 技术概述

EST 技术最早始于 1991 年，Adams 等用人脑组织 cDNA 得到 EST。EST 是长 150~500bp 的基因表达序列片段。EST 技术将 mRNA 反转录成 cDNA 并克隆到载体构建成 cDNA 文库后，大规模随机挑选 cDNA 克隆，对其 5′端或 3′端进行测序，所获序列与基因数据库已知序列比较，从而获得对生物体生长发育、繁殖分化等生命过程的认识。EST 是基因"窗口"，可代表生物体某组织某一特定时间的一个表达基因，因此也被称为"表达序列标记"。EST 概念提出后，被广泛应用于基因克隆、功能分析等方面，直接推动了人类基因组计划的完成。同时 EST 技术也是 cDNA 芯片技术的基础。然而，由于 EST 技术存在获取的基因组信息不全等缺点，且通量较低，已被 RNA-seq 高通量转录组测序技术所取代

二、EST 技术的应用

（一）预测基因表达水平

一个典型的真核生物 mRNA 分子由 5′非翻译区、开放阅读框、3′非翻译区和 polyA 尾四部分组成。对于任何一个基因，其 5′端和 3′端序列可特异性代表生物体某种组织某个时期的表达基因。来自某一组织的足够数量的 EST

即可反映组织中的基因的表达情况。一般来说，基因表达水平高，相应的mRNA 水平也高，而与 mRNA 相对应的 cDNA 在 cDNA 文库中的含量也会很丰富。因此，某种 mRNA 相对应的 EST 数目可以代表该 mRNA 的丰度。将某种 mRNA 相对应的 EST 数目除以 EST 总数，便可得到该种 mRNA 绝对丰度的估计值。White 等人将这种以 cDNA 测序估计基因表达水平的方法称为"电子 Northern"或"数字 Northern"。对生物体特定发育时期、特定组织的 cDNA 文库随机挑选克隆并进行大规模测序，所产生的 EST 数据可以回答特定组织细胞在某一时期哪些基因表达、丰度如何等问题，这有助于在基因整体水平研究相关的功能及代谢等问题。

（二）识别基因及发现新基因

对某一特异组织或某一生长发育阶段的 cDNA 文库进行随机测序，可以得到大量 EST，将这些 EST 作为查询项在 EST 数据库中进行同源查找，同时将由 EST 推出的氨基酸序列作为查询项在 PIR 等蛋白质数据库中查找同源物，便可识别相应基因。对于那些在 EST 和蛋白数据库中没有找到同源物的EST，可以再把它们置于 6 个读码框下，翻译出推定的氨基酸序列，将可能的氨基酸序列作为查询项，在 PIR 等数据库中查找同源物，如果有同源物，就认为这个 EST 代表着表达该蛋白质的基因。对于通过 EST 数据库和蛋白质数据库已识别的 EST，还可以通过探针杂交从 cDNA 文库中分离出感兴趣的全长 cDNA 克隆。对于那些在 EST 数据库和蛋白质数据库中都没有同源物的EST，则可能是新基因。

第二节　基因表达系列分析技术

表达序列标签在筛选基因方面的随机性限制了其全面描述转录组的能力，同时该方法只适合于高丰度或表达差异显著的基因筛选，而无法完成对生物体转录组全貌的系统分析。基因表达系列分析（Serial Analysis of Gene Expression，SAGE）技术是用于基因表达水平差异性分析和大规模发现新基因的重要分子生物学技术。该技术的主要特点是可用于寻找那些较低丰度的转录物，从而最大限度地收集基因组的基因表达信息。

一、SAGE 的实验流程

（1）以 biotin-oligo dT 为引物（或直接用 Oligo dT 磁珠进行反转录）将 mRNA 反转录合成双链 cDNA，并以一种锚定酶（anchoring enzyme，AE）进行酶切后，通过链亲和素磁珠收集 cDNA 的 3′端部分。锚定酶为识别 4 碱基位点的Ⅲ类限制性内切酶 NlaⅢ。由于大多数 mRNA 的长度要大于 $4^4 = 256$ 个碱基，因此使用这种锚定酶可以保证在每一个转录本上至少有一个酶切位点。

（2）将磁珠吸附的 3′端 cDNA 等分为两部分，分别同接头 A、B 相连接。每一种接头的结构都由 PCR 扩增引物 A 或 B 的序列、标签酶识别位点和锚定酶识别位点三部分组成。标签酶（tagging cnzyme，TE）是一种ⅡS类限制性内切酶，SAGE 技术使用 BsmFⅠ，而 Long SAGE 技术使用 MmeⅠ，两者在识别和酶切特点上的差异使 Long SAGE 技术获得的标签长度为 17bp，而普通 SAGE 技术获得的标签长度为 10bp。

（3）连接产物经过标签酶处理后用 Klenow 酶补平 5 突出端，得到两组分别带有接头（也称为适配子）A、B 的短 cDNA 片段（约 50 个碱基）。混合并连接这两组短 cDNA 片段，形成一个约 100 个碱基的双标签体（ditag）群。由于接头 3′端经过氨基修饰，可以防止 3′端自连。以引物 A 和 B 对其进 PCR 扩增。

（4）用锚定酶 NIaⅢ切割扩增产物，分离纯化去除接头后的双标签（约 40 个碱基），并使之相互连接成为大片段的标签串联体（concatemer），克隆至 pZEro-1 零背景载体内形成一个 SAGE 文库以备集中测序。

（5）对测序得到的标签数据进行分析处理。在所测得序列中的每个双标签体之间由锚定酶序列相间隔，一般一个测序反应的结果可得到 10~20 个双标签体，即包含 20~40 个转录本的信息。由于双标签体的长度基本相同，不会产生 PCR 扩增的偏态性；同时数量和种类极大的转录本群体使得两个相同标签重复连接成双标签体的可能性极小，因此通过计算机软件的分析统计能够相当精确地得到上千种基因表达产物的标签序列及其丰度。

（6）对于数据库中无匹配的标签，可用寡核苷酸探针（包含锚定酶识别位点和标签序列）对 cDNA 文库进行筛选，以寻找新基因。也可延伸标签长度，获得含更多信息量的长 EST 片段，甚至基因全长。

二、SAGE 的相关信息资源

对 SAGE 技术产生的庞大数据的综合分析有赖于数据库及系统软件的帮助。目前，用于分析 SAGE 标签的应用软件很多，如 Johns Hopkins 大学肿瘤中心提供的 SAGE300、Tag Sorter 及美国 Michigan 大学研制的 SAGE。也可以在网上对标签数据直接进行在线分析，非常方便，如基于 Web 的 USAGE 等。SAGE 软件的核心功能主要包括从原始的序列中提取标签列表、比较 2 个样本中的标签及其出现频率、搜索数据库中的匹配序列。

三、SAGE 的特点分析

SAGE 是一种快速而高效地分析组织细胞基因表达的技术。它不但能快速全面地分析在特定组织和细胞中表达的基因，并得到这些基因表达丰度的数量信息，而且可以比较不同时空条件下基因表达的差异，具有假阳性率低、可重复性强、实验周期相对较短、大量数据可用于多重比较等诸多优点。自 SAGE 发明以来，针对 SAGE 的改进优化策略也在其应用过程中不断出现。改进优化策略主要包括：减少起始模板用量；增加克隆标签数，从而提升双标签和多聚体的产量和效率；加长标签长度以增强标签与基因的匹配率。然而，SAGE 技术仍存在实验起始需要的样本量大、标签的确认困难、技术流程复杂、工作量和耗资大等不足。这也导致尽管 SAGE 因具有很多优点而得到生物工作者的青睐，但它在转录组研究中并未得到广泛地推广和应用。

第三节 大规模平行测序技术

大规模平行测序（Massively Parallel Signature Sequencing，MPSS）技术是由 Brenner 等研究人员于 2000 年建立，并由美国 Lynx 公司将其商品化的一种基于序列分析技术的高通量、高特异性和高敏感性的基因分析技术。其核心技术分别由 MegaClone、MPSS 和生物信息分析三部分组成。

MPSS 是以基因测序为基础的新技术，其方法基础是一个标签序列（10~20bp）含有能够特异识别转录子的信息，将标签序列与长的连续分子连接在一起，便于克隆和序列分析。通过定量测定可提供相应转录子的表达水平，也就是将 mRNA 一端测出一个包含 10~20 个碱基的标签序列，每一标签序列在样品中的频率（拷贝数）就代表了与该标签序列相应的基因表达水平。所测定的基因表达水平是以计算 mRNA 拷贝数为基础，是一个数字表达系统。只要将病理和对照样品分别进行测定，即可进行严格的统计检验，能测定表达水平较低、差异较小的基因，而且不必预先知道基因的序列。该技术的特点是基因表达水平分析的自动化和高通量。MPSS 技术是"下一代"测序技术发展的先驱。MPSS 是一种基于磁珠（bead）和接头（adaptor）连接和解码的复杂技术，测定结果短，多用于转录组测序，测定基因表达量。然而，MPSS 测定结果有序列偏好性而易丢失 DNA 中某些特定序列，且操作复杂，成本高，已被 RNA-seq 等新的实验方法替代。

一、MPSS 技术的实验流程

MPSS 技术的基本实验流程包括从生物样品中提取 mRNA，将 mRNA 分子转换成 cDNA，通过固相克隆将该 cDNA 均匀地加载到特制的小分子载体表面，然后在小分子载体上进行大量的 PCR 扩增。之后，将所有 cDNA 游离的一端进行精确测序产生 16~20 个碱基。每一特定序列在整个生物样品中所占的比例，就代表了含有该 cDNA 基因在样品中的相对表达水平。该技术能将一个生物样品中几乎所有表达了的基因全部分别克隆到特制的小分子载体上，然后把几十或上百万个小分子载体放进一个特殊的反应系统内，使所有小分子载体都排列在一个平面上，然后将带特殊荧光标记的 G、A、T、C 单核苷酸按顺序分别加入反应体系中，分别与小分子载体上的 cDNA 进行分子杂交。每次分子杂交后将所有小分子载体进行激光扫描照相。当加入 G 时，有特殊荧光的小分子载体上所载的 cDNA 在这个碱基位置上就是 G，当加入 A 时有荧光，则这个位置就是 A，以此类推，只需经过 4 次反应、4 次激光扫描照相就可得到整个 cDNA 序列。

二、MPSS 技术的特点

1. MPSS 技术的特点

（1）不必事先知道基因的序列，适用于任何生物体及任何性状。

（2）基因组覆盖面高，能测量出样品中几乎所有表达了的基因。

（3）基因表达水平的测量是通过直接计算样品中 cDNA 的拷贝数目来实现的，属于非连续变量，因此只要有病理和正常个体（或组织）两个样品即可进行严格的统计检验，能有效地检测差异性中等或较小的基因。

（4）实验效率高，只要两周即可获得几十万个克隆的 16~20 个碱基的序列组成信息。

（5）MPSS 分析系统对基因表达分析过程已经实现了完全自动化，如微球体阵列的制作、反应液的供排、各种反应条件的控制、图像的处理和数据的分析等。能够在很小的一块微球体阵列上，通过连接、酶切、荧光成像等简单几个常规的分子生物学实验步骤，就可以同时分析数以万计的基因数目，超过 SAGE 的一次性分析能力。同时，不需要耗费时间做大量的 PCR 实验，不需要对 cDNA 模板做特殊的处理，也不用对探针序列进行提前选择。因此，MPSS 技术分析样品基因表达的操作简便、速度快、时间短。

（6）MPSS 可根据荧光信号对基因表达水平做定量分析，能提供基因末端序列信息，这是 MPSS 与 SAGE 等常规方法不同之处。

（7）MPSS 对基因末端序列与常规测序不同的是，它不需要进行基因片段的分离、克隆再逐一测序，而是具备 cDNA 芯片、cDNA 微阵列荧光分析法直接读出序列的优点，可同时获得大量 cDNA 末端序列，从而简化测序过程。这符合后基因组时代基因功能分析的高通量、自动化、微型化的要求。

2. MPSS 的优点

（1）可以避免在 cDNA 芯片技术中出现的高度同源序列的交叉杂交问题。因此，可以保证基因的高度特异性。97.2% 的标签中，17bp 长度的标签已经足够鉴别基因组中相关的基因。而 cDNA 芯片技术很难达到如此高的鉴别率。

（2）MPSS 的高分辨率可以检测很低表达水平的基因。

（3）MPSS 技术检测基因不需要预先知道该基因的相关信息，可以应用于任何生物体的基因表达检测，而 cDNA 芯片技术需要将已知基因片段作为探针固定在片基上。

第四节　RNA-seq 测序数据预处理与数据分析

一、RNA-seq 测序数据预处理

近年来，新一代高通量测序技术得到了突飞猛进的发展，在此基础上，高通量 RNA 测序技术也迅速发展。把这种新一代高通量测序技术应用到由

mRNA 反转录生成的 cDNA 上，从而快速获得某一物种特定器官或组织在某一状态下不同基因的 mRNA 片段含量，即 mRNA 测序或 mRNA-seq。同理，各种类型的转录本（tRNA、rRNA、snRNA、snoRNA、scRNA、microRNA 等）都可以用高通量测序技术进行定量检测，统称为 RNA-seq 或 RNA 测序。RNA-seq 又称为转录组高通量测序（transcriptome sequencing）或全转录组鸟枪法测序（whole transcriptome shotgun sequencing，WTSS）。RNA-seq 技术能够在单核苷酸水平对特定物种的整体转录水平进行检测，从而全面快速地获得该物种在某一状态下的几乎所有转录本信息。由于转录组测序可以得到全部 RNA 转录本的丰度信息，加之准确度又高，因此它具有十分广泛的应用领域。主要应用于以下方面：

（1）检测新的转录本，包括未知转录本和稀有转录本。虽然利用转座子标签和芯片技术能够获得全新的转录本，但是其工作量大，结果不确定。而 RNA-seq 不受背景噪音问题的困扰，结果准确性高，因而被用来发现全新的转录本。近年来，对酿酒酵母、粟酒裂殖酵母、拟南芥、水稻、小鼠、人和人体白念珠菌的转录组测定结果都识别大量的新转录区域，并且其中许多转录水平都低于已知的 cDNA 基因；

（2）基因转录水平研究，如基因表达量、不同样本间差异表达。原则上，RNA-seq 有可能确定细胞群中的每一个分子的绝对数量，并对实验之间的结果进行直接比较。RNA-seq 一个特别强大的优势是它可以捕捉不同组织或状态下的转录组动态变化而无需对数据集进行复杂的标准化；

（3）非编码区域功能研究，如 microRNA、lncRNA 等；

（4）转录本结构变异研究，如可变剪接、基因融合等；

（5）发现单核苷酸多态性（SNP）和简单重复序列（simple sequence repeat，SSR）等。

与基因芯片技术相比，RNA-seq 无须设计探针，因此无须了解物种基因信息，能够直接对任何物种进行转录组分析；能在全基因组范围内以单碱基分辨率检测和量化转录片段，具有信噪比高、分辨率高、应用范围广等优势；能够检测未知基因，发现新的转录本，并精确地识别可变剪切位点及 cSNP、UTR 区域；不需要克隆的步骤，操作简单；需要的样本量少；可以在单细胞的水平上进行表达谱分析；通量高；成本比 Tilling array 或者大规模的 EST 测序要低。原则上，所有的高通量测序技术都能进行 RNA 测序，RNA-seq 已成为研究基因表达和转录组的主要实验手段。目前，在已经推出的几种新一代测序平台中，Illumina/Solexa 测序平台上的 RNA-seq 应用最广，我们以此平台为例介绍 mRNAseq 测序文库制备和测序平台原始数据输出，以及 RNA-seq 测序数据的处理过程。

（一）RNA-seq 测序文库制备和测序平台数据输出

1. RNA-seq 测序文库制备

对于 mRNA-seq 实验，从总 RNA 到最终的 cDNA 文库制备完成主要包括以下步骤：首先，用 polyT 寡聚核苷酸从总 RNA 中抽取全部带 polyA 尾的 RNA，其中的主要部分就是编码基因所转录的 mRNA。将所得 RNA 随机打断成片段，再用随机引物和反转录酶从 RNA 片段合成 cDNA 片段。然后，对 cDNA 片段进行末端修复并连接测序接头（adapter），得到将用于测序的 cDNA。在以上过程，将 RNA 随机片段化和采用随机引物进行反转录，都是为了使所得 cDNA 片段较均匀地取自各个转录本。为提高测序效率，一般还需要用电泳切胶法获取长度为 200bp（±25bp）的 cDNA 片段，再通过 PCR 扩增，得到最终的 cDNA 文库。

在上述文库制备过程中，如果不是只抽取带 polyA 尾的 RNA，而是使用全部的 RNA，则 RNA-seq 测得的就是细胞中的全部转录本。如果把带 polyA 尾的 RNA 过滤掉，也可以得到非编码的 RNA 转录本。如果从总 RNA 中只提取长度为 21~23 个碱基的 RNA，则得到全部的 miRNA（microRNA）转录本，相应的方法也称为 miRNA-seq。

2. 测序平台原始数据输出

将 RNA-seq 测序文库加入流动槽（flow cell）中的各泳道（lane），在桥式 PCR 扩增后，就可以进行测序。测序过程中，计算机软件同步地对荧光图像数据进行处理，通过分析荧光信号来确定被测碱基，并给出质量评分。按照图像上的位置坐标，计算机程序将同一位置测得的碱基根据测序顺序连成读段（read）。由于荧光图像文件所占用的磁盘空间很大，通常 GA II x 平台一次实验就能产生上太字节（TB，1TB = 1024MB）的图像文件，因此一般情况下不予保留原始的荧光图像数据，而是只保留程序读出的读段数据及对应的质量分值。

为了便于测序数据的发布和共享，高通量测序数据以 FASTQ 格式来记录所测的碱基读段和质量分数，这就是多数实验室委托测序中心进行 RNA-seq 测序后得到的最原始的数据（raw data）。如图 5-1 所示，FASTQ 格式以测序读段为单位存储，每条读段占 4 行，其中第 1 行和第 3 行由文件识别标志（sequnce identificrs）和读段名（ID）组成（第 1 行以 "@" 开头而第 3 行以 "+" 开头；第 3 行中 ID 可以省略，但 "+" 不能省略），第 2 行为碱基序列，第 4 行为读段每个碱基对应的测序质量值。

Illumina Hiseq 2000/2500 测序仪的一个 run（一次运行的测序量）有两个流动槽（flow cell），每个流动槽包含 8 个泳道（lane），一个泳道包含两个面（surface），每个面有 3 个条（swath），也称列（column），每一列由 16 个小区（tile）组成，每一个小区又会种下不同的簇（cluster），其产生的测序文件识别标志中的详细信息，如表 5-1 所示。

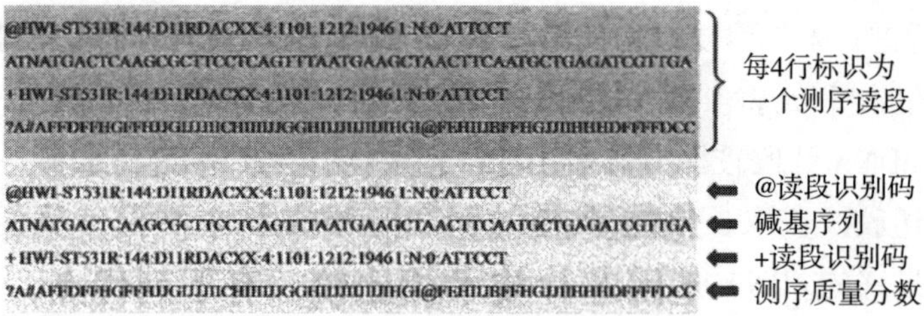

图 5-1　读段 FASTQ 数据格式示例

表 5-1　测序文件识别标志的详细信息

标识	英文描述
HWI-ST531R	测序仪编号
144	流动槽编号
D11RDACXX	流动槽名称
4	流动槽泳道编号
1101	流动槽泳道内的小区编号
1212	DNA 簇在小区内的 x 轴坐标信息
1946	DNA 簇在小区内的 y 轴坐标信息
1	如果是双端测序或配对测序，表示哪一端
N	过滤标志位
0	混样测序时样品编号，0 表示没有混样
ATTCCT	序列索引编号

Illunima 测序读段每个碱基的测序质量值（quality score）表示该碱基的测序错误率。测序质量值最开始是通过 Phred 软件从测序仪生成的色谱图中得到的，所以也称为 Phred 分数（Q_{phred}）。如果测序错误率用 E 表示，则有如下关系：

$$Q_{phred} = -10\log_{10}E$$

由于 Phred 分数包括 2 位数字，还需要用空格分割，既不方便阅读，又要占用大量内存，因此在测序输出文件中不采用 Phred 分数表示数据质量。常常将 Phred 分数加上 33，并用其 ASC Ⅱ 值对应的字符表示，该表示方式被称为 Sanger 分数（Sanger score）。一般地，碱基质量值从 0 ~ 40，即对应的 ASC Ⅱ 码为从"！"（0+33）到"Ⅰ"（40+33），如表 5-2 所示。

表 5-2　测序错误率与测序质量值简明对应关系

测序错误率	测序质量值	对应 ASC Ⅱ
5%	13	.
1%	20	5
0.1%	30	?
0.01%	40	I

由于测序过程中化学试剂的消耗，测序读段错误率会随着测序的进行而升高，这是 Illumina 高通量测序平台的共同特征。目前，Illumina 2000 测序读长达到 100bp 时，80% 以上的碱基可以达到 Q30 质量值；测序读长 50bp 时，Q30 可以达到 85%。实际应用中（如估计测序深度）使用更多的是达到质量标准的有效数据量，而不是原始数据量。RNA-seq 有效数据比例过低时（如 Q20 低于 60% 时），无法检测一些低丰度的转录本，需要考虑重测序。

高通量测序中测序深度（sequencing depth）和覆盖度（coverage）并非同一个概念。测序深度，也称乘数，指每个碱基被测序的平均次数，即测序得到的总碱基数与待测基因组大小的比值，是用来衡量测序质量的首要参数。测序覆盖度，也称覆盖率，指被测序到的碱基占整个基因组的比例。假设 Illumina 测序仪完成一次人类基因组（3G 大小）单端测序，得到 300G 数据（假设全部是有效数据），则测序深度为 100 倍（300G/3G），常表示为 100×。将所有读段比对到人类基因组，如果发现只有 2.7G 的碱基至少有一个读段覆盖到，其实际测序深度即为 111×（300G/2.7G），测序覆盖度为 90%（2.7G/3G）。由于基因组中 GC 含量高，重复序列等复杂结构的存在，测序最终拼接组装的序列往往无法覆盖所有的区域,这些区域就称为间隙(gap)。测序深度与覆盖度之间是一个正相关的关系,测序带来的错误率或假阳性结果会随着测序深度的提升而下降。当测序深度在15×以上时,基因组覆盖度和测序错误率控制均得以保证。

(二) RNA-sep 测序数据的预处理

1. 原始测序数据质控分析

原始测序数据的质量直接影响后续转录本的组装及相关的生物功能分析。因此,当获得原始测序数据后,首先要做的是针对原始测序数据的质量分析。如果分析结果显示存在低质量数据,则需要进行必要的数据修剪处理;如果分析结果显示数据质量过低,则需进行重新测序。Illumina 测序属于第二代测序技术,单次运行能产生数十亿级的读段。由于数据量巨大,无法逐个展示每条读段的质量情况,因此,运用统计学的方法对所有测序读段进行碱基分布和质量波动的统计,可以从宏观上直观地反映出样本的测序质量和文库构建质量。目前常用的原始数据质量分析软件有 FastQC、NGSQC 等,常用的数据修剪软件有 Trimmomatic、FASTX-toolkit、Fastq-clean 等。这里以 FastQC 和 Trimmomatic 工具为例,介绍 Illumina 测序数据的质控分析。

(1) 使用 FastQC 软件评估 RNA-seq 原始测序数据质量。FastQC 作为一款小巧的、应用于数据质控的软件,能对第二代测序数据进行快速的基本信息统计,并给出相应的图表报告。FastQC 软件首次发布于 2010 年 (verson 0.1)。FastQC 常用命令如下:

```
fastqc[-o output dir] [--(no)extract] [-f fastq|bam|sam] [-c con-
taminant file]seqfile1..seqfileN
```

-o用来指定输出文件的所在目录,注意不能自动新建目录。输出的结果是 .zip 文件,默认自动解压缩,命令里加上--noextract 则不解压缩。

-f用来强制指定输入文件格式,默认会自动检测。

-c用来指定一个 contaminant 文件,出现的 over-represented sequence 会从 contaminant 文件里找匹配的 hit(至少 20bp 且最多一个 mismatch)。contaminant 文件的格式是"Name \tSequences",#开头的行是注释。加上-q 会进入沉默模式。

该软件需要在 Java 环境下运行,且支持 Windows、Linux 和 Mac OS 多个系统平台。由于 Windows 平台处理大数据比较消耗内存,一般建议使用 Linux 版本。如果输入的 fastq 文件名是 target. fq,FastQC 的输出的压缩文件将是

target. fq_fastqc. zip。解压后，查看 HTML 格式的结果报告。

报告包括数据基本统计、碱基含量分布统计、质量分布统计、GC 含量、N 碱基、插入片段长度分布、接头（adapter）情况、k-mer 频率分布情况等 12 个方面的分析结果。数据质控是一个综合的评价标准，其中主要指标为碱基质量与含量分布，如果这两个指标合格了，后面大部分指标都可以通过。如果这两项不合格，其余都会受到影响。下面对每一项统计进行逐一说明。

1）basic statistics：对数据文件的名称、类型、产生数据的设备、读段数目、未通过的读段数目、读段长度及平均的 GC 含量进行统计。

2）per base sequence quality：表示所有读长相同位置的碱基质量分布统计。若任一位置的下四分位数低于 10 或中位数低于 25，标记为黄色，报"WARN"；若任一位置的下四分位数低于 5 或中位数低于 20，标记为红色，报"FAIL"；质量合格的标记为绿色，报"PASS"。对于 RNA-seq 技术，测序的错误率与碱基的质量有关，受测序仪本身、测序试剂、样品等多个因素共同影响。用质量值（Qpmmd）来评估测序的质量好坏。随着测序的进行，酶的活性及其他物质的灵敏度会下降，因此达到一定测序长度后，Qpmmd 值也会随之下降。

3）per tile sequence quality：表示每个芯片位置测序质量，是对测序机器不同位点的流动槽的测序质量进行评估，显示的是系统误差。一般情况下，商业测序公司该项均为通过状态。同时，商业公司会对原始的测序数据进行处理，将测序质量低的读段去除。

4）per sequence quality scores：表示每条读段的质量均值的分布。该项统计对不同测序质量的读段进行了分布统计。数据质量越高，其主要部分越偏右，读段主要分布在质量得分 36 以上部分，测序质量较好。当峰值小于 27（错误率为 0.2%）时报"WARN"，当峰值小于 20（错误率为 1%）时报"FAIL"。

5）per base sequence content：表示所有读长相同位置的碱基组成。对读段的每一个位置，统计测序数据所有读段的 A、T、C、G 四种碱基的比例。高质量的测序结果是，A 和 T 含量相近，G 和 C 含量相近，同时，整体含量和整个基因组水平类似，而且没有位置差异。因此，好的样本中四条线应该平行且接近。当部分位置碱基的比例出现 bias 时，即四条线在某些位置纷乱交织，往往提示我们有过表达序列（over-represented sequence）的污染。当所有位置的碱基比例一致地表现出偏好性时，即四条线平行但分开，往往代表文库有偏好性（建库过程或本身特点），或者是测序中的系统误差。当任一位置的 A/T 比例与 G/C 比例相差超过 10%，报"WARN"；当任一位置的 A/T 比例与 G/C 比例相差超过 20%，报"FAIL"。

6) per sequence GC content：表示所有读长的 GC 含量分布。正常情况下，测序的实际情况（红线）应与理论下（蓝线）相同或相似，即平均的 GC 含量相同。曲线形状的偏差往往是由于文库的污染或是部分读段构成的子集有偏差。形状接近正态但偏离理论分布的情况提示我们可能有系统偏差。偏离理论分布的读段超过 15% 时，报"WARN"；偏离理论分布的读段超过 30% 时，报"FAIL"。

7) per base N content：表示所有读段的 N 碱基含量。当测序仪器不能辨别某条读段的某个位置到底是什么碱基时，就会产生"N"。对所有读段的每个位置，统计 N 的比率。在正常情况下，N 的比例是很小的，所以图上常常看到一条直线，但放大 Y 轴之后会发现还是有 N 的存在，这不算问题。当 Y 轴在 0~100% 内能看到"鼓包"时，说明测序系统出了问题。当任意位置的 N 的比例超过 5%，报"WARN"；当任意位置的 N 的比例超过 20%，报"FAIL"。

8) sequence length distribution：读段长度的分布。当读段长度不一致时报"WARN"；当有长度为 0 的读段时报"FAIL"。

9) sequence duplication levels：表示序列完全一样的读段的频率。测序深度越高，越容易产生一定程度的重复，这是正常的现象，但如果重复的程度很高，就提示我们可能有偏好性的存在（如建库过程中的 PCR 重复）。如果原始数据很大，做这样的统计将非常慢，所以 FastQC 中用原始数据的前 20 万条读段统计其在全部数据中的重复情况。重复数目大于或等于 10 的读段被合并统计。大于 75bp 的读段只取 50bp 进行比较。但由于读段越长越不容易完全相同（由测序错误导致），所以其重复程度仍有可能被低估。当重复的读段占总数的比例大于 20% 时，报"WARN"；当重复的读段占总数的比例大于 50% 时，报"FAIL"。

10) over-represented sequence：如果有某个序列大量出现，就称为过表达序列。该项报告以表格形式列出过表达序列。FastQC 的标准是占全部读段的 0.1% 以上，可作为过表达。和上面的重复性分析一样，为了计算方便，只取了原始数据的前 20 万条读段进行统计，所以有可能表达读段不在里面。而且大于 75bp 的读段也是只取 50bp。当发现超过总读段数 0.1% 的读段时报

"WARN"，当发现超过总读段数 1% 的读段时报 "FAIL"。

11）adapter content：表示不同测序位点的接头含量。测序文库构建中必须进行接头连接，以进行测序，接头是否去除干净将会对后续的分析产生影响。在正常情况下，接头的含量接近于 0。当发现接头含量超过总读段数的5% 时报 "WARN"，当发现接头含量超过总读段数的 10% 时报 "FAIL"。

12）k-mer content：如果某 k 个 bp 的短序列在读段中大量出现，其频率高于统计期望，FastQC 将其记为过表达 k-mer。默认的 $k=5$，可以用 k-mer 选项来调节，范围是 2~10。出现频率总体上 3 倍于期望或在某位置上 5 倍于期望的 k-mer 被认为是过表达。FastQC 除了列出所有过表达 k-mer，还会把前 6 个的 per base distribution 画出来。当有出现频率总体上 3 倍于期望或在某位置上 5 倍于期望的 k-mer 时，报 "WARN"；当有出现频率在某位置上 10 倍于期望的 k-mer 时报 "FAIL"。

（2）使用 Trimmomatic 软件去除低质量测序数据。如果质量评估结果显示原始测序数据中包含测序接头序列、低质量读段、N 率较高序列及长度过短读段，这将严重影响后续读段组装的质量。为保证后续的生物信息分析的准确性，需要对原始测序数据（raw data）进行过滤，从而得到高质量的测序数据（clean data）以保证后续分析的顺利进行。目前已有 Trimmomatic、FASTX-toolkit、Fastq-clean、FastqMcf、AdapterRemove2 等多款用于剪切低质量测序数据的软件，具体使用什么软件剪切数据需要视数据特征和研究目标而定。这里我们以 Bolger 等开发的 Trimmomatic 软件为例简要介绍去除低质量数据的过程。

Trimmomatic 是以 Java 语言为基础编写的数据预处理程序，专门用于处理 Illumina 产生的数据，其优势在于能同时处理单端和双端测序数据，具备去低质量碱基、去接头污染等功能。主要修剪策略包括：①去除带接头序列的读段。②去除读段首末端的低质量碱基（如质量值小于 3）。③去除含 N（未知核苷酸）比率较高的读段。④以 4bp 为滑动窗口扫描读段，如果窗口内碱基的平均质量值低于 15，则切除该窗口内碱基。⑤移除长度小于一定数值的读段（如小于 36bp）。

Trimmomatic 需要在 Java 环境下运行，详细的 Trimmomatic 使用命令可参考 Trimmomatic Manualpdf 文件。下面以处理单末端测序数据为例展示 Trimmomatic 完成上述读段修剪策略的运行命令。

```
Java-jar trimmomatic-0.36.jar SE-threads 20-phred33 input.fq.gz
output.fq.gz ILLUMINACLIP:TruSeq3-SE:2:30:10 LEADING:3 TRAILING:3
SLIDINGWINDOW:4:15 MINLEN:36
```

PE/SE 设定对 Pared-End 或 Single-End 的 reads 进行处理,其输入和输出参数稍有不一样。

-threads 设置多线程运行数。

-phred33 设置碱基的质量格式,可选 pred64。

ILLUMINACLIP:TruSeq3-SE.fax:2:30:10 切除 adapter 序列。参数后面分别接 adapter 序列的 fasta 文件、允许最大 mismatch 数、palindrome 模式下匹配碱基数阈值、simple 模式下的匹配碱基数阈值。

LEADING:3 切除首端碱基质量小于 3 的碱基。

TRAILING:3 切除尾端碱基质量小于 3 的碱基。

SLIDINGWINDOW:4:15 滑动 Windows 的 size 是 4 个碱基,其平均碱基质量小于 15,则切除。

MINLEN:36 最小的 reads 长度。

2. 转录本组装

经过质控之后,获得原始测序数据的 clean reads,接下来的任务就是要组装转录本。转录本组装方法按照是否依赖于已知的参考基因组序列,分为 *de novo* 组装和 Genome-guided 组装两种方法。*de novo* 组装也称为从头组装,是不依赖于参考基因组的转录本组装方法,即完全利用读段之间的重叠区域信号进行延伸并最终拼接为完整的转录本。*de novo* 组装方法的优点是不需要提供参考基因组序列,能较好地重建可变剪接或者来自染色体重组的转录本,具有更广的应用;而缺点则在于需要较大的内存资源,需要较高的测序深度,对测序错误敏感,高相似的转录本可能会被合并,转录本的完整性差。Genome-guided 组装方法首先将测序处理得到的 clean reads 比对到该参考基因组上,然后以这些比对上的读段为基础进行转录本的组装。Genome-guided 组装方法的优点在于具有较高的可靠度和灵敏度,缺点则是必须依赖于已知基因组序列,同时也容易导致假阴性率过高、适用面窄等问题。

(1) *de novo* 组装。目前,基于 *de novo* 组装方法的软件主要有 Trinity、SOAP *de novo*-Trans、Velvet-Oases、Trans-AbySS、Rnnotator 等。*de novo* 组装转录本主要包括四大步骤:①将测序得到的读段打断为指定长度的 k-mer。k-mer 的长度参数可以设置为一个固定值,如 Trinity、SOAP *denovo*-Trans 和

Trans-AbySS 软件，也可以采用多个 k-mer 长度混合组装的方式，即每条读段分多次生成长度不等的 k-mer，分别进行转录本的组装，最后对不同结果进行合并，如 Velvet-Oases 和 Rnnotator 软件。②将出现频率最高的 k-mer 作为种子序列，向两端比对延伸，最终生成不同的叠连（Contig）序列。③对所有叠连序列寻找重叠区域（长度为 k-1bp），并构建 de Bruijn 图。该步骤涉及较大的计算量，也是影响 *de novo* 方法运行速度的关键环节。④以 de Bruijn 图为基础，同时参考读段信息，寻找并构建出所有可能的转录本。

下面以 Trinity 软件为例介绍 *de novo* 组装过程。

Trinity 是由 Broad Institute 和 Hebrew University of Jerusalem 研究人员联合开发的转录组 *de novo* 组装软件。该软件由三个独立的模块组成：Inchworm、Chrysalis 和 Butterfly。三个模块依次处理大规模的 RNA-seq 的读段数据。Trinity 的简要工作流程为：Inchworm 将 RNA-seq 的原始读段数据组装成 Unique 序列；Chrysalis 将上一步生成的叠连聚类，然后对每个类构建 de Bruijn 图；Butterfly 处理这些 de Bruijn 图，依据图中读段和成对的读段来寻找路径，从而得到具有可变剪接的全长转录子，同时将旁系同源基因的转录子分开。直接运行安装目录下的程序 Trinity.pl 来使用该软件，命令为：

```
Trinity.pl --seqType fq --JM 50G --left left.fq --right right.fq
--CPU 6
```

如果构建的是单端读段的库，则比对命令为：

```
Trinity.pl --seqType fq --JM 50G --single single.fg --CPU 6
```

当数据量比较大的时候，Trinity 运行的时间会很长，同时，内存不够等情况出现时可能出现程序运行崩溃现象。可采取分步运行软件的方法避免此类现象的发生。

组装后得到的转录本序列可以通过 Trinity 自带软件 TrinityStats.pl 进行信息统计，命令如下：

```
TrinityStats.pl trinity_out_dir/Trinity.fasta
```

运行后可以得到转录本及基因的数目、N50、叠连的平均长度等信息。N50 是评价基因组组装质量的一个常见指标，即将所有叠连序列按照长度从长到短依次排列后相加，当加入的长度达到总长度的 50% 时，最后一条叠连序列的对应长度即 N50 值。显然 N50 越长，组装的序列整体长度越长，拼接组装效果越好。N50 只能用于对组装结果的整体描述，很难进行客观的质量评价。对于基因组的组装结果评价已经有较多的研究，但是对转录组质量的评价现在还没有一个统一的标准。评价转录组组装质量时，可以确定一套已知参考基因序列集合（同一物种或相近物种），将组装序列与其进行比较，估计组装序列在参考基因集合中的覆盖率及覆盖全长参考基因集合的数目。这样得到的统计数值更有意义。

2010 年，Surget-Groba 和 Montoya-Burgos 提出了使用翻译图谱的脚手架（scaffolding using translation mapping，STM）组装方法，通过翻译叠连序列并与参考蛋白质序列进行比对，将比对到相同参考蛋白质序列的叠连进行汇总并进一步组装，提高组装的正确性，从而提高组装质量。

对于组装完成的序列，可以进一步通过长度、氨基酸读码框进行筛选。筛选得到的具有较长开放阅读框的序列称为 Unigene 集合，可以用于进一步分析。

（2）Genome-guided 组装。Genome-guided 组装转录本主要步骤包括：①使用短序列比对软件将 clean reads 比对到参考基因组；②以读段在基因组上的比对信息为依据，基于读段间的重叠关系，确定外显子与外显子间的拼接方式，并以此构建出外显子连接图。当同一条读段的两端序列分别被比对到两个外显子上时，则可以作为将这两个外显子拼接在一起的主要证据；③根据外显子连接图构建转录本。Genome-guided 组装转录本的关键步骤是读段比对和构图解码。该组装的完成需要组合使用读段比对软件和组装软件来完成。

1）读段比对。研究人员已开发了很多读段比对算法。这些算法主要采用空位种子索引法（spaced-seed indexing）或 Burrows-Wheeler 转换（Burrows-Wheeler transform，BWT）技术两种策略来实现读段定位。空位种子索引法首先将读段切分，并选取其中一段或几段作为种子建立搜索索引，再通过查找索引、延展匹配来实现读段定位，通过轮换种子考虑允许出现错配（mismatch）的各种可能的位置组合。BWT 方法通过 BWT 将基因组序列按一定规则压缩并建立索引，再通过查找和回溯来定位读段，在查找时可通过碱基替代来实现允许的错配。采用空位种子片段索引法的读段定位软件有 MAQ、ZOOM、ELAND 等，而采用 BWT 转换的读段定位软件有 TopHat、TopHat2、HISAT、HISAT2、Bowtie、BWA、SOAP2 等。总的来说，采用 BWT 的定位算法在时间效率上要优于空位种子索引法。

与 DNA 测序数据不同，转录组测序数据比对到参考基因组时，需要考虑基因组中内含子对比对过程的影响。在真核生物中，成熟的 mRNA 是经过 mRNA 前体中的外显子剪接形成的。如果一个读段跨越了两个外显子，那么就无法将这个读段完整地定位到基因组序列上。同时，这种跨两个外显子的读段在分析转录本的剪接形式和研究可变剪接中有重要的作用。为了解决这一问题，人们采取两种典型的策略来进行接合区读段的定位：一是根据已知的基因外显子注释，构建所有可能的外显子接合区序列，与基因组序列一并作为定位的参考基因组；二是不依赖基因注释，而是先利用能完整定位到基因组的读段得到粗略的外显子区域，并结合剪接位点序列构建出可能的剪接位点，然后将不能完整定位的读段分段定位到两个外显子可能的结合区域。TopHat、TopHat2、HISAT、HISAT2 软件采用第二种策略克服读段定位时的 pre-mRNA 剪接现象。HISAT 全称为 Hierarchical Indexing for Spliced Alignment of Transcripts，由约翰霍普金斯大学开发，并于 2015 年刊发在 *Nature Methods*。HISAT2 是 TopHat2 和 Bowti2 的继任者，使用改进的 BWT 算法，实现了更快的速度和更少的资源占用，已逐步取代 TopHat2、Bowti2 和 HISAT。这里以常用的 HISAT2 为例介绍读段比对的流程。

HISAT2 支持 DNA 和 RNA 比对。HISAT2 包含两种索引：①global FM 索引，代表整个基因组。②local FM 索引，每个索引代表 56 000bp，55 000 个 local 索引可覆盖整个人类基因组。这些小的索引结合几种比对策略，实现了 RNA-seq 读取的高效比对，特别是那些跨越多个外显子的读取。尽管它利用大量索引，但 HISAT2 只需要约 4GB 的内存。HISAT2 支持任何规模的基因组。

a. HISAT2 建立基因组索引的命令：

```
hisat2-build-p4 genome.fa genome
```

如果将转录组信息和 SNP 信息增加到索引中，首先需要把 GTF 文件和 SNP 文件转换成 hisat2-build 能使用的文件，然后再建立索引。

HISAT2 提供了两个 Python 脚本将 GTF 文件转换成 hisat2-build 能使用的文件：

```
extract_exons.py Homo_sapiens.GRCh38.83.chr.gtf>genome.exon
extract_splice_sites.py Homo_sapiens.GRCh38.83.chr.gtf>genome.ss
```

HISAT2 提供了一个 Python 脚本将 SNP 文件转换成 hisat2-build 能使用的

文件：

```
extract_snps.py snp 142Common.txt>genome.snp
```

HISAT2 建立基因组+转录组+SNP 索引的命令：

```
hisat2-build -p 4 genome.fa --snp genome.snp --ss genome.ss --ex-
on genome.exon
```

b. HISAT2 进行比对的命令：

```
hisat2 -p16 -x. /grch38_tran/genome_tran -1 left.fq -2 right.fq -S
output.sam
```

如果构建的是单端读段的库，则比对命令为：

```
hisat2 -p16 -x. /grch38_tran/genome_tran-U single.fq-S output.sam
```

输出的比对文件格式为 SAM 格式，samtools 可以将其转换为 BAM 格式，命令为：

```
Samtools view -@ 8 -bS output.sam>output.bam
```

2）比对结果的可视化。能尽可能方便地直接观察数据对于复杂的组学数据分析和解释非常重要。不深入考查数据的细节，而是满足于对数据的统计分析，是高通量数据应用中经常容易陷入的误区，方便有效的可视化工具能够帮助避免这样的误区。常用的 RNA-seq 数据的可视化工具有 UCSC Genome Browser、CisGenomeBrowser 和 IGV（integrative genomics viewer）等。这些可视化工具有如下特点：①能在不同尺度下显现单个或多个读段在基因组上的位置，包括来源于剪接接合区的读段；②能在不同尺度下显示不同区域的读段丰度，以反映不同区域的转录水平或测序效率；③能显示基因及其剪接异构体的注释信息；④能显示其他注释信息，如物种间基因组序列保守性、序列 GC 含量等；⑤能直接或间接支持 SAM/BAM 读段定位数据存储格式。UCSC Genome Browser 属于基于网络模式的全基因组浏览器，所有数据都需要上传到远程服务器，经过处理后将图形返回客户端进行显示。CisGenome Browser 是典型的本地版基因组浏览器，所有读段数据、注释信息都存储于本地文件，因此不需要网络连接，方便内部使用。IGV 可以说是以上两种模式的融合，既可以从远程服务器端下载各种注释信息，又可以从本地加载注释信息。但需要注意的是：IGV 的参考基因组必须为 FASTA 格式；IGV 只负责将比对结果可视化，并不包含比对过程，因此不能直接载入读段；需要将读段与参考基因组进行比对产生的 SAM 文件利用 samtools 转化为 BAM 文件，并排序和建索引，然后才能载入 IGV 并可视化。

3）转录本组装。常用的转录本组装软件有 Cufflinks、Scripture、StringTie 等。

Cufflinks 是加利福尼亚大学伯克利分校、马里兰大学及加州理工学院的研究人员联合开发的软件，采用二分图模型构建转录本。该方法趋于保守，在参数控制上更为严格，因而得到的转录本数量会偏少。Cufflinks 在保证较高准确度的同时，也会导致过高的假阴性率。Cufflinks 包括 cufflinks、cuffcompare、cuffmerge 及 cuffdiff 四个子程序，利用 HISAT2 或 TopHat2 等软件比对的结果来组装转录本，估计这些转录本的丰度，并且检测样本间的差异表达及可变剪接。子程序 cufflinks 利用 HISAT2 或 TopHat2 等软件比对结果及参考基因组构建转录本，得到 gtf 格式保存的转录本信息。cuffcompare 主要是比较两个或多个转录本集合中转录本相似情况。例如，将第一步构建出的转录本与 ENSEMBL 数据库中的转录本进行比较，评估转录本构建情况。此外，根据构建的转录本与已知 ENSEMBL 数据库中的转录本的相对位置定义了一系列分类，如内含子区域、基因间区域转录本等近十种分类。cuffmerge 是将多个转录本集合合并成一套转录本集合。例如，将在多个组织样本中构建的多套转录本合并成一套转录本，cuffmerge 能够很好地完成去除冗余的任务。cuffdiff 衡量两个或多个样本间差异表达的基因，如癌症与正常组织间差异表达的转录本，此外，还能衡量差异可变剪接体。组装转录本主要使用 Cufflinks 软件的 cufflinks 子程序完成，命令为：

```
cufflinks -p 8 -G reference_transcript.gtf -o cufflinks_output/
output.bam
```
　　-p8：指定使用 8 个线程并行计算

　　-G reference_ transcript.gtf：提供一个 gtf 格式的注释文件，并且告诉 Cufflinks 不要去拼接新的转录本，只能用注释文件里提供的转录本。

　　-o cufflinks_ output /：指定输出文件。

　　output.bam：是 HISAT2 或 TopHat2 输出的 BAM 格式文件。

Scripture 是麻省理工学院和哈佛大学的博德研究所开发的一款转录本组装软件，采用统计法分析连接序列与非连接序列所比对区域的丰度信息，对所有可能的连接路径进行评分，最后依据得分情况选择出可能的转录本。Scripture 倾向于输出更多的转录本，在参数控制中仅能过滤由背景读段构建出来的转录本，因此会带来较高的假阳性率。Sctripture 组装转录本的运行命令：

```
scripture.jar -alignment output.bam -out scripture_output -size-
File mm9.sizes -chr chr19 -chrSequenc e chr.fa
```
-alignment：指定 HISAT2 或 TopHat2 输出的 BAM 格式文件。

-out：指定输出文件。

sizeFile：该文件描述待分析物种的所有染色体名称和核苷酸数量。

chr：指定程序分析的染色体名称。

chrSequence：指定 FASTA 格式的染色体序列文件路径及名称。

StringTie 由约翰霍普金斯大学联合德州大学西南医学中心开发，能够组装转录本并预计表达水平。StringTie 主要利用网络流算法，能够拼接出更完整、更准确的基因结构，并且 StringTie 采用拼接和定量同步进行的方法，相对于其他方法，其定量结果更加准确。例如，对于从人类血液中获得的 9 000 万个读段，StringTie 正确组装了 10 990 个转录本，Cuflinks 只组装了 7 187 个，提高了 53%。对于模拟的数据集，StringTie 正确组装了 7 559 个转录本，比 Cuffinks 的 6 310 个提高了 20%。此外，StringTie 的运行速度也比其他组装软件更快。StringTie 组装转录本的运行命令：

```
StringTie output.bam -G guide_gff -e -o StringTie_output.gtf
```
-e：表示只对参考注释文件中的转录本进行定量。

转录本的组装质量是决定后续分析结果是否可靠的关键，也是目前在数学模型与算法实现上难度最大的一个环节。基于以上讨论，可以看出 Genome-guided 和 de novo 两类组装方法针对不同问题而各有优势，具有一定的互补性。很多时候研究人员将两种组装方法结合使用。先比对到参考基因组上再进行从头组装和先进行从头组装再与基因组比对两种策略各有利弊：①先比对再组装。比对完成之后，进行基于参考序列的组装，将组装得到的初步结果和读段混在一起作为从头组装的输入文件（要求从头组装既支持短读段也支持长读段）。在参考基因组比较完整的情况下，含有错误的读段或者污染的读段将无法比对回基因组，这使第二步中的从头组装占用更少的内存，更加准确。当读段中含有较多污染时，应当首选该策略。②先组装再比对。当参考序列质量较差或者是近缘物种的基因组时，应该先进行从头组装，再把从头组装得到的序列比对回参考序列进行延伸，构建脚手架。这种策略的优点是参考序列的错误影响不大。

二、RNA-seq 测序数据的分析

RNA-seq 测序数据的预处理的目的是为后续的转录组数据分析提供方便可靠的基础数据。目前，基于 RNA-seq 测序数据分析的内容和方法很丰富，而且仍在不断完善。RNA-seq 测序数据分析的内容和流程也会因研究目的的不同、测序方法的不同而存在差异。本节内容以有参基因组为例，扼要介绍 RNA-seq 测序数据分析内容和方法。

（一）转录组整体质量评估

尽管读段的碱基组成等特征可以通过分析原始测序数据得到，但仍有一些重要的读段质量特征需要将读段定位到参考基因组后才可以描述。这些特征主要包括测序饱和度分析、基因覆盖度分析等。常用的分析工具有 RSe-QC、RNA-SeQC、Qualimap、Picard's CollectRNASeqMetrics 等软件。

1. 测序饱和度分析

基因在不同表达水平的转录本，被有效检测时对数据量的要求不同。高表达的基因测序时需要较少的数据量就可趋近于饱和；低表达的基因则需要较大的数据量才能保证检测的准确性。饱和度曲线可以描述在不同测序量的条件下各基因的表达检测是否准确。基于 HiSat2 等读段比对软件产生的 SAM 文件可以绘制饱和度曲线。假如我们得到 15 000 000 条唯一比对的读段。可以采用梯度为 500 000，依次随机抽样，统计这些抽样读段分别检测到多少基因。然后以读段数为横坐标，对应的基因数为纵坐标，绘制曲线。当读段数增加到一定程度时，检测到的基因几乎不增加或者很少增加，则测序饱和；否则，测序量不够，没有达到饱和。

2. 基因覆盖度分析

基因覆盖度分析是样品中所有基因的 5′ 到 3′ 区域上序列覆盖情况的综合展现，用于评估测序实验结果的均一性（或偏向性）。根据转录组建库实验的特点，转录组测序产生的读段实际覆盖度具有如下分布特点：距离转录本的 5′ 端和 3′ 端越近，平均测序深度越低，但总体的均一化程度比较高。基因覆盖度分析曲线反映了测序所得序列是否在基因上均匀分布。如果靠近左端有明显的峰值，说明测序结果有明显的 5′ 偏向性。如果靠近右端有明显的峰值，说明测序结果有明显的 3′ 偏向性。

（二）基因表达水平分析

在深度测序技术出现之前，高通量测量不同基因表达水平的主要手段是基因芯片。在此基础上，可以对不同组织或者不同发育阶段的基因表达差异和模式进行分析。RNA-seq 数据最基本的应用也是检测基因的表达水平。

转录本的丰度体现基因的表达水平，转录本丰度越高，则基因表达水平越高。在 RNA-seq 测序数据分析时，通过定位到基因组区域的读段数量计算基因的表达水平。读段计数除了与基因的真实表达水平成正比，还与基因的长度和测序深度成正相关。为了使不同基因、不同实验间估计的基因表达水平具有可比性，研究人员引入 RPKM/FPKM（reads/fragments per kilobase of exon model per million mapped reads）的概念。RPKM 值即每 100 万读段中，来自某一基因每千碱基长度的读段数目。RPKM 同时考虑了测序深度和基因长度对读段计数的影响，是目前最为常用的基因表达水平估算方法。RPKM 和 FPKM 的区别在于，RPKM 中是以读段为单位进行计算，而 FPKM 是以建库时打断的片段（fragment）为分析单位。如果是双端（pair-end）测序，每个片段会有两个读段，FPKM 只计算两个读段能比对到同一个转录本的片段数量，而 RPKM 计算的是可以比对到转录本的读段数量（即不管两个读段是不是能比到同一个转录本上）。如果是单端（single-end）测序，二者（FP-KM 和 RPKM）是一致的。无论 RPKM 还是 FPKM，两种计算的结果在客观体现基因表达量时都是一致的，没有优劣可比性。以该值作为基因/转录本在样本中的表达量，最后对所有基因/转录本在各组样本中的表达进行差异显著性分析，找出相对差异表达的基因/转录本，并对其进行可视化分析。

$$\text{RPKM} = \frac{总基因读段数}{映射读段数 \times 基因长度（kb）}$$

式中，总基因读段数为映射到基因的读段数；映射读段数为映射到基因组上的所有读段数（以百万为单位）。

（三）差异基因表达分析

RNA-seq 测序的主要目的之一是通过差异基因表达分析寻找不同组织、不同发育阶段、不同生物学处理等样本间的差异表达基因。差异表达分析工具的最终目的是将那些差异表达的基因（外显子等）从海量数据中提取出来。最终的结果通常以表格形式呈现，并按照一定的规则排序，让人们能够尽可能简单地获取所需信息。常见的差异表达分析工具有基于二分图模型的

CuffDiff 软件包，基于 F 检验的 Ballgown 软件包，基于负二项分布模型的 DESeq、DESeq2、edgeR 软件包，基于连续数据线性模型的 Limma 软件包，以及基于非参数检验的 NOISeq、SAMseq 软件包等。下面以 2 类生物学处理下（每类处理有三个重复样本）的 RNA-seq 单端测序数据为例，介绍使用 TopHat+Cufflinks 组合软件进行差异基因表达分析的流程，如图 5-2 所示。

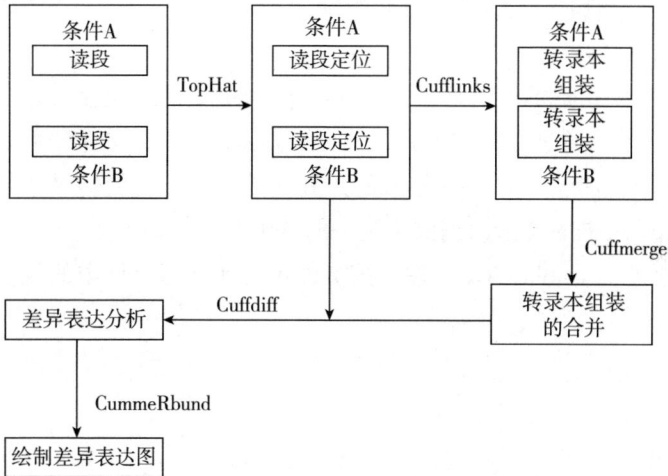

图 5-2　差异基因表达分析流程

1. 读段的获取

通过一系列方法处理测序原始数据，获取 clean reads。

2. 读段定位

通过 TopHat 软件将样本的读段与参考基因组比对，分别得到每个样本的 BAM 格式的比对信息文件。

```
tophat -p 8 -G genes.gtf -o C1_R1_thout genome C1_R1.fq
tophat -p 8 -G genes.gtf -o C1_R2_thout genome C1_R2.fq
tophat -p 8 -G genes.gtf -o C1_R3_thout genome C1_R3.fq
tophat -p 8 -G genes.gtf -o C2_R1_thout genome C2_R1.fq
tophat -p 8 -G genes.gtf -o C2_R2_thout genome C2_R2.fq
tophat -p 8 -G genes.gtf -o C2_R3_thout genome C2_R3.fq
```

3. 转录本组装

子程序 Cufflinks 利用 TopHat 比对结果及参考基因组构建转录本，分别得到每个样本的 GTF 格式的转录本组装文件。

```
cufflinks -p 8 -o C1_R1_clout C1_R1_thout/accepted_hits.bam
cufflinks -p 8 -o C1_R2_clout C1_R2_thout/accepted_hits.bam
cufflinks -p 8 -o C1_R3_clout C1_R3_thout/accepted_hits.bam
cufflinks -p 8 -o C2_R1_clout C2_R1_thout/accepted_hits.bam
cufflinks -p 8 -o C2_R2_clout C2_R2_thout/accepted_hits.bam
cufflinks -p 8 -o C2_R3_clout C2_R3_thout/accepted_hits.bam
```

4. 转录本合并

将 Cufflinks 生成的所有样本的 transcripts. gtf 文件的路径写入一个 assemblies. txt 文件中, 通过子程序 Cuffmerge 将 transcripts. gtf 文件和基因组注释文件融合成一个更加全面的 GTF 格式的注释文件。合并后的转录本集合为计算每个基因和转录本的表达量提供了统一的基础。

（1）创建 assemblies. txt 文件, 该文件包含如下每个样本的组装文件的路径信息。

```
./C1_R1_clout/transcripts.gtf
./C2_R2_clout/transcripts.gtf
./C1_R2_clout/transcripts.gtf
```

```
./C2_R1_clout/transcripts.gtf
./C1_R3_clout/transcripts.gtf
./C2_R3_clout/transcripts.gtf
```

（2）运行子程序 cuffmerge, 创建一个合并的转录组注释文件。

```
cuffmerge -g genes.gtf -s genome.fa -p 8 assemblies.txt
```

5. 获得差异表达结果

通过子程序 Cuffdiff 分析 TopHat 生成的 BAM 文件和 Cuffmerge 生成的 GTF 文件, 得到不同生物学处理条件下的差异基因表达结果。Cuffdiff 的输出结果比较多, 会对每个基因、每个转录片段、每个编码序列及每个基因的不同剪接体进行 FPKM 计算。

```
cuffdiff -o diff_out -b genome.fa -p 8 -L C1,C2 -u merged_asm/mer-
ged.gtf ./C1_R1_thout/accepted_hits.bam,./C1_R2_thout/accepted_
hits.bam,./C1_R3_thout/accepted_hits.bam ./C2_R1_thout/accepted_
hits.bam,./C2_R2_thout/accepted_hits.bam,./C2_R3_thout/accepted_
hits.bam
```

6. 结果分析

借助 R 软件包 CummeRbund 进行 Cufflinks 的 RNA-seq 输出结果分析与可视化。CummeRbund 创建了一个 SQLite 数据库，将 Cuffdiff 运行产生的结果都存储到数据库中，将 genes、transcripts、transcription start sites 及 CDS 建立关联，可以很容易对多个样本之间或者其他条件的表达数据进行比较分析。同时还提供了诸多绘图函数，常见的绘图方式包括密度分布图、散点图、火山图、柱形图，可以满足一般的数据可视化需要。例如，获得定位到每条染色体的读段数量、获得两类生物学处理样本间的差异表达基因和转录本、绘制每类生物学处理样本的表达水平分布图、两类生物学处理样本的每个基因表达水平的比较、差异表达基因火山图、两类生物学处理样本的特定基因表达水平比较柱形图、两类生物学处理样本的特定转录本异构体表达水平比较柱形图等。

（四）新基因预测

分析 RNA-seq 数据时，并不是所有读段都能定位到已有注释的基因区，说明除了转录噪声或测序错误等的影响，可能还存在尚未被注释的基因。一般来说，可将这种尚未注释的基因称为新基因，包括新的蛋白质编码基因和非编码 RNA 基因。能检测新基因，尤其是低表达基因是 RNA-seq 技术优于基因芯片的特点之一，因为它不需要利用已知基因注释来设计检测探针。

使用 Cufflinks 子程序 Cuffcompare 将 GTF 转录本文件与已知的基因注释文件比较，可以发现新基因和已知基因的新外显子区域，并对已知基因的起始和终止位置进行优化。比较结果以 GTF 格式文件输出。命令如下：

```
$ cuffcompare -o cuffcmp gene.gtf cuff2.gtf
```

RNA-seq 技术灵敏度高，但样品污染、测序错误等仍可能带来背景噪声。从基因组未注释区域的 RNA 测序读段信号中检测新基因是典型的信号检测问题。控制新基因识别的误发现率（FDR）是检测方法的关键。Useq 软件包将 ChIP-seq 数据分析的方法移植到 RNA-seq 数据上，用滑窗的方法来识别测序读段定位富集的区域，并给出反映滑窗所在区域读段富集显著程度的 P 值（P-value）及新基因误发现率，通过设定 P 值或误发现率的阈值，可筛选出读段富集的区域，再将相邻区域合并或根据剪接接合区读段将相应区域连接，完成新基因的检测。

（五）可变剪接分析

可变剪接是真核生物蛋白质多样性的主要来源，也是细胞分化、发育、细胞周期等基因表达调控过程的重要因素。随着第二代测序技术的广泛应用，人们发现可变剪接在人类、小鼠、果蝇、酵母、拟南芥等真核生物基因组中广泛存在，约95%的人类的外显子基因存在可变剪接现象。可变剪接是指从一个 mRNA 前体通过不同的剪接方式产生不同的 mRNA 剪接异构体的过程。可变剪接可分为盒式外显子、互斥外显子、内含子保留、可变 5′剪接位点、可变 3′剪接位点、可变启动子、可变 polyA 位点共七种基本剪接模式。这些模式也可以组合产生更加复杂的剪接模式。

根据 RNA-seq 原理，只要测序深度足够深，就能检测到所有转录本的全部序列，包括来自剪接接合区的序列。利用考虑到接合区的读段定位工具和差异可变剪接分析工具，可以系统地识别某一组织或某一条件下的基因可变剪接位点信息，并检测分析不同条件下可变剪接的差异或剪接异构体的差异表达等。常用的读段定位工具有 TopHat2 和 HiSat2 等。TopHat2 和 HiSat2 采用 Exon-first 比对策略：首先将完整的、外显子读段映射至参考基因组；然后将没有比对上的读段断成更短的片段去独立地进行比对；最后会在那些比对上的片段周围区域搜寻可能的剪切接合区。常用的差异可变剪接分析工具有 Asprofile、MISO、Splicing Express、SpliceGraper、DiffSplice、AStalavisa、DSG seq、iReckon、Splicing Viewer、SpliceR 及 SplicingTypesAnno 等。

目前，已发展了很多基于 RNA-seq 测序数据的可变剪接事件分析方法，这里简要介绍两种分析方法。

（1）采用 TopHat2 或 HiSat2 将 RNA 测序得到的 clean reads 与参考基因组进行序列比对，再使用 Cufflinks 软件进行转录本组装，在此基础上使用 ASprofile 软件对每个样品的可变剪接事件分别进行分类和统计。Asprofile 由多个程序组成，可用于提取（extract-as）、定量（extract-as-fpkm）和比较（collect-fpkm）由 RNA-seq 数据组装得到的转录本的可变剪切事件。第一个程序 extract-as 以 Cuflinks 生成的 GTF 格式的转录本文件作为输入文件。通过比较基因内部的所有转录本，寻找表征可变剪切事件的外显子-内含子的结构差异。为了鉴定多个样品的 AS 事件❶，输入文件应是单个样品转录本文件的串联文件，这些样品应具有一致的基因名称从而便于比较。来自不同转录本的同一 AS 事件可能已被报道过多次。因此，建议运行 summarize_as 生成一

---

❶ AS 事件（Alternative Splicing）是指在基因转录成 mRNA 的过程中，通过不同的剪接方式生成不同的 mRNA 转录本，进而翻译成不同的蛋白质的过程。

个包含各种可变剪切事件的非冗余列表。ASprofile 程序包中的其他程序也需要这一格式的文件。第二个程序 extract-as-fpkm 用于计算指定样品中转录本各个可变剪切事件的 FPKM 值，并允许外显子和内含子间边界存在一定的误差范围。最后一个程序 collect-fpkm 用于收集所有测序样品发生可变剪切事件的 FPKM 值，计算并比较所有样品的剪切比例。

（2）采用 TopHat2 或 HiSat2 将 RNA 测序得到的 clean reads 与参考基因组进行序列比对，得到 BAM 格式的比对文件，利用 Samtools 进行数据过滤、排序处理，在此基础上使用 MISO（mixture-of-isoforms）软件对每个样品的可变剪接事件进行量化和比较分析。MISO 是针对 RNA-seq 数据进行可变剪切基因表达定量的一个工具，它同时可以挖掘出不同样品间差异表达的异构体或外显子。MISO 通过模拟 RNA-seq 数据中转录本产生读段的过程，利用贝叶斯理论计算读段来自某个转录本的概率。MISO 对可变剪切定量是通过 PSI（percentage spliced in，记为 φ）表示的，这里 φ 是指含有某个可变外显子的转录本（isoform）的相对比例，通过贝叶斯因子来表示某个外显子在不同样品间的差异表达的倍数。需要注意两点：①运行 MISO 时需要下载或制作一个基于可变剪接事件的 GFF 注释文件和相应的索引文件；②单端和双端测序的数据处理方式有所不同。

（六）功能注释及网络分析

1. RNA-seq 测序数据的功能注释

为进一步了解组装后转录本序列及其可能行使的功能，需要对这些组装序列进行功能注释及功能富集分析。进行功能注释的方法有很多，基本上都遵循"序列相近、功能相近"的原则，即利用序列比对软件进行同源比对。常见的转录组数据功能注释工具包括 GO 注释和 KEGG 通路注释等。Blast2GO 和 KOBAS2.0 等均可以进行功能注释及功能富集分析。

2. RNA-seq 测序数据的网络分析

单个基因无法独立执行生物学功能，任何生物学功能的体现都是通过一定的基因相互作用和蛋白质相互作用完成。只有研究清楚差异表达基因的共表达网络特征及相应的蛋白质相互作用网络特征，才有可能进一步阐明差异表达基因的生物学功能。

（1）基因共表达网络。基因共表达网络图（co-expression network）是根据基因表达信号值的动态变化，计算基因间的共表达关系，从而得到基因间的表达调控关系及调控方向，并据此构建基因的表达调控网络。基于共表达网络图，研究者可以分析基因调控能力，并识别出随实验条件变化的核心调控基因。加权共表达网络构建方法（weighted correlation network analysis，WGCNA）是目前较为权威的针对所选目标基因进行共表达网络构建的工具。WGCNA 是以基于相关系数构建基因共表达网络的代表性方法，其中集成了多种网络分析方法，主要具有网络构建、功能模块探测、基因选择、拓扑特性计算、数据模拟、可视化及与其他软件交互等功能。WGCNA 算法首先假定基因网络服从无标度分布，并定义基因共表达相关矩阵、基因网络形成的邻接函数，然后计算不同节点的相异系数，并据此构建分层聚类树，该聚类树的不同分支代表不同的基因模块，模块内基因共表达程度高，而分属不同模块的基因共表达程度低。最后，探索模块与特定表型或疾病的关联关系，最终达到鉴定疾病治疗的靶点基因等目的。

（2）蛋白质相互作用网络。基于已有的蛋白质-蛋白质相互作用数据库，通过生物信息学方法挖掘高通量测序方法得到的蛋白质相互作用数据，已是目前蛋白质相互作用研究的重要内容之一。随着实验手段的快速发展和实验数据的积累，国际上已建立了大量成熟的蛋白质相互作用数据库，如 HPRD、DIP、Swiss-Prot、BioGRID、PIR、BIND 等。构建基于 RNA-seq 测序数据分析获得的差异表达基因的蛋白质相互作用网络的常规做法如下：将差异基因映射至 HPRD、BioGRID 等蛋白质关系网络数据库，以获得差异基因的相互作用关系；然后用 Cytoscape 软件对差异基因进行网络可视化；接着统计差异基因互作关系网络的各种拓扑性质，如网络中各个节点的连通性（degree）、介数中心性（betweenness）、接近中心性（closeness）及聚类系数（cluster coefficient）等，进一步获得相互作用网络中的关键节点，进而阐明相关的生物学功能。

第六章　蛋白质组学信息分析

蛋白质组学是以蛋白质组为研究对象，研究细胞、组织或生物体蛋白质组成及其变化规律的科学。如果将生命比作是一栋高楼，那么基因组就好比是建筑图纸，转录组是建筑基本框架，而蛋白质组就是对系统动态运动过程的及时观测。本章主要针对蛋白质组学信息进行分析，内容包含蛋白质组与蛋白质组学基础理论、蛋白质组学分离技术与蛋白质鉴定与定量技术、质谱数据分析以及对蛋白质组学的未来展望。

第一节　蛋白质组与蛋白质组学

一、蛋白质组概述

自从人类基因组计划启动以来，公共媒体不断向大众勾画着一幅幅美丽的图景，使人们认为，一旦科学家把各种生物基因组的全部碱基排列顺序测定清楚，生命的遗传奥秘就会显露无遗。但是，真实的图景远不像普通人想象的那样简单。遗传信息并不直接参与生命活动，而是通过控制蛋白质的合成来间接地指导有机体的新陈代谢。也就是说，一个基因所含的遗传信息，通过一系列复杂的反应，最终导致相应蛋白质的合成，蛋白质再参与生命的各种活动。因此，要想真正揭开遗传的奥秘，仅仅了解基因组的碱基排列顺序是不够的，还必须认识基因的产物——蛋白质。

与基因组研究的战略一样，科学家们已不再局限于对个别蛋白质进行研究，而是对细胞或组织内成千上万的蛋白质同时进行研究，即蛋白质组学（proteomics）。2001 年 2 月 15 日，英国 *Nature* 期刊在发布人类基因组框架图时，同期登载了一条关于人类蛋白质组研究组织（Human Proteome Organization，HUPO）成立的消息，标题就叫"现在是蛋白质组了"。但是科学家们也意识到，蛋白质组研究要比基因组研究复杂得多。蛋白质组（proteome）

源于蛋白质（protein）与基因组（genome）两个词的结合，意指"一种基因组所表达的全套蛋白质"，即包括一种细胞乃至一种生物所表达的全部蛋白质。

蛋白质组学以细胞内全部蛋白质的存在及其活动方式作为研究对象，注重研究特定生理或病理状态下的所有蛋白质种类及其与周围环境（分子）的关系。不同于基因组，蛋白质组具有动态性。如果把基因组比拟为系统设计的"图纸"，那么蛋白质组则是对系统动态运行过程的观测。

动态性带来了如下两个主要难题：

（1）蛋白质组不能像基因组测序那样，通过一次性观测来获得系统完整的图谱，而是要针对具体的研究问题，不断地进行实时观测，这就要求观测技术具有较高的通量和准确性；蛋白质组的组分是蛋白质，它们在量上存在着巨大的差异，要求观测系统具有较好的灵敏度和较广的动态范围。由于蛋白质组在表达丰度动态范围、物理化学性质等方面的复杂性，蛋白质组研究需要高通量、高灵敏度的实验技术支持；

（2）正因如此，质谱技术在蛋白质组研究中得到了广泛应用，成为蛋白质鉴定与定量分析的支撑技术。本章主要介绍基于质谱技术的蛋白质组学，首先描述蛋白质组学的定义和研究内容，然后介绍常用的蛋白质组学技术，最后着重讨论如何采用生物信息学方法实现大规模的质谱数据分析。

二、蛋白质组学的定义

（一）蛋白质组学发展历史

人们普遍认为，蛋白质组学的概念是澳大利亚的 Wilkins 在 1994 年提出的，当时他还是澳大利麦考瑞大学的一名博士研究生。1995 年，Kahn 在 *Science* 上撰文阐释了蛋白质组的概念，而 Wilkins 关于蛋白质组学的阐述发表于 1996 年。他采用了双向电泳技术（Two-dimensional electrophoresis，2D Gel）对大肠杆菌的蛋白质进行了"大规模"表达分析，主要通过等电点（pl）和分子量（molecular weight）与数据库中的蛋白质进行比较，以获得蛋白质的鉴定。作为初期探索，Wilkins 等的工作既不是大规模的，也不是高通量的，而且存在很多值得探索的问题，但其具有开创性的研究工作使得蛋白质组的概念逐步深入人心。在该文中，Wikins 等将蛋白质组研究表述为"针对一个物种、疾病或者正常状态组织的大规模的蛋白质鉴定"。同时，蛋白质组的定义"一个组织、细胞或者有机体在特定时刻、特定条件下表达的全套蛋白质"也基本形成，并得到了国内外蛋白质组研究专家的认同。

2000 年，蛋白质组学的奠基性综述发表。该文明确提出蛋白质组学的概念，阐述了蛋白质组学相对于基因组学存在的价值，系统地总结了蛋白质组学的研究内容和技术方法。在该文中，蛋白质组学定位为"功能基因组学的一部分，通过研究基因表达产物来了解基因功能，包括大规模的蛋白质鉴定和基于酵母双杂交技术的相互作用分析"。文中还指出，蛋白质虽然是基因表达的产物，但是其翻译后修饰、可变剪接、相互作用、亚细胞定位等信息无法完全由基因组来确定。蛋白质组学作为一个动态的系统，对于研究基因功能有不可替代的作用。蛋白质组学的主要技术方法包括双向电泳、质谱（mass spectrometry，MS）、蛋白质芯片（protein-chip）、酵母双杂交等。蛋白质组学的研究问题也大量涌现，例如蛋白质表达鉴定、蛋白质定量分析、翻译后修饰分析和相互作用分析等。该文还讨论了作为主要的蛋白质组研究技术的质谱技术，明确阐述了自底向上（bottom-up）和自顶向下（top-down）两种实验策略。

2002 年，两项质谱软电离技术（电喷雾和基质辅助激光解吸电离）获得了诺贝尔化学奖，代表质谱实验技术取得了重要的进展。以此为契机，Ruedi Aebersold 和 Matthias Mann 于 2003 年联名发表了题为"基于质谱的蛋白质组学"的文章，系统地总结了质谱技术在蛋白质组研究中的应用，同时对蛋白质组的研究内容和方法进行了梳理。基于质谱进行大规模蛋白质鉴定和定量分析、发现和研究翻译后修饰，结合信号转导通路进行仿真分析，完善和改进已有的模型，这成为以后很长一段时间内蛋白质组研究的主流策略。同年，Patterson 在 *Nature Genetics* 上撰文，回顾了蛋白质组发展的 10 年，展望了未来的发展方向。该文回顾了从蛋白质化学发展到蛋白质组学，从逐个研究蛋白质到从基因组水平上系统地研究蛋白质的研究历程，总结了蛋白质组学的实验技术和当前的研究重点。该文认为，蛋白质组学研究已经从开始的大规模蛋白质鉴定发展到从组学水平动态确定蛋白质的种类、翻译后修饰、丰度、相互作用，以及亚细胞分布等，并且大规模蛋白质定量分析将是未来研究的重点。

在此后的几年中，蛋白质组学发展迅速，但是以具体的研究和拓展为主，蛋白质组学的整体框架没有出现大的突破。这一时期，研究人员提出了植物蛋白质组学、疾病蛋白质组学、尿液蛋白质组学、血浆蛋白质组学、脑蛋白质组学、肝脏蛋白质组学、磷酸化蛋白质组学和临床蛋白质组学等众多概念，扩展了蛋白质组学的应用领域。而以技术和研究策略为代表的鸟枪法蛋白质组学、自底向上的蛋白质组学、定量蛋白质组学、表达谱蛋白质组学、翻译后修饰蛋白质组学、基于蛋白质芯片的蛋白质组学等，则反映了蛋白质组在技术策略上的发展。同时，关于人类蛋白质组的三大蛋白质组研究计划"人类肝脏蛋白质组计划""人类血浆蛋白质组计划""人类脑蛋白质组计划"相继完成，并且提出将下一步的研究重点转移到疾病应用、定量分析上，这成为蛋白质组学研究的代表性事件。值得一提的是，随着数据分析、数据质量、数据共享、数据标准等问题的提出，逐步产生了以生物信息学为重点的"计算蛋白质组学"。

随着实验技术的进步，蛋白质组学的研究范围还在不断扩展，目标是从表达、定量、结构、相互作用等多方面深入地刻画某个组织样本或有机体中全套的蛋白质，针对不同应用需求，实现高精度、高覆盖和高灵敏度的分析。

（二）蛋白质组学研究内容

在后基因组时代，蛋白质组学研究成为热点之一。与基因组不同，蛋白质组具有高度的动态特性，这是因为在不同的条件下，生命活动所需的蛋白质是不同的，并且蛋白质功能的发挥本身就是一个动态过程，伴随着翻译后修饰、亚细胞定位改变、构象改变等生化过程，难以通过单个条件下的实验来深入地了解某个生物系统的蛋白质组。蛋白质组学试图大规模、全面地研究基因功能的执行体，即蛋白质，其研究内容包括大规模的蛋白质鉴定和定量分析（protein identification and quantification）、亚细胞定位（subcellular localization）、蛋白质-蛋白质相互作用（protein-protein interaction，PPD）、翻译后修饰（post translational modification，PTM）等。

蛋白质组学的内在理念是"大规模地研究动态变化的某个限定条件下的全套蛋白质"。随着技术的发展和研究的深入，蛋白质组学的研究范围不断扩大，可以描述为"确定蛋白质的时空分布，大规模地研究每个蛋白质的功能及它们之间的相互作用"。

第二节　蛋白质组学实验技术分析

为了解蛋白质组学数据的产出过程和数据特点，下面将介绍一些用于蛋白质分离和鉴定的核心实验技术，以及由这些实验技术衍生的生物信息学分析需求。

一、蛋白质分离技术

从生物样本中提取的蛋白质一般都是混合物，由于有些研究仅关注其中的部分蛋白质，同时后续的分析技术希望处理相对简单的样本，而过于复杂的样本会超出分析技术的灵敏度、分辨率和通量能力，因此在很多蛋白质组学研究中，都需要对提取的蛋白质进行预分离。常用的分离技术包括双向凝胶电泳、多维色谱分离和蛋白质芯片等。需要注意的是，分离技术并不是一个"可有可无"的预处理步骤，有些情况下甚至可以作为主要的实验技术使用，例如利用双向电泳也可以直接完成蛋白质的鉴定和定量。

（一）双向电泳技术

蛋白质组的早期发展与双向电泳技术的贡献是密不可分的。双向电泳是等电聚焦电泳（Isoelectric Focusing Electrophoresis，IFE）和聚丙烯酰胺凝胶电泳（SDS-PAGE）的组合，即先进行等电聚焦电泳（按照等电点分离），然后再进行聚丙烯酰胺凝胶电泳（按照分子大小分离），经染色得到二维分布的蛋白质电泳图。

双向电泳的设备已经高度集成化，从电泳实验和图像扫描到数据分析，都可以在同一个平台上完成，并且提供了较多的自动化支持和多元化的功能。如通用公司的 Ettan 2-D DIGE 荧光差异凝胶双向电泳，采用专用的荧光染料并通过多重样本和图像分析方法，在同一块胶上能够同时分离由不同荧光标记的多个样品，并能够以荧光标记的样品混合物为内标，对每个蛋白质点和每个差异都进行统计学可信度分析，从而具有良好的重复性和较高的准确率。目前，双向电泳系统在重复性、分辨率和灵敏度等方面的性能已大大地提高，并且能够完成蛋白质鉴定、定量、翻译后修饰分析等。图像分析软件和算法的开发也有了很大进展，很大程度上提高了实验数据的信息利用率。

由扫描仪扫描后，双向电泳实验获取的数据是一幅幅图像，而数据分析软件则要完成图像信号的处理、定量、统计检验、缺失值处理及聚类分析等工作。因此，良好的实验设计和有效的数据分析是完成一个成功的双向电泳实验的必要条件。

（二）色谱技术

色谱法（chromatography，又称层析）是一种分离和分析方法，在分析化学、有机化学、生物化学等领域有着非常广泛的应用。在色谱法中，静止不动的一相（固体或液体）称为固定相（stationary phase），运动的一相（一般是气体或液体）称为流动相（mobile phase）。色谱法的工作原理是，利用不同的物质在不同相态的选择性分配，通过流动相对固定相中的混合物进行洗脱，混合物中不同的物质会以不同的速度沿固定相移动，最终达到分离的效果。色谱法起源于20世纪初并于50年代之后飞速发展，目前在不同的应用背景下，发展出了种类繁多的色谱分析方法。应用于蛋白质组的色谱技术主要是液相色谱，如用于蛋白质预分离的强阳离子交换色谱、用于磷酸化肽段富集的亲和色谱，以及用于肽段分离的在线反相色谱。在蛋白质组中，也经常将多种色谱技术结合使用，即多维色谱，利用蛋白质/肽段的不同属性实现高维度的样本分离。

蛋白质组中常用的在线反相液相色谱（Reversed Phase Liquid Chromatography，RPLC）分离原理是，它常与质谱仪在线联用，利用疏水性的不同将肽段混合物分离，使之按照一定的顺序先后进入质量分析器进行分析。其目的是降低某一时刻进入质量分析器的样品复杂度，增强质谱仪的分析能力，以便得到更多的有效图谱。在质谱平台中，反相色谱一般使用梯度洗脱方法。首先在进样过程中将肽段吸附在色谱柱的固定相上，然后使用流动相将肽段洗脱下来。由于流动相疏水性介质的浓度按照线性梯度增强，亲水的肽段先被洗脱，然后疏水的肽段逐渐被洗脱，通过进样系统依次进入质谱分析，这样就减小了某一时刻质谱分析样品的复杂程度。反相色谱分离的物理模型采用直观的"塔板理论"和基于扩散方程和质量守恒的偏微分方程理论。肽段经过色谱分离后，其流出浓度曲线的峰值时间称为色谱保留时间（Retention Time，RT）。肽段的色谱保留时间由肽段的序列、样品组成、环境温度、死区时间等因素决定。

肽段色谱行为的分析是计算蛋白质组学的重要研究内容。肽段色谱保留时间决定了肽段在反相色谱分析中洗脱的先后顺序，是肽段鉴定结果验证的重要证据。因此，肽段色谱保留时间预测是其中一个研究课题。另外，在基于液相色谱-质谱联用的肽段定量分析中，离子流色谱峰（Extracted Ion Chromatography，XIC）面积是常用的肽段丰度定量指标。离子流色谱峰的构建、滤波和平滑，以及面积的数值计算，成为定量效据分析的重要研究内容。最后，为了支持复杂样本分析的实验设计，优化实验参数，色谱流出过程的模拟分析也是一个重要手段。

二、蛋白质鉴定与定量技术

在蛋白质组学研究中，质谱方法是用于蛋白质鉴定与定量分析的主要技术手段。在鉴定上，质谱方法主要通过测量分子的质量来确定分子类型。其蛋白质鉴定原理可以从桌子的实体中还原桌子的设计图纸来说明，测量方法是称重。对于一张桌子，首先，利用敲打的方法将桌子拆开，即样本分离工作，用于将蛋白质混合物分离；然后，对各部分进行称重，该任务由质谱技术完成，由于无法直接测量分子水平肽段的质量，需要将蛋白质片段带上一定的电荷，对其质荷比（m/z）进行测量；最后，利用计算方法还原出桌子的设计图纸，获得桌子的尺寸（长度 L 和高度 H），即通过质谱数据分析从肽段的质荷比信息鉴定出样本中包含的蛋白质。此外，通过将分子碎裂、加上特定的质量标签等方法，质谱分析还能实现复杂的分子结构鉴定和定量分析。

作为实验平台的主体，质谱仪主要包括四个部分，分别是进样系统（Sample）、离子源（Ion Source）、质量分析器（Mass Analyzer）和离子检测器（Ion Detector）。进样系统的作用是高效、重复地将样品引入离子源中，并且不能造成真空度的降低。离子源是使样品分子在高真空条件下离子化的装置。电离后的分子因接受了过多的能量，会进一步碎裂成较小质量的多种碎片离子和中性粒子。它们在加速电场作用下获得具有相同能量的平均初始动能，然后进入质量分析器。质量分析器将同时进入其中的不同质量的离子按质荷比大小加以分离。分离后的离子依次进入离子检测器，采集、放大离子信号，经计算机处理，用于绘制质谱图。

（一）质谱仪关键技术

质谱平台是一个集机械、电子、控制和计算机于一体的复杂系统。本节介绍与数据分析关系比较密切的电离、质量分析器、离子碎裂等质谱平台的主要组成部分，并给出了一些典型的质谱平台及其实验过程描述。

1. 电离技术

由于质量分析器能够直接分析的是带电离子，对于中性的肽段或者蛋白质，需要首先使其带上电荷才能进行质荷比分析。蛋白质组学研究主要使用的是所谓的软电离技术，目的是尽量减少杂质引入，保持肽段分子的完整。软电离技术主要有两种：电喷雾电离（Electrospray Ionization，ESI）和基质辅助激光解吸电离（Matrix-Assisted Laser Desorption Ionization，MALDI）。电喷雾电离技术的基本流程是：通过强电场使喷入质量分析器的液滴带上正电荷，并通过氮气气流不断蒸发液滴，使液滴上的电荷密度不断增大，其所产生的库仑斥力最终使液滴爆裂，形成小液滴；这个过程不断重复，形成雾状；最后，使肽段的碱性基团（如肽段的 N 端-NH_2 基团）带上电荷并进入质量分析器。

基质辅助激光解吸电离技术的实现过程是：通过将分析物分布在特定基质上形成晶体，然后用激光照射晶体，基质分子吸收激光能量，样品解吸附，基质和样品之间发生电荷转移，使样品分子电离，同时基质气化，将样品离子带入质量分析器。

电喷雾电离能够和在线反相色谱方便地联用，并且能够使肽段带上多个电荷，从而扩大肽段的分子量分析范围。基质辅助激光解吸电离源一般只能使肽段分子带上单电荷，但能在实验过程中停下来，等待一段时间再分析，便于采用结果驱动的实验策略。

由于电离技术对于质谱平台分析的灵敏度影响很大，为了满足不同的应用需求并提高电离技术的性能，研究人员在 ESI 和 MALDI 的基础上开发出了多种新型的软电离技术。如最新发展的解吸电喷雾电离（Desorption Electrospray Ionization，DESI）技术，不仅能够像电喷雾电离一样使离子带上多电荷，而且能够通过控制激光束来实现电离的时间和空间位置选择，在影像质谱分析中得到了应用。

2. 质量分析器

质量分析器是质谱仪的核心部件，其作用是利用带电离子在电磁场中的运动规律，将离子的质荷比转换为可以直接记录的物理量，例如时间、电压和电流等。按照测量质荷比原理的不同，质量分析器可以分为飞行时间（time of flight，TOF）、四极杆（quadrupole）、离子阱（Ion trap）、傅里叶变换（fourier transform，FT）和电场轨道阱（orbitrap）等多种类型。不同的质量分析器在精度、分辨率、灵敏度、质量检测范围等方面各不相同。例如，飞行时间具有较高的精度，但是容易受环境、温度等因素的干扰；离子阱对不同质荷比和不同丰度的离子的灵敏度不同，精度也比较低，但是可以用来存储离子，可以方便地进行离子筛选和多级质谱分析；傅里叶变换具有很高的精度，但是需要离子累积，产生一张图谱所需的时间较长。

在这些质量分析器中，以 Thermo Finnigan 公司的 Oribitrap 质量分析器的发展最为迅速。该公司新型的 Elite 质谱仪则通过引入双压线性离子阱、高能碰撞诱导解离、边缘扩展快速傅里叶变换（eFFT）等技术，能够进行快速的鸟枪法实验，并支撑大分子量范围的自顶向下分析。同时，人们还在不断探索新型的质量分析器和分析模式。例如，Hadamard 变换飞行时间质谱仪（HTTOFMS），通过离子的组合测量延长了离子飞过通道的时间，提高了分析的灵敏度和精度。而分布式三维离子阱利用电磁场控制，在同一个腔体内实现了多个势阱的功能，在并行化方面具有很大的优势。傅里叶变换质谱仪的吸收控制模式被证明具有更高的分辨率和灵敏度。一种称为同轴离子阱的新型势阱控制技术也得到了开发应用，具有更好的分辨率和灵敏度。

3. 离子碎裂

对于复杂样品来说，酶切肽段的分子量信息不足以区分不同的蛋白质。这时，需要将酶切肽段进一步碎裂，得到包含肽段序列信息的二级图谱，以便提高鉴定的区分能力。在质谱平台中，一般利用低能量的惰性气体碰撞诱导解离（Collision-Induced Dissociation，CID）来完成肽段碎裂。在一个空腔中，利用电场捕获特定质荷比的肽段，然后通过改变射频电压，使肽段离子和碎裂腔中的惰性气体进行碰撞，从而使化学键断裂，产生碎片离子（主要沿肽段的主链断裂，典型的碎裂模式和产生的互补离子），再通过质量分析得到串联图谱（tandem mass spectrum，或 MS/MS spectrum）。由于肽段的碎裂位置基本上是可预测的，并且会产生质量相差一个氨基酸的离子序列，所以可利用串联图谱对肽段进行测序。常用的方法是通过计算产生肽段碎裂的理论串联图谱，再与实验图谱进行相似性比对来鉴定肽段，也就是数据库搜索。

（二）典型质谱平台

研究的需求推动了以生物质谱为代表的实验技术的快速发展。1999 年，质谱仪能对亚阿托摩尔［attomole，对分子量为 10 000 的分子来说是 10^{-14}g］级别的蛋白质进行分辨率达到 10^6 且精度为 $1/10^6$ 的高速分析（<1s），但是尚缺乏商业化的质谱仪进行常规样本分析。目前，傅里叶变换质谱仪 Orbitrap 已能在 0.2 s 内完成分辨率在 10^5 左右的高通量分析。

由于工作原理和应用范围的不同，质谱仪有很多种类型。按照电离方式进行区分，有电喷雾电离质谱仪、基质辅助激光解吸电离质谱仪、快原子轰击质谱仪、离子喷雾电离质谱仪和大气压电离质谱仪。根据质谱仪所用的质量分析器的不同，可将质谱仪分为双聚焦质谱仪、四极杆质谱仪、飞行时间质谱仪、离子阱质谱仪、傅里叶变换质谱仪等。下面仅介绍几种较为典型的用于蛋白质组鉴定与定量分析的质谱平台。

Applied Biosystems 公司的 4700 质谱仪主要应用于采用双向电泳预分离后，进行自顶向下的分析。质量分析器采用两级飞行时间，共用线性飞行部分。线性飞行时间主要进行一级质谱分析，通过线性检测器采集一级图谱。反射式飞行时间进行串联分析，使用反射离子检测器。利用 4700 质谱仪进行蛋白质组实验的典型流程如下：

（1）将蛋白质混合物进行双向电泳分离，胶上酶切某个位点的蛋白质。

（2）将得到的肽段混合物进行一级图谱分析，得到肽质量指纹图谱（Peptide Mass Fingerprint，PMF）。

（3）选择信号强度较强的几个母离子（parent ion）进行串联分析，得到串联图谱，也称为肽段碎裂图谱（Peptide Fragment Fingerprinting，PFF）。

（4）得到一级图谱和串联图谱之后，可用 GPS Explorer 软件（如 Mascot 搜库算法）进行数据库搜索，找到对应的肽段和蛋白质。

（5）逐个对胶上的位点进行上述分析，就可以确定样品中包含的蛋白质组分。

ABI 4700 质谱仪使用 MALDI 源，肽段带一个正电荷，分子量分析范围较小。这种方法需要将双向凝胶电泳上的蛋白质位点逐个切下，实验操作比较烦琐，通量受到一定的限制。因为这种鉴定策略是按照从整体（蛋白质）到局部（肽段）的顺序进行分析的，所以称为自顶向下的实验策略。目前，该系列的 AB SCIEX TOF/TOF 5800 质谱仪在激光控制、飞行时间反射、母离子选择等方面采用了很多先进技术，扫描速度、灵敏度等方面有了很大的提高，还能够支持影像化扫描，进行全细胞或者部分组织的三维空间蛋白质分析，直接得到多达几千种蛋白质在空间上的分布。

Thermo Finnigan 公司的 LTQ-Orbitrap 质谱仪是一种混合质谱仪，相当于在 LTQ 质谱仪的基础上加上一个离子存储阱 C-Trap 和 Orbitrap 质量分析器。LTQ-Orbitrap 可以实现多种策略的实验分析，其中鸟枪法（shotgun）最常用，其实验流程为：使用在线反相色谱分离肽段，利用线性离子阱筛选离子和进行二级质量分析，C-Trap 存储离子，使用 Orbitrap 进行精确的一级图谱分析。在这个过程中，通过 C-Trap 可以实现质量分析的并行化，Orbitrap 进行质谱分析的同时，LTQ 还可以进行串联质谱分析。鸟枪法从局部（肽段）到整体（蛋白质）来进行蛋白质鉴定，是典型的自底向上的实验策略。

　　LTQ-Orbitrap 质谱仪还可以完成自顶向下的实验策略。具体的方法是：使用 Orbitrap 筛选蛋白质，使用线性离子阱进行一级和二级图谱分析。目前，基于 LTQ-Orbitrap 的自顶向下的实验策略的主要局限是分子量分析范围较窄，根据 Macek 等的研究，这种策略的蛋白质分子量分析范围是 10 000～25 000。目前，经过了很多改进后，Orbitrap Elite 组合型离子阱质谱仪可通过边缘扩展快速傅里叶变换算法，加上单独的高能碰撞解离腔，并引入双压线性离子阱技术，分辨率和扫描速度均有很大的提升，准确度已经达到 1 ppm（part per million，百万分之一），能够完成自顶向下分析和常规的鸟枪法实验。

　　Thermo Finnigan 公司的离子阱系列质谱仪（LCQ、LTQ、LTQ-FT 和 LTQ-Orbitrap）的最大特点在于通量高，一般采用鸟枪法实验策略，即先鉴定肽段，再组装蛋白质。目前，在表达谱研究中，串联质谱分析需要高通量的数据采集，因此即使在具有高精度的质量分析器的质谱平台（LTQ-FT 和 LTQ-Orbitrap）上，二级图谱的产出一般也是采用低精度、高通量的离子阱方式。离子阱质谱数据在噪声、数据量等方面比较复杂，是数据分析方法研究的典型对象，也是人类蛋白质组计划的主要高通量数据来源之一。

　　最近，苏黎世联邦理工学院的 Ruedi Aebersold 实验室联合 Applied Biosystems 公司在 AB Sciex Triple TOF 5600 质谱平台上开发了一种称为 SWATH 的数据无关（Data Independent Acquisition，DIA）分析技术，利用该平台的快速扫描能力，实现了对 400～1 200 质量区间的肽段离子进行质谱扫描后，分 25 一个区间碎裂肽段，得到了混合串联质谱图谱。利用构建的图谱知识库来进行智能化的数据处理，能够利用碎片离子的离子流色谱峰完成肽段的定量和鉴定。这种方法综合了选择反应监测和数据独立采集技术的优点，能够实现高通量的精确定量，其难点在于数据分析技术。

第三节　质谱数据分析

　　质谱是分析复杂肽段或蛋白质混合物的主要技术手段。与基于凝胶的蛋白质组学研究方法相比，基于质谱的蛋白质组学研究方法具有允许样本在线分离、采样率高、自动化程度高和灵敏度高等特点。近年来，规模化蛋白质组实验技术迅速发展，质谱数据的产出速度倍增，样品和数据的复杂性给质谱数据处理和分析带来了严峻的挑战。

在纷繁复杂的生物学应用和不断发展的实验方法背后，蛋白质组学质谱数据分析已经总结出一些基本的策略和步骤。其中，质谱数据分析的基本步骤包括图谱信号处理、图谱解析、定量分析等，衍生的生物信息学研究还包括图谱聚类、色谱保留时间预测和对齐、肽段碎裂模式预测等。

一、质谱数据的特点

质谱仪产出的数据是图谱，包含质荷比（m/z）和信号强度（intensity）信息。由于酶切和惰性气体诱导碰撞碎裂都遵从一定的物理化学规律，蛋白质和肽段产生的质谱图都具有特定"模式"，这种特定模式是利用质谱数据进行蛋白质和肽段鉴定的理论基础。对于某一物种的蛋白质组来说，蛋白质的分子量变化范围很大，直接对蛋白质整体进行质谱分析是比较困难的。根据蛋白质分析专家系统网站（Expert Protein Analysis System，ExPASy）对Swiss-Prot 数据库（Release 52.3，包含 264 492 种蛋白质序列）的统计，蛋白质平均长度为 366 个氨基酸。最长的蛋白质（蛋白质名称为 TITIN_HU-MAN，Swiss-Prot 访问号为 Q8WZ42）包含 34 350 个氨基酸，而最短的蛋白质（名称为 GWA_SEPOF，Swiss-Prot 访问号为 P83570）仅包含两个氨基酸。因此，多数质谱实验不直接分析蛋白质，而是将蛋白质酶切，再对得到的肽段进行质谱分析。

质谱分析产出的数据一般分为肽质量指纹图谱（一级图谱）和肽段碎裂图谱（串联图谱或二级图谱）。肽质量指纹图谱包含蛋白质酶切肽段的质荷比和信号强度信息，而肽段碎裂图谱由肽段进一步碎裂产生，包含了碎片离子的质荷比和信号强度信息，可以从碎片离子系列中推断出肽段的一级结构。

除了图谱，由数据采集软件给出的原始数据还包含实验参数设置、仪器运行状态、色谱保留时间等信息，这些参数对于数据分析也很重要。例如，采用分段扫描的方法进行质谱分析时，设定的分子量范围可以用来验证肽段鉴定结果；在串联分析中，设定的碎裂能量决定了肽段的碎裂程度，对数据库搜索评分有重要的影响，也会影响数据库搜索结果的质量评估。因此，质谱数据并不仅仅指图谱，还包括与之相关的实验条件、仪器运行参数等信息。

由于实验步骤繁多，样品复杂，蛋白质组学研究中的质谱数据具有如下特点：

（一）各种技术路线并存

在不同的技术路线中，采用了多种原理和性能的质谱仪来产出质谱数据。例如，人类血浆蛋白质组计划整合了 18 家实验室的串联质谱数据，分别采用了 LCQ、LTQ、Q-TOF、Q-STAR 和 ABI4700 等多种仪器平台进行分析，数据库搜索也采用了 SEQUEST、Mascot、PepMiner 和 Sonar 等多种搜索算法，数据整合问题十分突出。

（二）数据格式多样

不同仪器公司的质谱平台输出的数据格式各不相同，包含的原始信息也不尽相同。不同数据处理软件也有各自的输入输出格式要求，导致数据格式多种多样，这给数据分析工具开发带来了不小的难度。

（三）噪声模型复杂

质谱图谱中包括电子噪声和化学噪声。一般认为电子噪声由信号检测放大器引入，是随机分布的低矮信号。而化学噪声比较复杂，样品处理的各种化学试剂和样品中包含的非蛋白质有机物、水和有机溶剂中的杂质等都可能引入图谱噪声。化学噪声可能具有很强的信号强度，很难根据信噪比来过滤或者利用经典的信号滤波方法来处理。

（四）数据时变性

随着样品、实验操作、环境因素等条件的改变，数据的统计特征会发生变化，并且随机因素对实验的可重复性影响很大。2004 年，Liu 等采用液相色谱-质谱联用（LC-MS）技术和多维蛋白质鉴定（MultiDimensional Protein Identification Technology，MuDPIT）技术估计蛋白质丰度时，通过 11 次重复实验发现，在 6 次重复之后，非冗余鉴定肽段数量才不再明显增加。质谱采样效应是导致实验重复性不好的主要原因，也会导致数据集的质量评估参数分布发生变化，给数据质量控制带来一定的困难。

（五）信息多元化

质谱数据中最基本的信息是肽段和蛋白质的一级结构信息，对于某些情况，还包含修饰（在图谱中引入峰的平移）信息和定量信息（信号强度和肽段丰度成正比）。从数据分析角度讲，质谱数据最底层的是质荷比和对应的信号强度，由这些基本信息组成质谱峰和同位素峰簇，形成和肽段对应的图谱，再由多个肽段对应蛋白质，从而形成质荷比+信号强度→峰簇→图谱→肽段→蛋白质的层次对应关系。

二、蛋白质鉴定

蛋白质鉴定就是通过数据分析和处理，从图谱中识别出实验样本所包含的蛋白质的过程。这一过程大多针对二级图谱进行操作的。蛋白质鉴定的方法主要分为三类：数据库搜索（database searching）方法、从头测序（denovo sequencing）方法和肽段序列标签（peptide sequence tag）方法。其中，数据库搜索方法应用最为广泛，而从头测序方法和肽段序列标签方法可认为是对数据库搜索方法的有益补充。

数据库搜索方法的基本思路是"模式匹配"，将实验得到的图谱与从蛋白质序列数据库中理论酶切所产生肽段的理论图谱进行比对，按照一定的打分规则鉴定出匹配最好的肽段，这种方法依赖现有的蛋白质数据库。从头测序方法不依赖现有的数据库，根据肽段有规律碎裂的特点，直接从图谱中推导出肽段的序列。肽段序列标签方法则是前两种方法的折中，先从图谱中直接推导出肽段的局部序列，长度通常为三个氨基酸，称之为肽段序列标签或者肽段序列片段，然后用推导出的肽段序列标签搜索数据库，以识别出样本中的蛋白质。这种方法主要考虑了图谱中包含肽段序列信息的不完全性和生物蛋白质序列的相似性等特点，在修饰、突变和跨物种搜索数据库时应用较多。

三、蛋白质定量

随着蛋白质组学研究的深入发展，人们已经不再满足于对一个细胞或组织中的蛋白质进行简单的定性分析，而是着眼于蛋白质定量方面的研究。通过分析正常状态和疾病状态下的细胞蛋白质组的整体及动态变化情况，可以为生物标志物发现、疾病诊断与治疗提供重要信息，并为生物功能等研究提供有力支持。

质谱分析技术是实现大规模、高通量蛋白质定量的主要方法。基于质谱的定量分析包括稳定核素标记定量（stable isotopic labeling）方法和无标记定量（label-free）方法两大类。其中，稳定核素标记定量是蛋白质定量的主流方法，它需要引入代谢、化学标记等质量标签，能够实现蛋白质的相对定量或绝对定量。该方法定量精度较高，但是实验操作较为复杂、成本高，动态范围和覆盖率有限。无标记定量方法是后续发展出来的蛋白质定量方法，它对不同状态下的样本单独进行质谱分析，无须引入标签，操作相对简单。由于克服了稳定核素标记定量的技术局限，无标记定量方法引起了研究人员的普遍关注，其应用范围也越来越广。但是该方法精度较低，对实验的可重复性要求较高。

（一）稳定核素标记定量方法

1. 基本原理

目前，稳定核素标记技术是质谱定量分析的主要技术之一，具有定量结果准确、抗干扰能力强等特点。稳定核素标记技术可以对不同生物状态下（例如正常状态和疾病状态）的同一种多肽采用不同的试剂进行标记，引入具有固定或者肽段序列相关的质量差异，得到轻重肽段。然后将两种样品按照固定比例（例如 1：1）混合，进行质谱分析，在一级图谱中就会出现具有固定质荷比差异的同位素峰簇（配对峰簇），对应着不同试剂标记的肽段。根据配对峰簇的信号强度可以确定不同状态下蛋白质的相对表达量。目前，已经应用的标记方法有如下三种：

（1）代谢标记，如^{15}N、^{13}C 和 SILAC 标记等；

（2）化学反应标记，如 ICAT、cICAT、ICPL 和 iTRAQ 等；

（3）酶切催化标记，如^{18}O 标记等。

这些技术还在不断改进和发展中，以适应生物分析的需要。从本质上讲，这些方法都是为了在肽段序列上引入质量标签，以便在质谱分析中区分不同来源的肽段。但是，不同的标记方法在定量信息的表现形式、标记效率、定量动态范围和定量准确度等方面有很大的差异。

基于稳定核素标记的定量技术不仅可以用于比较相对定量，还可以通过引入已知量的内标，对样品中的肽段或蛋白质进行绝对定量。其策略有如下三种：

（1）基于标记肽段的绝对定量。该策略主要受目标蛋白质的酶切效率影响，目标蛋白质的不完全酶切将导致对其定量结果的低估；

（2）基于标记完整蛋白质的绝对定量。该策略得到的定量值通常比第一种策略得到的值更大一些；

（3）基于级联的标记肽段的绝对定量。该策略的基本思路是首先将用作定量的酶切肽段串联起来构成单一的人工蛋白质，然后在大肠杆菌中对其进行稳定核素代谢标记、纯化，最后与蛋白质样品进行混合，以得到多个蛋白质的绝对定量。

2. 定量方法的典型流程

由于质谱仪中质荷比分析范围的限制，一般采用将蛋白质酶切成肽段，然后再进行质谱分析的策略，因此定量分析实际上是以肽段为直接分析对象的。整个流程分为实验与定量数据处理两大部分。

实验部分包括以下三个步骤：

（1）从组织或器官中提取出需要对比的样品，并对样品进行预处理，包括酶切、稳定核素标记、混合等；

（2）对得到的肽段混合物进行色谱分离，以减少进入质谱仪的样品的复杂度；

（3）对肽段进行质谱分析，产生一级图谱与二级图谱，不同肽段在一级图谱中表现为不同质荷比和不同强度的谱峰，而且肽段经过惰性气体诱导碰撞解离碎裂而产生的碎片离子在二级图谱中也会表现为不同质荷比和强度的谱峰。

定量数据处理部分包括以下四个步骤：

（1）数据库搜索鉴定。利用二级图谱进行数据库搜索，进行结果过滤和评估，鉴定肽段和蛋白质；

（2）图谱定量信息提取与计算。肽段经过轻、重标记后会附加质量不同的质量标签，它们在一级图谱中将表现为具有固定质荷比差异的谱峰，而峰的信号强度就是最基本的定量信息。这种情况下，定量信息主要隐藏在一级图谱中，大部分现有标记技术都属于这种情况，只有 iTRAQ 标记的定量信息主要包含在二级图谱中。针对上述两种情况，图谱定量信息提取就需要从一级或二级图谱中提取特征峰的信号强度或相关信息。例如，高精度质谱仪给出的是谱模式（profile）图谱，同位素峰簇面积与肽段丰度成正比，从而构成了定量信号。在提取出信号强度后，还需要进行噪声去除、面积积分等计算，才能得到肽段的基本定量信息；

（3）肽段丰度比计算。因为肽段的色谱峰会持续一段时间，在这个过程中肽段会被质谱仪多次分析，所以需要将肽段色谱流出时间内提取的定量信息加以综合。一般通过构建肽段的离子流色谱峰来综合表示流出时间内多个分析时刻包含的定量信息，并在此基础上计算与肽段丰度成正比的定量指标，进一步计算肽段的丰度比；

（4）蛋白质丰度比计算与差异显著性分析。通过蛋白质与肽段的对应关系，从肽段丰度比可以推断出蛋白质丰度比。对一批蛋白质的丰度比进行统计分析，可以确定蛋白质的差异显著性，获得候选的生物标志物。

大规模蛋白质定量分析可以在短时间内产出大量的质谱数据，这就需要利用自动化的软件工具来完成数据分析。其中，数据库搜索一般都是借助商业化软件来完成的，例如 SEQUEST 和 Mascot。数据库搜索结果评估也有比较成熟的方法和软件可用，例如，基于随机数据库的方法和 PeptideProphet 等。而对于上述步骤（2）至步骤（4），目前虽然针对一些特定的标记方法有一些软件可用，例如 MSQuant 和 MaxQuant，但无论是数据处理算法研究还是数据分析工具开发，都还有待探索和研究。

3. 稳定同位素标记定量数据分析软件

目前常用的稳定同位素标记定量数据分析软件见表 6-1。这些软件都可以免费下载，但各自适用范围不同。例如，它们中只有 ASAPRatio 和 MASPECTRAS 可以对蛋白质丰度比进行差异显著性分析，其他软件只是简单地给出蛋白质丰度比，并且 iTracker 仅计算肽段丰度比。另外，只有 MFPaQ 考虑了不同条带间相同蛋白质定量结果的合并问题。这些软件都存在对标记技术、数据库搜索鉴定结果、仪器平台不兼容的问题，而且它们的很多底层算法并不是最优的。

表 6-1　常用的稳定同位素标记定量数据分析软件

软件	操作系统	标记技术	支持的数据库搜索软件	源文件
MFPaQ	Windows	SILAC，ICAT，ICPL，$^{14}N/^{15}N$	Mascot	.wiff
MASPECTRAS	Windows，Linux，Solaris	SILAC，ICAT，ICPL	Mascot，SEQUEST，X! Tandem，OMSSA，Spectrum Mill	.raw，mzXML，mzData
AYUMS	各平台通用	SILAC	Mascot	.dat

续表

软件	操作系统	标记技术	支持的数据库搜索软件	源文件
XPRESS	Windows，Linux，OSX	SILAC，ICAT，ICPL	Mascot. SEQUEST，X！Tandem，Phenyx，ProbID	mzXML
ASAPRatio	Windows，Linux，OSX	SILAC，ICAT，ICPL	Mascot，SEQUEST，X！Tandem，Phenyx，ProbID	mzXML
MSQuant	Windows	SILAC，ICAT，ICPL，^{14}N/^{15}N	Mascot	. wiff，. raw，. dat
ZoomQuant	Windows，Linux，OSX	^{18}O	SEQUEST，Mascot	. raw
RAAMS	Windows Linux，OSX	^{18}O	—	mzXML
Quant	MATLAB 脚本	iTRAQ	Mascot，SEQUEST	. wiff
iTracker	Perl 脚本	iTRAQ	Mascot，SEQUEST	—
Multi-Q	Windows，Web server	iTRAQ	Mascot，SEQUEST，X！Tandem	. wiff，. raw，. baf
Libra	Windows，Linux，OSX	iTRAQ	Mascot，SEQUEST，X！Tandem，Phenyx，ProbID	mzXML

（二）无标记定量方法

无标记定量方法直接分析大规模鉴定蛋白时产生的质谱数据，无须进行标定处理。根据其不同的实验策略，无标记定量方法主要有两种：液相色谱-质谱联用（LC-MS）和液相色谱-串联质谱联用（LC-MS/MS），其主要差别在于是否利用串联质谱分析来鉴定肽段和蛋白质。这两种实验策略在数据分析流程上有很大的区别，其计算流程分别对应于图6-1的流程一和流程二。

无须鉴定结果的定量方法以一级图谱数据为处理对象，其定量数据处理主要包括以下六个步骤：

（1）数据预处理及谱峰检测。主要目的是从含有大量噪声的单个一级图谱中提取真实的肽段信号峰；

（2）基于信号强度提取肽段定量信息。在保留时间轴上，构建肽段的离子流色谱峰，并根据离子流色谱峰计算出肽段的丰度表征；

```
                          ┌──────────────┐
                          │  样本预处理   │
                          │  蛋白质酶切   │
                          └──────┬───────┘
                                 │
                          ┌──────▼───────┐
         流程一            │   肽段混合物   │         流程二
                          └──────┬───────┘

  ┌─────────────────────────────│──────────────────────────────────┐
  │              起点     ┌──────▼───────┐                           │
  │ ┌───────────────┐    │  经液相色谱–  │    ┌──────────────┐       │
  │ │ 数据预处理及谱峰检测│◄──│  质谱联用技术  │──►│   基于强度    │      │
  │ └───────┬───────┘    │  产生一级图谱  │    │  提取定量信息  │      │
  │         │            └──────┬───────┘    └──────┬───────┘       │
  │ ┌───────▼────────────┐      │                   │               │
  │ │基于信号强度提取肽段定量信息│      │            ┌──────▼───────┐ ┌──────────────┐
  │ └───────┬────────────┘      │            │   数据归一化   │ │  蛋白质丰度比  │
  │ ┌───────▼───────┐           │            └──────┬───────┘ │ 计算及统计学分析 │
  │ │  保留时间对齐   │           │                             └──────────────┘
  │ └───────┬───────┘           │
  │ ┌───────▼───────┐           │
  │ │   数据归一化   │           │
  │ └───────┬───────┘           │            ┌──────────────┐ 方法Ⅱ ┌──────────┐
  │ ┌───────▼───────┐           │     方法Ⅰ  │  搜库结果    │─ ─ ─►│  图谱计数  │
  │ │ 目标肽段及其定量信息│──────────┤──────────►│  质量控制    │      └──────────┘
  │ └───────┬───────┘           │            └──────────────┘
  │ ┌───────▼───────┐           │
  │ │ 精确质量时间标签库│           │
  │ └───────┬───────┘    ┌──────▼───────┐ 起点 ┌──────────────┐
  │ ┌───────▼───────┐    │  经串联质谱技术 │────►│   数据库搜索   │
  │ │ 肽段/蛋白质序列匹配│◄──│  产生二级图谱  │    └──────────────┘
  │ └───────┬───────┘    └──────────────┘
  │ ┌───────▼───────┐
  │ │  蛋白质丰度比   │
  │ │ 计算及统计学分析 │
  │ └───────────────┘           实验部分
  └──────────────────────────────────────────────────────────────┘
```

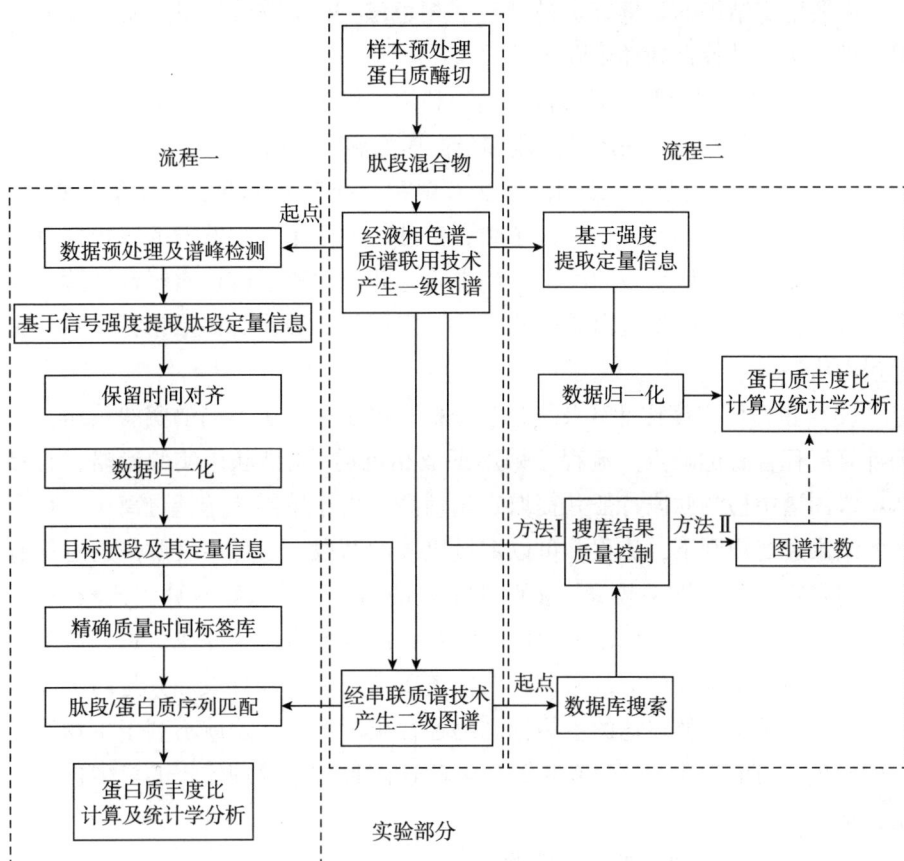

图 6-1　蛋白质组无标记定量分析方法的典型计算流程

（3）保留时间对齐。目的是消除不同实验中同一肽段的色谱保留时间偏差；

（4）数据归一化。目的是消除不同实验之间肽段信号强度的系统误差；

（5）肽段/蛋白质序列匹配。通过精确质量时间标签进行数据库搜索或通过药物靶标式液相色谱–串联质谱联用分析，可以将无序列信息的目标肽段匹配到肽段/蛋白质序列；

（6）蛋白质丰度比计算及统计学分析。由肽段的定量值推断出对应蛋白质的丰度比，然后通过统计学分析找出显著差异表达的蛋白质，从而确定候选的生物标志物。值得注意的是，在临床诊断中可能无须肽段和蛋白质的序列信息，而是构建特定生物样品的质谱分析特征矩阵，利用数据特征直接刻画或者表征样品。

需要鉴定结果的定量方法是针对液相色谱-串联质谱联用策略的实验数据处理方法，其数据处理步骤如下：

（1）数据库搜索及结果质量控制。利用二级图谱，通过数据库搜索和结果质量控制，得到高可信度的肽段和蛋白质的鉴定结果；

（2）定量信息提取。常用的方法有两种，即信号强度法和图谱计数法，分别对应图 6-1 中流程二的方法Ⅰ和方法Ⅱ。方法Ⅰ利用肽段的鉴定信息返回到一级图谱中提取肽段的离子流色谱峰，并根据离子流色谱峰计算肽段的丰度表征；方法Ⅱ则把蛋白质中肽段的鉴定图谱总数作为定量指标，只能定量蛋白质；

（3）蛋白质丰度比计算及统计学分析。由于采用了不同的实验策略，两种计算流程各有优缺点。流程一采用了液相色谱-质谱联用实验策略，直接从一级图谱中检测肽段特征并提取定量信息。由于不需要选择母离子，在合适的结果过滤规则下，流程一可以定量更多的肽段，对低丰度肽段的定量有利，但是存在假阳性率较高、多肽段重叠的情况，并且定量算法比较复杂，运算时间较长。流程二可以利用肽段和蛋白质的鉴定结果完成定量，假阳性率较低。但由于采样效应的限制，肽段覆盖率较低，并且大部分是高丰度肽段，而许多重要差异表达的生物标志物往往丰度较低，这就不利于生物标志物的发现。目前为止，还没有相关文献对这两种数据处理流程的优劣进行系统评估。

1. 无标记定量算法的核心问题

无标记定量的两种典型计算流程采用的实验策略不同，导致数据处理步骤有很大差异。首先，流程一采用谱峰检测算法确定定量对象，而流程二的定量对象则通过数据库搜索和结果质量控制来获取，其中数据库搜索鉴定一般由商业化的软件完成，例如 SEQUEST 和 Mascot，结果质量控制也有比较成熟的方法和软件。其次，图谱计数法是流程二特有的定量方法。再次，保留时间对齐是流程一必不可少的数据处理步骤，而流程二则不需要。最后，在推断蛋白质丰度比之前，流程一需要匹配出肽段/蛋白质序列。尽管如此，两种计算流程具有相同的数据归一化、蛋白质丰度比推算及统计学分析步骤。下面讨论两种数据处理流程涉及的核心算法。

（1）数据预处理及谱峰检测。数据预处理及谱峰检测是流程一的基础，其主要目的是从含有大量噪声的一级图谱中提取肽段信号峰。与二级图谱相比，一级图谱包含了所有检测到肽段的信息，但是其中只有很小一部分质谱信号属于肽段信号，其余为随机噪声、化学噪声等干扰信号。因此，准确、快速地提取肽段信号峰至关重要。数据预处理和谱峰检测有很多可选的算法，针对不同的质谱数据，处理算法也不尽相同。

对于低精度的质谱数据，目前讨论较多的是 MADLI/SEDLI 实验数据的谱峰检测。数据预处理及谱峰检测处理过程包含以下三个步骤：

1）噪声滤波。主要目的是去除图谱中的随机噪声，包括移动平均滤波、Savitzky-Golay 滤波、高斯滤波、连续或离散小波变换、Hilbert-Huang 变换等算法；

2）基线去除。估计并去除图谱中的基线，其算法包括单调局部最小、线性插值、移动平均最小值、连续小波变换等；

3）峰识别。主要从噪声和基线去除后的数据中识别出肽段信号峰，峰识别的准则有信噪比、峰强度阈值、局部最大值、峰宽和峰形等。

上述三个步骤都有很多算法可供选择，并且不同算法组合的性能差别很大。Cruz Marcelo 等和 Yang 等对之前的处理低精度的 MADLI/SEDLI 实验数据的谱峰检测算法进行了综述与评估，一致认为基于连续小波变换的谱峰检测算法的整体效果最好。

对于高精度的质谱数据，其谱峰检测与低精度数据类似，但可以利用高精度数据的特点过滤噪声信号峰。此类谱峰检测算法可以归纳为如下两类：

1）利用肽段的天然同位素分布过滤噪声信号。由于噪声信号通常不会显示为具有一定保留时间的多电荷同位素分布峰，所以这一规则可以保证在去除噪声干扰信号的同时，识别强度较低的肽段离子信号。需要指出的是，若两个同位素分布模式部分重叠，则这类方法可能失效，并且估计的天然同位素分布与实际的分布存在偏差；

2）利用飞行时间数据中化学噪声的特点过滤噪声信号。这类算法在去除化学噪声的同时，也丢失了那些强度低于或接近于化学噪声的肽段信号峰。相比于低精度的质谱数据，针对高精度质谱数据的谱峰检测算法的研究还比较少。如何利用高精度数据的特点快速准确地检测出肽段信号峰是今后谱峰检测的研究重点。

（2）定量信息提取。定量信息提取是定量数据处理中的基本步骤，在很大程度上决定了定量结果的精度，主要完成计算肽段或蛋白质定量指标的工作。目前的定量信息提取方法主要有两种：信号强度法（signal intensity method）和图谱计数法（spectral counting）。

利用信号强度法提取肽段定量信息的过程，主要包括从一级图谱中解析肽段信号、构建肽段沿保留时间展开的离子流色谱峰、处理离子流色谱峰并计算肽段定量指标。流程一和流程二的此类定量信息提取算法类似，但是在提取定量信息之前，流程一需要采用质荷比误差匹配原则、聚类等用于峰对齐的算法，识别不同图谱中相同的肽段信号峰。

这种定量信息的具体提取方法有很多，其区别主要表现在以下五个方面：

1）去噪方法。解析肽段信号之前，某些方法对一级图谱进行了去噪处理，去噪方法分为小波去噪、滑动平均去噪和 Savitzky-Golay 滤波等；

2）肽段信号的图谱解析。可以采用肽段信号峰的峰值、峰内信号强度之和、峰平滑后的面积及峰拟合后的面积等方法来完成从一级图谱中解析肽段信号；

3）核素峰。可以使用单一核素峰、信号强度最高的核素峰或前三个核素峰来提取肽段的定量信息；

4）离子流色谱峰的处理方法。某些方法使用小波去噪、平滑去噪、正则化或连续性截断等方法处理离子流色谱峰，也有些方法不处理离子流色谱峰；

5）计算定量指标。可以将处理后的离子流色谱峰的峰值、峰内信号强度之和或者峰面积作为肽段的定量值。

根据蛋白质丰度越高，对应肽段被鉴定的概率就越大的原理，图谱计数法无须各种复杂的数据处理步骤，只需统计肽段的鉴定图谱数，将蛋白质中肽段的鉴定图谱总数作为定量指标。图谱计数法于 2004 年提出，通过分析标准蛋白的质谱数据，研究人员发现在超过两个数量级的范围内，蛋白质的鉴定图谱总数与其浓度呈线性关系，因此可利用肽度和鉴定图谱数估计蛋白质的定量信息。由于概念简单、运算速度快等特点，图谱计数法受到不少学者的关注。为了进一步提高这类方法的实用性，现已发展出多种校正的图谱计数法。

信号强度法和图谱计数法都是常用的定量方法，研究人员系统地评估了这两种定量方法的优劣。针对液相色谱-串联质谱联用策略的实验数据，有研究表明，图谱计数法在检测显著差异表达的蛋白质方面更加灵敏，但对于鉴定图谱总数很少的蛋白质，这类方法往往会过度估计其丰度比。而信号强度法能够更准确地估计蛋白质的丰度比且不受鉴定图谱数的影响，但其数据处理流程相对复杂，运算速度较慢。部分研究认为，图谱计数法具有更好的可重复性、结果更准确，但是信号强度法可估计的定量结果的动态范围更大。上述评估都是针对中低精度的质谱数据进行的。2010 年，针对 FT-LTQ 高精度数据，Grossmann 等实现了基于信号强度的定量算法，经比较发现，无论在动态范围方面，还是在定量准确性和可重复性方面，信号强度法都要优于图谱计数法。尽管如此，整合两种方法的定量结果可能是提高定量算法整体性能的有效途径。

（3）保留时间对齐。保留时间对齐的主要目的是消除不同实验中同一肽段的色谱保留时间偏差。要比较不同状态下肽段/蛋白质的表达差异，就必须辨别出不同实验中的相同肽段。需要鉴定结果的定量算法可以根据序列信息来辨别相同肽段，而无须鉴定结果的定量算法则通过设置质荷比窗口和色谱保留时间窗口来实现相同肽段的辨别。虽然不同实验中的同一肽段在质荷比轴上产生的偏差很小，但是在保留时间轴上却会发生很大的偏移，所以实现不同实验间保留时间的对齐是精确定量的关键。总的来说，保留时间对齐方法可以归纳为两类：特征数据对齐（peak-based alignment）法和谱数据对齐（profile-based alignment）法。特征数据对齐法使用谱峰检测提取的肽段信息，以实现对齐。谱峰检测可以把具有几百万个数据点的图谱缩减到只有几百或者几千个肽段信号峰的特征图谱，显著降低了计算复杂度。谱数据对齐法利用未经处理的原始质谱数据实现对齐，与特征数据对齐法相比，该方法所用的庞大的数据量对算法和计算平台性能的要求明显更高，但是可以充分利用原始图谱中的许多有用信息。

（4）数据归一化。数据归一化的主要目的是消除不同实验间肽段信号的系统误差。在质谱实验中，由于不同的离子化效率、图谱采样效应等原因，即便相同实验中浓度相等的不同肽段，或者不同实验中浓度相等的同一肽段，其信号强度也可能存在很大偏差。因此，为了获得更准确的定量结果，对肽段信号的归一化处理是十分必要的。数据归一化方法可分为两类：第一类在实验样本中加入"内标"或"外标"标准蛋白质，构建归一化标准曲线；第二类是基于统计学模型的归一化方法。前一类方法虽然高效，但是样本处理技术的复杂性限制了其使用范围，所以目前大都采用后一类方法。这类方法是在处理 DNA 微阵列数据时引入的，大都被直接应用或间接推广到基于质谱分析的蛋白质定量数据中，其中包括全局归一化、线性回归归一化、局部回归归一化、分位数归一化和 LOWESS 等。

（5）蛋白质丰度比计算。蛋白质丰度比计算的主要目的是根据肽段的定量值推断出对应蛋白质的丰度比。除了图谱计数法，流程一和流程二都是肽段水平的定量，而定量分析的主要目的是从各组实验数据中找出显著差异表达的蛋白质，所以蛋白质丰度比计算至关重要。

2010 年，Carrillo 等评估了六种蛋白质丰度比计算方法，分别是肽段定量比值的平均值、肽段定量值之和的比值、Libra 比值、线性回归、主成分分析和总体最小二乘法。结果表明，使用肽段定量值之和的比值作为蛋白质的丰度比，其效果最好。但正如大多数定量方法，该研究并没有考虑蛋白质丰度比推算中的两个重要的问题：数据缺失问题，即肽段的定量值在某些实验中存在，而在另一些实验中没有记录；共享肽段在不同蛋白质间的丰度分配问题，共享肽段是那些能够匹配多个蛋白质的肽段，它们可能源于不同蛋白质的酶切。

（6）统计学分析。统计学分析的主要目的是根据蛋白质的丰度比寻找具有显著差异表达的蛋白质。一般来说，蛋白质的丰度差异表达不仅反映了生物样本中真实的差异，而且包含了各种随机误差，如生物重复样本的随机影响、仪器的测量误差等，所以需要利用假设检验来确定蛋白质是否存在显著差异表达。

对于两组数据的差异性检验，一个成熟的假设检验方法是 T 检验。对于不服从正态分布的数据，也可以使用非参数假设检验方法，如置换检验和 K–S 检验。若实验包括两组以上的定量测量值，则可以使用方差分析和 Kruskal - Wallis 检验。为了更好地分析无标记定量数据，研究人员提出了很多新的统计学分析方法。其中，Tan 等认为用多种统计学方法同时得到显著差异表达的蛋白质更加可靠，所以利用四种不同的统计学方法检验同一批数据，得到更可信的显著差异表达的蛋白质。

经过统计学分析之后，可以得到一系列显著差异表达的蛋白质，称其为候选生物标志物，而真正的生物标志物需要通过多级反应检测（Multiple Re-action Monitoring，MRM）技术或基于抗体的检测技术，经过候选生物标志物验证及反复的临床验证得到。

2. 无标记蛋白质组定量分析软件

常用的无标记蛋白质组定量分析软件见表 6-2。这些软件具有不同的特点和用途，大部分可以免费下载使用，有些软件还公开了源代码。

表 6-2 常用的无标记蛋白质组定量分析软件

策略	软件	操作系统	数据类型	数据格式	备注
流程一	SpecArray	Linux	FT-LTQ，OrbiTrap，QTOF	mzXML	整合在TPP中
	MsInspect	Linux，OSX，Windows	ESI-Tof，OrbiTrap，FT-LTQ，QTOF	mzXML	用户界面，命令行
	MapQuant	Linux，Windows	LCQ，FT-LTQ	mzXML，mData，hmsXML	用户界面
	TOPP	Linux，OSX，Windows	LTQ，ESI Tof	mzXML	用户界面
	PEPPeR	Linux，OSX Windows	FT-LTQ. OrbiTrap	mzXML	整合在Gene Pattern中
	SuperHirn	Linux，OSX	FT-LTQ，OrbiTrap，QTOF	mzXML	整合在TPP中
	DeepQuanTR	Windows	LC-MALDI-MS	txt，mzXML，mzData	用户界面
	SIEVE	Windows	Thermo的MS数据	raw	用户界面
	Expressionist	Windows	Thermo/Bruker/Warters仪器	raw	用户界面
流程二	T3PQ	Windows	FT-LTQ，OrbiTrap	mzXML	命令行
	Census	Windows	FT-LTQ，LTQ等	mzXML，pepXML，MS	命令行
	IDEAL-Q	Windows	ESI-Tof，OrbiTrap，FT-LTQ，QTOF	mzXML	用户界面
	PeptideQuant	Windows	LC-ESI-MS	mzXML	MATLAB工具箱
	APEX	Windows	FT-LTQ，LTQ，QTOF	protXML	用户界面，图谱计数
	ProtQuant	Windows	FT-LTQ，LTQ，QTOF	sequantXML	用户界面，图谱计数

以上两种数据处理流程都有各自相同或不同的数据处理步骤，而不同的

处理步骤中又有多种算法可供选择。如何选取其中几种性能较优的算法并组合设计新的定量软件，是一项重要的研究课题。

四、翻译后修饰

蛋白质翻译后修饰对于蛋白质的成熟、结构和功能多样性具有决定性的作用。由于蛋白质翻译后修饰的多样性、普遍性和动态性，传统的生物化学方法难以在全局水平上实现高通量的翻译后修饰研究。目前，在合理实验设计的基础上，生物信息学方法为快速、高通量地预测和鉴定蛋白质翻译后修饰提供了有效的工具。一方面，可以从序列角度出发，基于酶识别底物的特异性，用位点权重矩阵、支持向量机等算法，从底物蛋白质序列中提取与修饰相关的保守序列，用于预测翻译后修饰位点。这种方法相对成熟，能够获得较理想的预测准确性，但是无法反映不同时间、不同细胞的翻译后修饰状态。另一方面，可以从质谱数据分析出发，捕获细胞内翻译后修饰的动态特性。质谱分析的高灵敏度、高准确度和高通量的能力，使得建立在质谱基础上的蛋白质组学成为研究翻译后修饰的重要工具，生物信息学方法和基于质谱的蛋白质组学的结合使用则加速了翻译后修饰的研究进程。目前，翻译后修饰鉴定仍是计算蛋白质组学中的研究热点和研究难点。

使用计算方法从串联质谱中鉴定翻译后修饰可以分为两种情况：第一种是修饰类型已知，修饰位点个数有限制，称为有限制翻译后修饰鉴定；第二种是修饰类型未知，修饰位点个数无限制，称为无限制翻译后修饰鉴定。重要的蛋白质翻译后修饰类型包括磷酸化（磷酸化酪氨酸、磷酸化丝氨酸、磷酸化苏氨酸）、糖基化（N端连接和O端连接）、乙酰化、甲基化、脂肪酸修饰、硫酸化、脱酰胺化、泛素化和类泛素化。

翻译后修饰通常会作用于特定的氨基酸，而且经修饰后，这一类氨基酸会增加相同的分子量，如磷酸化肽段因为加入磷酸化基团而产生+80的质量偏移。翻译后修饰引起的肽段质量偏移表现为修饰蛋白质在一维电泳和质谱峰中的相位漂移。通过质谱技术测定多肽离子片段的质量来鉴定肽段，有可能检测出翻译后修饰导致的质量偏移，进而识别发生翻译后修饰的蛋白质。

蛋白质的翻译后修饰表现为蛋白质序列上某些位点的氨基酸附着了修饰分子或离子基团（如钠、钾修饰），因此基于质谱的蛋白质翻译后修饰鉴定的核心问题是翻译后修饰类型和翻译后修饰位点的鉴定。现有的算法分为如下两类。

（1）数据库搜索方法。即通过修饰图谱与未修饰图谱比对来发现翻译后修饰。此类方法的代表工具是 ModifiComb 和 Spectral network。ModifiComb 以 Mascot 鉴定结果为基础，利用修饰肽段与未修饰肽段之间的分子质量差 Δm，以及它们在高效液相色谱分离时的色谱保留时间差 ΔRT，使用碰撞活化解离（collisionally activated dissociation，CAD）图谱并结合电子捕获解离（electron capture dissociation，ECD）图谱，进行大规模修饰鉴定，一次可鉴定上百种已知与未知的修饰。Spectral network 则通过图谱间比对进而构建图谱网络的方式进行无限制翻译后修饰鉴定，在降低计算复杂度和发现低丰度修饰方面具有优势。这类方法的缺陷是无法鉴定不存在对应未修饰肽段的图谱。

（2）从头预测方法。即通过图谱与理论碎裂图谱比对或与同源蛋白质序列比对来鉴定翻译后修饰。翻译后修饰的从头预测方法又可细分为两类。一类方法是通过图谱和未修饰肽段理论图谱的匹配进行翻译后修饰鉴定，代表工具是 MS-alignment。近年来已发展的其他工具包括 TwinPeaks、SeMop、SIMS 和 PTMap。MS-alignment 沿用了基因组时代序列比对算法的概念，使用了局部最优的动态规划算法来比对图谱，后被 Bandeira 发展为 Spectral network。Baumgartner 等开发了 SeMop，将初步搜索获得的高可信蛋白质理论酶切肽段作为图谱比对对象，在二级图谱水平上发现重复出现的潜在修饰类型，可以发现单一肽段上的多个修饰。此外，Havilio 等在 TwinPeaks 中修正了修饰图谱与理论图谱的交互关联。Liu 等开发了非限制搜索工具 SIMS，在实验谱中引入"ghost peaks"来寻找可能的氨基酸残基，通过与理论酶切肽段进行局部最优匹配，从而获得候选修饰肽段。另一类是基于标签的方法，代表工具是 OpenSea、GutenTag、Popitam 和 MODi。其中，Paek 教授的研究小组开发了翻译后修饰鉴定工具 MODi，利用从头测序方法产生肽段序列标签，并通过多序列标签构造标签链来快速定位翻译后修饰区域。

除了上述两大类方法，Falkner 等人使用了有限元方法进行非限制翻译后修饰鉴定。

第四节　蛋白质组学的未来展望

在后基因组时代，蛋白质组学成为生命科学的研究热点。经过多年的探索，蛋白质组学在研究内容、实验技术策略、研究目标等方面都取得了显著进展，研究目标更加理性和实用化。多种应用研究，如临床蛋白质组学（clinical proteomics）、生物标志物发现（biomarker discovery）、定量蛋白质组学（quantitative proteomics）等不断地深化和发展。尽管蛋白质组学有了很大的发展变化，但是大规模地研究和刻画蛋白质，从整体上分析和发现规律，以及从实验数据出发并利用各种数据库、知识库进行综合分析，一直都是蛋白质组学的基本研究方法。而质谱技术作为蛋白质组学研究的主流技术，在表达、修饰、定位、复合体、定量等分析方法中发挥着重要的作用。

为了满足复杂样品分析的需要，质谱技术近年来得到了长足发展，推出了各种高精度、高通量、高灵敏度的质谱平台。电离技术（如电喷雾、基质辅助激光解吸）、色谱分离技术（如反相色谱、在线反相色谱、高效液相色谱）、与质谱直接串联的分析技术（如离子迁移谱）、稳定核素标记（如 $^{18}O/^{16}O$、$^{14}N/^{15}N$、SALIC 和 iTRAQ 等）、样品富集技术（如磷酸化蛋白质 TiO_2 富集）等相关技术也不断地推陈出新。技术探索和发展为蛋白质组学研究提供了丰富的工具，同时也成为数据分析方法不断发展、革新的源动力。经过广泛探索，学术界已认识到复杂的质谱数据分析是"平台相关的"，这就意味着算法和建模研究必须为不断发展的实验平台提供新的计算工具。

在仪器平台进步的基础上和生物问题的驱动下，国内外的蛋白质组学研究团队都对实验策略和实验方法进行了大量探索。例如，基于 LTQ-Orbitrap 的自顶向下和自中向下的实验策略，正在不断地扩展分子量动态分析范围，在修饰分析等应用中发挥了重要的作用；多反应离子监测技术使质谱分析更加具有目的性，为生物标志物验证提供了一种可行策略；影像质谱技术可以对样品进行直接的谱分析，能够批量建立蛋白质在细胞中的分布图谱，提供更高维的数据模式；对实验可重复性要求比较高的无标记定量也得到越来越多的应用，出现了液相色谱-质谱联用和液相色谱-串联质谱联用这两种典型分析策略，成为大规模发现生物标志物的重要方法。这些探索产生了大量的质谱数据分析和计算问题，为蛋白质组生物信息学研究提供了广阔的空间。

第七章　生物信息学在新药研发中的应用研究

生物信息学是一门综合性非常强的学科，其在新药的研制工作中所具有的功能和优势主要在于能够充分的挖掘出药物所具有的作用和疗效等一系列相关的价值，同时也能够为药物的研究和开发提供相应的参考。本章主要介绍生物信息学在新药研发中的应用研究，内容包含新药研发基础理论、疾病相关的数据库资料分析、用于药物靶标发现的生物信息学方法以及潜在药物靶标的生物信息学验证分析等，充分阐述信物信息学在新药研发中的优势与重要作用。

第一节　新药研发的基础理论

下面分别介绍疾病研究和药物开发中的几个基本概念：癌基因（cancer gene）、生物标志物（biomarker）、药物靶标（drug target）和先导化合物（lead compound），然后说明生物信息学在以药靶为基础的新药研发中的作用。

一、癌基因

癌基因是指人类或其他动物细胞固有的一类基因，又称转化基因，它们一旦活化便能促使人或动物的正常细胞发生癌变。癌症相关基因在癌症的发生、发展、治疗和预后中发挥重要的作用。癌症相关基因的发现是疾病机制研究和药物开发的一个关键环节。癌症的发生和发展往往由一个或多个基因的突变所引起，只有找到这个导致病变的主要聚焦点，才能深入地了解疾病产生过程。

二、生物标志物

生物标志物是指可以标记系统、器官、组织、细胞及亚细胞结构或功能的改变，或可能发生的改变的生化指标。生物标志物在临床上具有重要的应用价值，通常从患者的肿瘤、血液、血浆或体液等组织中获取，可用于疾病诊断（例如前列腺特异性抗原可用于前列腺癌诊断）、判断疾病分期（例如恶性肿瘤的分期）或用于评价新药或新疗法在目标人群中的安全性及有效性。一般来说，生物标志物分为三种：预兆型（prognostic）、预测型（predictive）和药效评估型（pharmacodynamic）。预兆型标志物着重于对疾病发生和变化过程本身的标示与描述，用于区分不同疾病的严重程度，为选择治疗方案提供参考。预测型标志物用于预测疾病是否适合相应的治疗策略。而药效评估型标志物用于判断在使用药物治疗后的短期阶段内患者的恢复情况，指导用药剂量。

三、药物靶标

药物靶标是指体内具有药效功能并能被药物作用的生物大分子，如某些蛋白质和核酸等。目前，已知的药物靶标共有 500 个左右，其中 98% 以上的药物靶标属于蛋白质，包括多种受体和酶等。作为药物靶标向设计和治疗的直接对象，药物靶标应具有一些独特的属性。一个理想的药物靶标应具有如下特点：

（1）对疾病治疗的有效性（efficacy）。作为药物靶标的蛋白质必须在病变细胞或组织中表达，并且在细胞培养体系中可以通过调节药物靶标活性产生特定的效应，然后在动物模型中再现这些效应，最后，证明药物在人体内有效之后，才能真正确证药物靶标的价值；

（2）药物作用于靶标后引起的毒副作用小；

（3）可药性（druggability），作为药物靶标的蛋白质必须能以适当的化学特性和亲和力结合小分子化合物。药物靶标的生物学特性决定了其的有效性和中靶毒性，而药物靶标的生化特性决定了其的可药性。从理论上讲，只要找到了药物作用的药物靶标分子，就能根据其特点开发和设计药物，进行靶向治疗。

四、先导化合物

先导化合物简称先导物，也称原型物，是通过各种途径或方法得到的具有一定生物活性的化学物质，有可能进一步优化而得到供临床使用的药物。

当确认了一个有用的治疗药物靶标之后，就可以依据其结构特性识别先导化合物，进行新药的设计与开发。首先，需要进行化合物筛选，根据其与药物靶标的结合程度来发现潜在的先导化合物。其次，这些候选的化合物进入优化阶段，应用药物化学提高先导物对药物靶标的专一性，优化化合物的药物动力性能和生物可利用率。最后，进行化合物的临床前试验，即动物试验。通常，先导化合物存在活性不高、特异性差、毒副作用大或药代动力学性质差等缺点，但以此为基础进行一系列的优化后，就很可能得到该结构类型的新型药物。

五、生物信息学对药物研发的作用

在药物研发过程中，生物信息学方法对于相关数据的存储、分析和处理，以及新药物靶标的发现和验证，都具有重要的作用。传统方式通过基因关联分析或基因融合技术来发现疾病相关基因，不仅费时费力，而且成功率较低。尤其对于与多个基因相关的复杂疾病，如癌症，传统方法难以奏效。随着基因组、转录组、蛋白质组学技术的发展，为疾病治疗和药物研发提供了更多的生物数据和有用信息，但也使数据处理的难度大大地增加。而生物信息学方法可以克服传统生物学方法耗时长、效率低等缺点，批量地处理大规模的疾病相关组学数据，从中挖掘新的疾病相关基因、生物标志物和药物靶标。同时，可从基因表达水平、功能注释或网络分析等多个角度对疾病发生机制进行解读，给出药物作用过程的整体描述。因此，采用生物信息学方法预测潜在药物靶标并进行药物开发，已经成为疾病研究的一个重要途径。

第二节　疾病相关的数据库资源分析

一、疾病相关的基因数据库

当研究某个基因时，人们最感兴趣的问题之一是：它是否与疾病相关？

有两种方法可以实现疾病相关基因的查询：通过数据库查询基因与疾病的相关性；或者，如果该基因与疾病的关系未知，则可以尝试将基因在染色体上的位置与疾病进行对应。目前，已有一些数据库存储了与疾病相关的基因信息，方便研究人员对相关的基因或蛋白质进行查询和比较。与人类疾病相关的基因存储在 OMIM、LocusLink、COSMIC 和 Cancer Gene Census 等数据库中。孟德尔人类遗传学数据库 OMIM 是分子遗传学领域重要的生物信息学数据库之一，是人类基因和遗传性疾病的电子目录，提供疾病与基因、文献、序列记录、染色体定位及相关数据库的链接。COSMIC 数据库存储了癌症相关的候选基因，提供体内基因变异信息及人类癌症的相关细节。Cancer Gene Census 收录了通过文本挖掘获得的癌症相关基因，这些基因在变异时与癌症表现出可能的因果关联。GeneRif 系统提供与疾病高度相关基因的注释信息。同时，收录基因变异信息的数据库也是疾病研究的重要资源。人类基因变异数据库（如 dbSNP）提供了大量的基因变异信息，包括单核苷酸多态性（SNP）等。而通过全基因组关联研究中心可查询已知的人类易感基因关联研究结果，进行在线基因关联分析。此外，基因组规模的关联数据库、遗传关联数据库等也为基因查询提供了丰富的注释信息。

二、候选药物靶标数据库

与疾病相关的基因相比，已知药物靶标的数目要少得多。通过对已成功应用于药物靶标进行鉴别，治疗药物靶标数据库（therapeutic target database，TTD）提供了已知的诊疗目标、疾病条件和对应的药物。通过 TTD 数据库中的链接也可以方便地检索蛋白功能、氨基酸序列、三维结构、配体结合特性、药物结构、治疗应用等信息。DrugBank 是免费药物数据库，覆盖大量药物及其药物靶标相关信息。DrugBank 支持多种搜索模式并提供可视化软件，便于检索药物及其药物靶标的相关信息。对于每种药物，该数据库提供了近 100 项信息，包括药物作用药物靶标及其单核苷酸多态性、药物不良反应和文献的链接等。潜在药物治疗药物靶标数据库（Potential Drug Target Database，PDTD）是国内建立的免费药物靶标数据库。该数据库通过文献和数据库挖掘的方式，收集了超过 840 个已知或潜在的药物靶标，并提供蛋白质结构、相关疾病和生物学功能等信息。

三、疾病相关的基因芯片数据库

基因芯片数据库是药物靶标发现的重要来源，人们已经建立了一些专门的数据库用于存储疾病相关的基因芯片数据。微阵列数据仓库（gene expression omnibus，GEO）作为存储基因芯片的主要数据库资源，包含丰富的疾病相关的基因芯片数据。2003 年 10 月，Daniel 等建立了 ONCOMINE 数据库，专门收集癌症相关的基因芯片数据集，提供在网页基础上的数据挖掘和基因组规模的表达分析。其他基因芯片数据库还有斯坦福基因芯片数据库、EBI 芯片表达数据库，以及 MIT 癌基因组工程等。

四、其他相关数据库

药物靶标通常具有特定的生物学功能，分析基因产物的分子类型（例如酶）、亚细胞定位（如细胞表面）和生物学通路（如血管新生）对于预测潜在药物靶标具有重要的意义。蛋白质的功能信息主要存储在数据库 GO 和 KEGG 中，它们提供了多个物种中基因产物的生物学功能、定位和通路信息。有关蛋白质相互作用网络和生物学通路的数据库资源也非常丰富，如 DIP、Reactome、HPRD 和 Biotarca 等。此外，有些数据库专门存储生物学网络的定量数据，例如 BioModels 和 JWS online 数据库收集了各种化学反应网络的数学模型，并且规模一直在稳步增加。

第三节　用于药物靶标发现的生物信息学方法

传统药物的发现是从自然界中发现药物并随机筛选药物。由于不能从基础分子水平了解疾病发生的实质，其药物开发周期较长，药效也不尽如人意。随着人类基因组计划的完成及后续功能基因组学、结构基因组学和蛋白质组学研究的开展，药物研发的策略发生了深刻的改变，形成了药物研究的新模式——以机制为基础和以靶结构为基础的新药开发过程。这是人类药物发现史上的一次突破性革命。基因组学和蛋白质组学不仅大大地增加了药物靶标的潜在数量，而且对制药工业开发创新药物的能力也产生了直接的影响。与传统药物开发过程中先发现药物疗效再阐明药物作用机理的方法不同，新药研发以药物作用的药物靶标为基础，在对致病机制有一定了解的基础上进行针对性的药物设计和开发，不仅缩短了研发周期，而且能够尽可能地提高药效和减少毒副作用。

药物靶标筛选和功能研究是发现特异的高效、低毒性药物的前提和关键。常见的用于药物靶标发现的实验方法包括：微生物基因组学、差异蛋白质组学、核磁共振技术、细胞芯片技术、RNA 干扰技术、基因转染技术和基因敲除技术等。但仅凭实验技术还远远不够，生物信息学方法作为数据分析和处理的有力工具，对于合理的实验设计、基因功能的分析和有效药物靶标筛选发挥了重要作用。药物靶标发现与验证的一般流程如下：

（1）利用基因组学、蛋白质组学及生物芯片技术等获取疾病相关的生物分子信息，并进行生物信息学分析；

（2）对相关的生物分子进行功能研究，确定候选药物作用药物靶标；

（3）针对候选药物作用药物靶标，设计小分子化合物，在分子、细胞和整体动物水平上进行药理学研究，验证药物靶标的有效性。

一、基因组学方法

随着成百上千个真核和原核生物的基因组被完整测序，人们有机会对基因进行大规模的分析和筛选。据估计，整个人类基因组中约有 10% 与疾病相关，从而导致约 3 000 个潜在的药物靶标。因此，从基因组水平研究药物靶标具有很大的探索空间。基因组是人类疾病研究的核心与基础，借助高通量测序技术，研究人员可以更加快速、准确地找到与疾病相关的基因组序列和结构的异常变化，从而确定致病基因或易感位点。

（一）同源搜索方法

丰富的基因组学数据为药物靶标发现提供了基础，目前已有多种方法可用于寻找新的药物靶标。其中，最常用的方法是同源搜索，采用序列比对软件寻找候选基因与已知癌基因之间的序列同源性，如 BLAST 或基于隐马尔可夫的 HMMER 软件包等。然而，新的药物靶标与已知癌基因的序列可能并不相似。因此，有必要分析已知药物靶标中更为普遍的结构特征，如信号肽、跨膜结构域或蛋白激酶域。此类生物信息学工具包括预测信号肽的 SignalP 和预测跨膜结构域的 TMHMM。此外，还可以使用基因预测程序从人类基因组序列中预测新基因，寻找全新的药物靶标，常用的程序是 GeneScan 和 Grail。

另外，可通过比较不同生物的基因组数据来发掘药物靶标。基本方法是在病原微生物的基因组中寻找病原微生物生长和致病所必需的但与人体细胞代谢不同的基因产物，将其作为候选药物靶标。对于病原微生物生长和致病所需而人体不需要的代谢途径，包括该途径的小分子物质，都是理想的药物靶标。即使是人体和病原微生物共同的代谢途径，例如嘧啶核苷酸合成代谢途径，不同的进化层次使得病原细菌对应代谢途径的某些关键酶与人体对应代谢途径的关键酶的编码序列仍有显著差异，对应的关键酶的活性中心精细结构也存在差异。基于这种序列差异和预测的功能域的精细三维结构的差异，能够设计出针对病原菌代谢途径关键酶的高选择性小分子药物。对于某些特殊的微生物，其亚型不同则致病能力显著不同。对于这些病原微生物，分析其表型数据对应的差异基因，是发现新的抗感染药物靶标的有效策略。例如，肺炎链球菌有荚膜型和光滑型 2 种亚型，但其致病能力不同，表明与荚膜形成相关的基因信息与疾病发生可能相关，其对应的编码蛋白可能是候选的药物靶标。

由于人类基因组规模巨大，直接分析人类基因组数据来发掘候选药物靶标的难度相对较大，因此需要一定的线索关联以缩小需要测序分析的基因范围。其中，分析不同基因的位点多态性与疾病发生的内在联系，是寻找潜在候选药物靶标的重要策略之一。通过这种策略可发现疾病关联基因，如属于人体内常用的药物靶标蛋白质家族，以增加其作为新的药物靶标的可能性。

（二）基于合成致死的方法

通过单基因敲除实验能够发现生物体中的必要基因（essential gene）。但以必要基因作为癌症治疗的药物靶标不仅能杀死癌细胞，对于健康细胞也可能是致命的。因此，大多数以单基因作为药物靶标的药物治疗是失败的。双基因的合成致死性（synthetic lethal）为抗癌药物的研究提供了新的前景。给定一个癌症相关的基因，如果该基因在癌细胞中功能缺失或者功能降低，那么以它的合成致死对象作为药物靶标就能构成肿瘤细胞的致死条件，同时降低对健康细胞的损伤。目前，仅在酵母中通过大规模的实验建立了全基因组的合成致死网络。通过同源预测等方法，Conde Pueyo 等重建了人的基因合成致死网络，为抗癌研究中候选基因靶标的筛选提供依据。

目前，已知的单基因病种类较少，仅限于基因组方法得到的药物靶标的作用效果往往不够理想。随着后基因组时代的到来，其他组学数据在药物靶标发现中发挥着越来越重要的作用。

二、转录组学方法

转录组学可从整体水平上研究细胞中基因转录情况及转录调控规律。作为连接基因组遗传信息与生物功能的必然纽带，转录组研究已经成为揭示疾病的基因突变规律、疾病发生发展的重要机制、发现致病基因调控的关键药物靶标的重要研究手段。

（一）基于基因芯片数据

基因芯片技术是转录组学研究的常用技术手段。由于基因芯片技术的高通量、快速、并行化等特点，使得疾病相关的芯片数据资源非常丰富，因此基因表达谱数据是发现生物标志物及挖掘潜在药物靶标的重要依据。但是，由于基因芯片本身存在重复性较差和数据质量不高等问题，需要发展多种有效的分析方法，尤其是能够处理多个数据集、对噪声不敏感的统计方法，以提取海量数据中蕴含的有用信息。

1. 寻找差异表达基因

基因芯片能够一次性地记录疾病状态下成千上万个基因的转录变化情况。通过比较疾病组与正常组的基因芯片数据，寻找显著差异的基因集合，可用于预测相关的生物标志物或药物靶标。

寻找差异表达基因的计算方法很多，最直接的方法是测量变化倍数，即计算两个样本之间同一个基因的表达量之比。尽管变化倍数方法直观有效，但是该方法没有考虑噪声和生物学可变性，尤其是癌症这种本质上多相异质的复杂疾病。因此，更通用的办法是采用尽可能多的疾病样本进行统计学分析，如方差分析和 T 检验等。由于单个基因难以检测疾病状态下翻译模型发生的变化，生物标志物通常包括一组基因，需要一定的聚类方法寻找相关基因的组合。

2. 基因富集分析

高通量的基因组学实验往往产生了很多令人感兴趣的基因，比如表达水平显著改变的基因。解释这些基因背后蕴含的生物学意义是生物信息学的一项主要任务。很多研究小组基于各种生物知识数据库，如基因本体数据库、KEGG 通路数据库等，利用不同的统计分析策略，系统地分析了这些基因中富集的生物过程及信号通路。

常用的基因富集分析方法可以分为三种：单基因富集分析（singular enrichnent analysis，SEA）方法、基因集富集分析（gene set enrichment analysis，GSEA）方法和模块富集分析（modular enrichment analysis）方法。

单基因富集分析是最常用的富集分析策略。首先，研究人员将实验组与对照组相比较，进行单基因统计分析，得到一系列具有显著表达差异的基因列表，然后逐一检验功能注释条目在这些基因中的富集程度，并给出显著富集的 P 值。有很多统计分析方法可以用来检验功能富集的显著性，例如卡方分析、Fisher 精确检验、概率的二项分布及超几何分布等。单基因分析在抽取海量芯片数据背后的生物学意义方面非常有效。例如 Zeeberg 等开发的软件 GoMiner，可以方便地对基因芯片数据中差异表达的基因进行基因本体功能分析。GoMiner 首先将一组基因功能注释映射到基因本体树（GOtree）上。GOtree 是一种通过分级控制的基因功能词汇表，各功能注释条目来源于基因本体数据库。然后，在 GOtree 上标记基因芯片中上调和下调的基因，通过统计检验来对这些基因进行功能富集分析。其他类似的分析工具还有 Onto-Express、DAVID 和 GeneXPress 等。这种富集分析的缺点是找到的功能注释条目数目庞大，不利于进行生物功能和通路分析。

基因集富集分析吸取了单基因富集分析的优点，但是采用了不同的富集显著性分析策略。该分析不用预先挑选差异表达的基因，而是使用全部的基因表达信息。此类分析策略包括 ErmineJ 和 ADGO 等。其中，应用比较广泛的是 Subramanian 等提出的成套基因集通路鉴定方法——基因集富集分析。首先，该方法可利用先验的生物学知识，例如一些已发表的生物通路信息或者基因本体功能条目，确定一系列的基因集合。然后，通过统计计算，赋予每组基因一个富集打分（Enrichment score，ES），进而检测不同分组（例如肿瘤细胞和正常细胞）的基因中的差异显著性水平。最后，调整多重假设检验估计的显著性水平，同时控制假阳性率来得到差异表达的通路列表。该方法中常用的统计分析策略包括 Kolmogorov-Smirnov-like 统计分析方法、T 检验和 Z 打分等。这种功能富集分析策略有两种优点：减少了差异基因挑选过程对富集分析的影响；使用了芯片实验的全部信息。为了进行比较，对于同一肿瘤的两个独立的表达数据集分别进行单基因富集分析和基因集富集分析，可发现常用的单基因分析方法在两个数据集中找到的通路很少有重复，而基因集富集分析方法在两个数据集中能够鉴定出很多共有的生物学通路，说明基因集富集分析策略比单基因分析策略的结果更具有代表性。但是该方法也有一定的局限性，它忽略了各基因表达水平之间的相关性，可能过高地估计显著性水平，进而导致假阳性。

模块富集分析是单基因富集分析的延伸和扩展，在单基因富集分析的基础上集成了一些基于功能注释条目之间关系的网络发现算法。通过在富集计算过程中考虑基因本体条目之间的相互关系，提高了功能富集的敏感性和特异性。相关分析软件包括 Ontologizer 和 GENECODIS 等。该分析策略的主要优点在于：研究人员可以考虑功能注释之间的关系，揭示那些彼此交叉的功能注释条目背后所蕴藏的生物学含义。该分析的局限在于可能忽略掉孤立基因或孤立的注释条目。另外，它也具备单基因富集分析的缺点，即挑选差异表达基因的过程会影响最终的分析结果。

3. 多种来源的基因芯片数据的整合

由于单个芯片数据本身存在的噪声及系统偏差，预测结果往往存在误差。因此，最新的研究通过整合不同实验来源的多组基因芯片的数据，即荟萃分析，来减少单个芯片实验中的误差影响，寻找更通用的生物标志物和药物靶标。

为了整合不同来源的数据集，需要应用多种统计分析方法，其中最简单的方法是 Z 打分归一化，较复杂的方法是提取不同数据集中表达数据的分布特征参数，根据这些特定的参数进行数据集匹配，包括 Distance Weighted Discrinination、Combatting Batch effects、disTran、Median Rank Score、Quantile Discretizing 和 Z 打分变换等整合方法。2004 年，Daniel 等最早开展了针对基因芯片数据的荟萃分析工作，该分析方法包括如下六个步骤：

（1）对单个基因进行差异显著性分析。

（2）设定显著性阈值，筛选具有表达差异的基因作为候选标志物。

（3）按照候选标志物在不同数据集中出现的次数从大到小进行排序。

（4）进行随机扰动实验，计算候选标志物在多数据集中富集程度的总体打分。

（5）设定打分阈值，挑选在多数据集中显著表达差异的基因，组成荟萃标志物。

（6）利用留一验证评估荟萃标志物的分类效果。

利用 ONCOMINE 数据库，他们收集了 40 个独立数据集（超过 3 700 个芯片实验），提出了一种独立于单个数据集的统计量 Q-value，寻找多种来源数据集中显著表达差异的基因作为荟萃标志物（meta-signature）。此后，多基因芯片融合方法得到了普遍关注，研究人员提出了多种整合方法来发现通用标志物，并与 Daniel 等的方法进行比较。例如，Xu 等收集和整合了 26 个公开发表的癌症数据集，包括 21 种主要的人类癌症类型的 1 500 个基因芯片数据，应用 TSPG（Top-Scoring Pair of Groups）分类器和重复随机采样策略，识别通用的癌症标志物。这些研究表明，采用一定的统计方法整合多种芯片数据，能够识别出更加稳健的癌症标志物，相比单基因芯片得到的标志物，荟萃标志物能够更好地区分癌症组织和正常组织。

（二）转录组测序

近年来，随着测序成本的不断降低和测序通量的飞跃提升，新一代测序技术凭借其高准确性、高通量、高灵敏度和低成本等优点，逐渐成为从 RNA 水平研究疾病的重要手段。目前，基于新一代测序技术的 RNA 水平研究疾病的方法包括转录组测序、数字基因表达谱测序和小 RNA 测序等。

转录组测序可全面、快速地获得某一物种的特定细胞或组织在某一状态下的几乎所有转录物及基因序列，用于研究基因结构和基因功能、可变剪接和新转录物预测等。相对于传统的芯片杂交平台，转录组测序无须预先针对已知序列设计探针，即可对任意物种的整体转录活动进行检测，提供更精确的数字化信号、更高的检测通量及更广泛的检测范围，是深入研究转录组复杂性的强大工具。目前，转录组测序已经被广泛地应用于探寻疾病的致病机制及疾病治疗等方面。

三、蛋白质水平研究方法

通常，功能蛋白质的表达异常和调节异常是疾病发生的分子标志，这些决定个体生物性状、代谢特征和病理状况的特殊功能蛋白质可以作为潜在的药物靶标。尽管 90% 的已知药物靶标为蛋白质，但由于数据和技术上的原因，蛋白质水平的药物靶标并不如基因和转录水平的研究广泛。近年来，随着更多蛋白质相关数据的产出，在蛋白质水平上进行药物靶标的开发和验证成为研究的热点。

（一）基于蛋白质的理化特性

在蛋白质的理化属性、序列特征和结构特征上，药物靶标分子和非药物靶标分子存在着显著差异。Bakheet 等的工作具有一定的代表性。他们系统地分析了 148 个人类药物靶标蛋白质和 3 573 个非药物靶标蛋白质的特性，寻找两者的区别并预测新的潜在药物靶标。人类药物靶标蛋白质有 8 个主要属性：高疏水性、长度较长、包含信号肽结构域、不含 PEST 结构域、具有超过两个 N-糖基化的氨基酸、不超过一个 O-糖基化的丝氨酸、低等电点，以及定位在膜上。以这些特征作为支持向量机的输入，可以在药物靶标类和非药物靶标类之间达到 96% 的分类准确率，并识别 668 个具有类似药物靶标属性的蛋白质。

基于蛋白质的理化特性进行药物靶标预测，有利于发现药物靶标的一般特征，应用过程直接、简单。但该方法受已知药物靶标的影响较大，在确认药物靶标的有效性时还需引入更多的证据支持。

（二）基于蛋白质相互作用的网络特征

通常，疾病相关基因作为网络的中心蛋白参与多种细胞进程，在信号通路中是信息交换的焦点，因此从网络拓扑属性上有别于其他基因。人类基因组规模的蛋白质相互作用数据的快速积累，为研究疾病相关基因在细胞网络中的拓扑属性提供了条件。每个结点代表一个基因，如果两个基因与同一疾病有关，在它们之间就存在一条边。结点的大小与它们相关的疾病数目成正比。如果一个基因只与一种疾病有关，就标记为相应的颜色，否则标记为灰色。

在蛋白质相互作用网络的基础上，Xu 等提取了结点的 5 个网络特征，包括连接度、1N 指数、2N 指数、与致病基因的平均距离，以及正拓扑相关系数（Positive Topology Coefficient），采用 K 近邻法比较了疾病相关基因和对照基因在网络特征上的区别。研究结果表明，疾病相关基因具有更高的连接度，更倾向与其他致病基因发生相互作用，而且致病基因之间的平均距离明显低于非致病基因。Ostlund 等通过筛选与已知癌基因高度连接的基因，得到了一个由 1 891 个基因组成的集合。通过交叉验证、功能注释分析和癌症组织相对于健康组织的差异表达分析，提供了一个较为可信的癌症相关的候选基因列表。该基因列表的规模是已知癌基因数目的两倍以上，对于生物标志物和药物靶标发现具有一定的提示作用。进一步地，Li 等通过整合多种数据源识别癌基因，包括网络特征、蛋白质的结构域组成和功能注释信息等。同时，蛋白质复合体的拓扑属性和模块性也可用于药物靶标筛选。不同于一般的二元蛋白质相互作用，复合体更接近于细胞内的真实状态。在复合体内部，多肽之间相互连接成为不同的核，其他蛋白质与核发生相互作用形成各种模块。

除直接利用蛋白质相互作用来预测疾病相关基因外，还可以通过研究蛋白质在整个相互作用网络中的位置和拓扑性质来发现疾病相关基因。Sam 等人发展了一种算法，鉴定不同疾病对应的蛋白质相互作用网络，并用来比较不同疾病状态下蛋白质相互作用子网的重叠部分，从而提示了不同疾病在分子层次水平的相关性。最近，Raj 等整合了基因芯片数据、蛋白质相互作用数据及通路信息，建立了一个混合的生物网络模型，鉴定出一系列肿瘤相关基因以及潜在的与肿瘤表型相关的信号子网。这些研究表明，从蛋白质相互作用网络角度研究疾病相关基因，有助于了解致病因子与其他蛋白质的关联关系，以及由于通路的交叠部分异常造成的多种疾病。

（三）蛋白质组学方法

已知的大多数药物靶标都是在生命活动中扮演重要角色的蛋白质，如酶、受体、激素等。作为最终发挥基因功能的活性大分子，蛋白质的多样性决定了细胞功能的多态性。在众多生物功能调控中，例如疾病的发生和发展过程中，蛋白质发挥着举足轻重的作用。蛋白质组学是研究特定时空条件下的细胞、组织等所含蛋白质表达谱的有效手段，也是寻找癌症分子标记和药物靶标的重要方法。

随着蛋白质组学研究的发展，在疾病领域逐渐形成几个主要的研究方向：如通过疾病和正常样本的比较来寻找差异表达蛋白的差异蛋白质组学；定向地检测分析大规模样本中目标蛋白质表达量的目标蛋白质组学；分析鉴定蛋白质翻译后修饰位点、程度及表达量的修饰蛋白质组学。

1. 差异蛋白质组学

蛋白质的表达水平和结构的改变与疾病或药物作用直接相关。通过蛋白质组学的方法比较疾病状态和正常生理状态下蛋白质表达的差异，就有可能找到有效的药物作用药物靶标，其中应用较多的是二维凝胶电泳和质谱分析技术。在二维凝胶电泳中，蛋白质样品根据其等电点和相对分子质量的不同而分离。在得到的电泳图谱中，疾病状态和正常生理状态的蛋白质染色斑点的分布会出现差异，以此为线索，可以发现新的药物靶标。例如，Hanash 等用二维凝胶电泳分析急性淋巴细胞性白血病时，发现高表达的多肽 Op18 有磷酸化和非磷酸化两种形式。研究证明，抑制 Opl8 的表达和磷酸化，就能有效地抑制肿瘤细胞的增殖。因此，有望以 Opl8 为靶标构建合适的药物，以治疗急性淋巴细胞性白血病。而质谱分析技术具有高通量、敏感性强的特点，能用于鉴定不同样品中具有表达差异的蛋白质，从中筛选可能的疾病相关蛋白质。

进一步地，采用最新的蛋白质组学技术，如稳定核素差异标记、核素代码标记（Isotope-Coded Affinity Tag，ICAT）或核素标记相对和绝对定量（iTRAQ）等，能够较为准确地定量测量蛋白质丰度的变化。通过比较癌症人群与正常人群在对应病理组织/器官内蛋白质的差异，可用于挖掘潜在的药物靶标。例如，Hu 等采用二维液相色谱-串联质谱联用技术，比较肺癌患者与正常人的血清蛋白差异，经过蛋白质鉴定和定量分析，发现了 2 078 个具有显著差异的蛋白质，进而挑选出 Tenascin-XB（TNXB）作为候选的生物标志物用于预测肺癌的早期转移。此外，如果不能直接找到对应的活性小分子，那么也可以通过比较疾病样本和正常样本之间蛋白质的表达差异，鉴别发生异常的生物学通路。如采用总体的蛋白质谱方法（如多维蛋白质鉴定技术，MudPIT）获取充足的信息，发现与特定表型相关的蛋白质和通路。定位到相应的生物学通路之后，再从中确定药物靶标。

2. 目标蛋白质组学

传统无偏好的蛋白质组学由于在动态范围、灵敏度和选择性等方面的限制，不能满足一些需要更高灵敏度和选择性的目标蛋白质研究。而基于多反应监测的目标蛋白质组学技术，可以有针对性地测定那些可能与疾病相关的特定蛋白质或多肽。与传统方法相比，针对目标蛋白质的质谱分析方法的灵敏度获得了量级的提高，尤其适用于体液等复杂样本。目前，标志物发现-验证-临床确证的研究模式已得到研究人员的广泛认可。利用无偏好的蛋白质组技术发现标志物，并利用多反应监测技术进行候选物的验证，可以有效地完成生物标志物的发现和验证过程。

3. 修饰蛋白质组学

早期的蛋白质组学研究主要关注细胞内不同生长时期或在疾病、外界刺激下的蛋白质表达水平变化。然而，许多至关重要的生命进程不仅由蛋白质的相对丰度控制，还受那些时空特异分布的可逆翻译后修饰所调控。通过修饰蛋白质组学的研究，可以阐明翻译后修饰在疾病发生发展中的生理病理机制，揭示蛋白质翻译后修饰在信号通路中的开关机制、调控蛋白质的量变并引起质变的规律，以及修饰在疾病的发展和转移中的变化趋势，筛选和鉴定一批具有诊断和药物靶标意义的疾病相关翻译后修饰蛋白质或翻译后修饰调控蛋白质。

由于蛋白质修饰的复杂性和动态性，并且翻译后修饰蛋白质在样本中的丰度低且动态范围广，其研究难度较大，目前研究较多的修饰只有磷酸化、糖基化、泛素化等。尽管修饰蛋白质组学技术条件还不完备，但是可以预见，随着蛋白质组学研究技术的日益成熟和规模化，翻译后修饰蛋白质组学在疾病领域的研究将日益受到重视。

四、代谢组学方法

代谢组学是生物体内小分子代谢物的总和，所有对生物体的影响均可反映在代谢组水平。代谢组放大了蛋白质组的变化，更接近于组织的表型。代谢途径的异常变化反映了生命活动的异常，因此定量描述生物体内代谢物动态的多参数变化，即可揭示疾病的发病机制。通常，代谢组学的实验技术包括磁共振、质谱、色谱等，其中磁共振技术是最主要的分析工具，其次是液相色谱-质谱联用（LC/MS）和气相色谱-质谱联用（GC/MS）。通过气相色谱-质谱联用技术解析出代谢物的质谱图，将其与现有数据库进行比较，可以鉴定该代谢化合物。然而，由于缺少标准的代谢物数据库，该方法的鉴定结果有限。采用生物信息学方法对代谢组数据进行分析和处理，比较正常组和模型组的区别，有助于药物靶标发现及药效评估。如 Pohjanen 等提出了称为统计多变量代谢谱（staistical multivariate metabolite profiling）的策略，在代谢气相色谱-质谱联用数据的基础上辅助药物靶标模式发现和机制解释。

同时，代谢组学对于生物标志物发现、药物作用模式和药物毒性研究具有重要的作用。在酶网络的基础上，Sridhar 等发展了一种分支定界（branch and bound）方法，命名为 OPMET，用于寻找优化的酶组合（即药物靶标），以抑制给定的目标化合物并减少不良反应。类似地，通过提取代谢系统的特征，Li 等采用整数线性规划模型在整个代谢网络范围内寻找能够阻止目标化合物合成的酶集合，并尽可能地消除对非目标化合物的影响。

五、整合多组学数据的系统生物学方法

系统生物学将基因组、转录组、蛋白质组和代谢组等不同组学的数据进行整合，研究在基因、mRNA、蛋白质、生物小分子水平上系统的生物学功能和作用机制，对于疾病的发生和发展提供了更好的理解，同时有助于识别药物的作用和毒性，模拟药物作用的过程，发现特异的药物作用靶标。

（一）药物作用通路建模与仿真

药物作用是一个复杂的动态过程，如果找不到合适的方法，就很难确认

药物的有效性。例如，在药物开发过程中常用的手段之一是基因敲除实验，其作用方式与在特定酶上的竞争抑制过程完全不同。在基因敲除过程中，给定的通路可能被完全关闭，也可能由于系统的自身补偿作用而只影响部分通路。在此基础上设计的靶向药物可能存在效率较低的问题。因此，为了使药物开发过程更贴近真实情况，有必要将定量的建模方法引入药物研究领域，精确地模拟药物与靶标相互作用进而发挥药效的过程，发现更有效的药物作用靶标。

随着实验技术的发展、数据的累积和文本挖掘的开展，生物通路的建模方法得到了快速的发展和应用。其中，最常用的建模方法是确定性生化反应描述，已成功地应用于药物代谢动力学和药剂反应建模。确定性反应的缺点在于缺乏可伸缩性。通常，基因组和蛋白质组学方法要处理数十甚至数百个分子之间的信号网络，反应参数的范围可能包含多个跨度，超出确定性方法的处理能力。出现的新方法，如结合反应（combinatorial reaction generation）和线性规划（linear programming）可以满足这种需求，批量地处理大规模的复杂化学反应网络。进一步地，随机方法能够从根本上克服确定性方法的限制。它们是高度可伸缩的，同时易于进行模拟。然而，面对复杂的非线性动态问题，随机方法也有很大的难度，有待进一步探索。

近年来，用于描述反应动力学网络的数学模型被证明可以有效地预测生物体对于环境刺激和外界扰动的响应，识别可能的药物靶标。一种系统的药物设计方法是：在网络中模拟单个反应的抑制过程，定量测量在指定观察量上的作用效果。在代谢网络中，观察量一般是稳态值；在信号级联模型中，观察量包括浓度、特征时间、信号持续时间和信号幅值等。Schulz 等在系统生物学建模语言的基础上开发了 Tlde 工具，采用普通微分方程对系统进行模拟，研究在网络中不同位置进行激活和抑制处理时系统的响应。通过模拟不同的抑制目标、类型和抑制剂浓度，确定一个或多个优化的药物靶标，在尽可能少的抑制剂数目下，以较低的浓度使指定的观察量达到期望值。此类药物作用模型的建立和模拟有助于理解药物的作用机制，预测药效发挥过程中可能存在的问题，进而为实验设计提供辅助作用。

（二）多组学数据的综合应用

系统生物学的优势在于整合，即综合利用基因组学、转录组学、蛋白质组学和代谢组学研究药物对系统的影响，提示可能的作用药物靶标。例如，

Chu 等根据大规模实验及相关数据库建立了整合的蛋白质相互作用数据集，采用非线性随机模型、最大似然参数估计和 Akaike 信息准则（Akaike information criteria，AIC）方法，通过基因芯片数据估计疾病状态和正常状态下的蛋白质相互作用网络差异，识别受到扰动的中心蛋白，发现候选的药物靶标。除了将转录组和蛋白质组数据结合，基因组与转录组、基因组与蛋白质组甚至更多组学数据的整合研究也在进行中。

近年来，包括第二代测序技术和蛋白质谱技术等在内的新一代高通量技术越来越多地应用于解决生物学问题，尤其是人类疾病的研究。新一代的高通量分析技术使人们能够以更低的成本，更全面、更深入地对疾病进行研究，打破了以往通量对疾病研究的限制，使得从基因组水平、转录组水平、蛋白质组水平等角度对疾病展开全方位研究成为可能。从组学的层面出发，克服了以假说为导向的研究模式的缺陷，能无偏好地反映各水平的变化全貌。通过基因组水平的研究，能够发现包括单核苷酸多态性、插入与缺失、基因组结构变异及副本数变化等在内的疾病特异性突变，以及包括 DNA 甲基化在内的表观遗传学层面的调控机制。转录组水平的测序有助于了解基因在转录水平的表达差异和调控机制。通过对蛋白质组的研究，可以明确基因最终产物的表达差异和修饰情况。另外，围绕中心法则，对基因组、转录组、蛋白质组分别展开多角度、全方位的整合和贯穿研究，有望加深人们对于疾病的理解。

（三）网络基础上的药物靶标发现

整合研究的关键是以生物网络为中心，加深对整个系统的理解。疾病是一个非常复杂的生理和病理过程，涉及多基因、多通路、多途径的分子相互作用，这种网络化的特点对于药物靶标筛选至关重要。系统生物学为药物开发过程提供了全新的视野，将蛋白质靶标置于其内在的生理环境中，在提供网络化的整体性视角的同时不会丧失关键的分子作用细节。

1. 以信号转导通路为药物靶标

信号转导对于生物系统具有非常重要的作用，它的失误可能导致疾病的发生。例如，在急性酒精刺激时，大鼠小脑中的环磷酸腺苷（cAMP）含量和蛋白激酶 A 的活性比在正常情况时增加了 80%，说明在急性酒精摄入时，腺苷环化酶信号转导通路被激活，从而导致酒精中毒的发生。又如，心肌局部缺血是由于环磷酸鸟苷（cGMP）介导的跨膜信号转导通路发生了异常。

基于对肿瘤的细胞生物学和分子生物学的研究发现，许多癌基因的产物是信号通路中的转录因子，它们对细胞的增殖、分化、死亡和转化具有重要的调节作用。鉴于信号转导通路在细胞增殖和分化过程中的重要甚至决定性的作用，有可能以信号转导通路中起调节介导作用的信号分子为药物靶标进行有针对性的药物设计。

2. 考虑药物靶标在网络中的位置

为了保证系统的稳定性，生物网络通常具有一定的冗余性和多样性，采用反馈回路等方式来实现故障安全（fail-safe）机制。因此，挑选候选药物靶标时应考虑其在网络中的位置，优先挑选那些处于枢纽位置的有效药物靶标，避免反馈回路对药效进行补偿。当前的新药主要针对"酶靶"和细胞膜上的"受体靶"，其中受体占45%，酶占28%。可以设想，如果以信号转导通路中靠后位置的分子（如转录因子）作为药物靶标，就有可能降低药物的毒副作用。

3. 组合药物靶标

通常人们谈到药物靶标都是指单一分子。但是，鉴于生命是一个复杂的过程和体系，疾病是由多个彼此之间存在着相互作用和动态变化的分子引起的，因此有必要寻找发现组合药物靶标（combination of drug target）。实际上，药物通常需要作用于一系列疾病相关的靶分子组合才能发挥最佳治疗效果。如果一种疾病与多个基因有关，每一种基因又涉及3~10种蛋白质，那么这些蛋白质都可以作为候选的药物靶标。

同时，疾病相关网络的内部高聚集性表明，基于网络的诊疗方法应以整个通路而不是以单个蛋白质作为药物靶标。其最终目标不仅是识别一组能够共同发挥作用的药物，而且要发现一组药物靶标或模块的组合，它们能够在不同的治疗位置发挥作用并最后集中到一个特定的通路位点。尽管基于通路知识进行多药物靶标联合治疗是一件非常艰巨的任务，但是乳腺癌转移方面的实验已经证明了这一指导思想的可行性。

第四节　潜在药物靶标的生物信息学验证分析

过去，制药公司通常在某一时间内仅能对有限数目（约20个）的药物靶标基因进行筛选和验证。而人类基因组测序工作的完成为药物的研究提供了大量的潜在药物靶标，这些潜在的药物靶标一方面为药物研究创造了前所未有的机遇，另一方面也带来了严峻的挑战，使药物开发工作的瓶颈由原来可用药物靶标数目太少转变为由于药物靶标数目太多而引起的新问题——如何选择最有可能获得成功的药物靶标，即从药物靶标的识别转向药物靶标的证实。鉴于药物开发的难度大、周期长，在前期对候选药物靶标进行充分筛选和验证就显得非常重要。在药物研究的早期阶段，生物信息学可在以下三个方面为药物靶标的选择提供依据：药物靶标的特征，如蛋白质家族的分类及亚分类；药物靶标的理解，如它们在较大的生化或细胞环境中的行为；药物靶标的发展，如对摄取与重摄取的预测、解毒、病人的分类及基因多态性的影响。

　　进一步地，在对候选药物靶标进行功能分析、预测其可药性并降低药物不良反应等方面，生物信息学方法也有重要的应用。

一、蛋白质的可药性

　　人类基因组计划研究如火如荼的阶段，药物学家和分子生物学家找到了共同的关注点：从人类基因组中寻找疾病相关基因和药物靶标。为实现这一目标，大量基因特别是疾病相关基因被申请专利，有的还被高价出售给制药公司等，如肥胖基因和端粒酶基因等。但并不是所有的疾病相关基因都能成为药物靶标，如肥胖基因目前就被认为很难成为药物靶标。只有那些既能与药物发生相互作用又能引起药物效应的基因才能成为药物靶标。理想的药物靶标不仅要在疾病的发生和发展中扮演关键的角色，而且要具备可药性，否则只能作为疾病标志物。

　　根据基因组信息和蛋白质结构特征，人们开发了一系列生物信息学方法，以预测潜在药物靶标的可药性。评估蛋白质可药性的第一步是识别蛋白质表面的所有可能的结合位点，进而寻找真实的配体可结合位点。其计算方法主要分为两类：基于几何的方法和基于能量的方法。基于几何的方法利用了这样一个事实：天然的配体结合位点在蛋白质表面倾向于内部凹陷，包括 SUR-FNET、LIGSITE、SPROPOS、CAST、PASS 和 Flood-fll 方法。而基于能量的方法将多种物理指标综合到结合位点识别过程中，试图计算其结合能，包括 GRID、vdW-FFT 和 DrugSite 方法。在排序过程中，这些方法都能够给予真实的配体结合位点以较高的评分，证实了其有效性。第二步是评估结合位点能否高亲和性、特异地与小分子药物结合。定量评估给定位点可药性的计算工具较少，评估蛋白质可药性的最直接的方法是根据生物化学谱实际测量小分子击中目标的数目和类型。

计算机模拟也是评价蛋白质可药性的一个重要手段。例如，根据候选药物靶标的结构、功能及其涉及的生化过程，结合与其相关的配体结合、蛋白质-蛋白质相互作用及酶动力学等实验数据，有可能建立计算机模型来模拟它们在正常状态与病理状态下的作用过程，帮助确定治疗干预的最佳位点。同时，还可以利用不同的基因表达技术，探索正常与病理状态下基因表达方式的差异，通过计算机模拟，考察在不同位点上进行治疗干预的效果。

此外，由于大部分蛋白质通过与其他蛋白质相互作用来发挥生物学功能，蛋白质相互作用在组织的各种细胞过程中发挥了基础和关键作用，被认为是一种既富于挑战性又充满吸引力的小分子药物作用的新型药物靶标。类似于单个蛋白质的可药性，人们提出了多种方法预测蛋白质相互作用的可药性。2007 年，Sugaya 等从三个方面评估蛋白质相互作用的可药性：蛋白质相互作用中包含的结构域对、蛋白质与小分子药物的结合位点、基因本体功能注释的相似性评分。最近，Sugaya 等使用结构、生物化学，以及功能相关的 69 个特征作为支持向量机的输入，判断了 1 295 对已知结构的蛋白质相互作用的可药性，在标准的相互作用数据集中得到了 81% 的预测准确率，其中区分度最大的特征是相互作用蛋白质的数目和通路数目。

二、药物的副作用

多组学数据的大量累积为药物研究提供了发展机遇，研究人员开发了多种方法用于发现潜在的药物靶标，但是最终找到合适的药物作用药物靶标并成功地进行临床应用并非易事。一般选择药物作用药物靶标要考虑两个方面的因素：首先，是药物靶标的有效性，即药物靶标与疾病确实相关，通过调节药物靶标的生理活性能够有效地改善疾病症状。其次，是药物靶标的不良反应，如果对药物靶标的生理活性的调节不可避免地产生严重的不良反应，那么将其作为药物作用药物靶标也是不合适的。

药物靶标和药物代谢酶多态性是造成药物疗效差异和毒副作用的主要原因之一。药物反应个体差异与个体的基因多态性，特别是单核苷酸多态性密切相关。在已知单核苷酸多态性能够影响氨基酸结构和蛋白质功能的情况下，通过组合化学得到的药物靶标能否代表大多数人的药物靶标，就显得非常重要。而生物信息学方法可以帮助阐释单核苷酸多态性与疾病治疗之间的关系，评估药物疗效和毒副作用。以寻找抗菌素为例，通过基因组生物信息学分析，筛选细菌中高度保守但在人类中缺少同源性的基因，就可以确定一系列对细胞有用并且有选择性的潜在药物靶标。又如，当一个新基因被发现时，通过与已知的可作为药物靶标的基因进行结构上的同源性比较，即可快速确定该基因能否成为新的药物靶标，以避免盲目、费时费力的实验。进一步地，事先确定药物靶标的基因多态性，就可以估计药物适用的人群，进行个性化的医疗，增加疗效并降低毒副作用。以乳腺癌为模型，Wiechec 等报道单核苷酸多态性基因型会影响 DNA 修复基因的转录活性和药物代谢过程，从而影响临床的治疗毒性和效果。

同样，在生物网络基础上综合评估药物作用的多种影响也有助于寻找增加药物疗效、降低不良反应的有效方法。如在蛋白质–药物相互作用网络的基础上，Xie 等提出了一种计算策略，用于识别基因组规模的蛋白质–受体结合谱，进而阐释 CETP 抑制剂的药物作用机制。通过将药物靶标与生物学通路相关联，揭示了 CETP 抑制剂的不良反应受多个交联通路的联合控制，并给出了降低此类药物不良反应的可能方法。

第五节　以药物靶标为基础的药物设计分析

一、先导化合物的筛选和优化

药物作用的基础是先导化合物与药物靶标分子的结合，进而阻断药物靶标分子的功能或改变其功能状态，因此寻找先导化合物对于新药物研发具有关键作用。先导化合物需要从众多潜在的化合物中严格筛选，以确定它们是否适合于先导药物优化。传统筛选方法得到的先导化合物往往存在着各种缺陷，如活性不够高、化学结构不稳定、毒性较大、选择性不好、药代动力学性质不合理等，而且筛选过程费时费力。生物信息学的发展为药物设计提供了新的有效方式。基于生物信息学方法进行先导化合物筛选的方法主要有两种：一是数据库比较搜寻法；二是计算机直接生成法。通过以上方法得到的先导化合物经过优化、临床评价即可投入市场，这使现代新药研发的针对性更强、效果更好、周期更短、研发投入更低。

（一）数据库比较搜寻法

此类方法充分利用现有的数据库资源，通过分析比较化合物的结构和活性数据来设计高活性的药物分子。此类方法主要包括药效基团模型法和分子对接法。同时，为了更有效地构建数据库搜寻方法所需的化合物数据库，研究人员还发展了高通量的虚拟筛选技术。

1. 药效基团模型法

该方法的一般过程是：通过分析一组活性分子的药效构象，找出它们共同的特征结构，建立药效基团模型，据此在三维结构数据库（如 PDB）中进行搜寻，找到符合药效基团要求的化合物。该方法中常用的软件有 Catalyst、Unity 和 Apex-3D 专家系统。Catalyst 是常用的简易设计分子结构模型的操作平台，它能提供先进的信息检索、信息分析功能，设计假设化合物及相关模型，解释构效关系，并进行化合物之间结构、功能的对比，设计特定药效基团，最终筛选出特定结构的化合物。Apex-3D 专家系统模拟药学专家通过构效关系分析进行新药设计，即识别某类药物的三维空间结构中共同具有的对药物活性起关键作用的药效基团，然后基于药效基团设计新化合物并对其是否具有相似活性进行预测。

2. 分子对接法

近年来，随着计算机技术的发展、靶酶晶体结构的快速增长及商用小分子数据库的不断更新，分子对接（docking）在药物设计中取得了巨大成功，已经成为基于结构的药物分子设计中最重要的方法。分子对接的最初思想源自 Fisher 的"锁和钥匙"模型，即一把钥匙开一把锁。后来，研究人员发现，分子识别的过程要比"锁和钥匙"模型更加复杂。1958 年，Koshland 提出了分子识别过程中的诱导契合（induced fit）概念，指出配体与受体相互结合时，受体将采取一个能同底物达到最佳结合的构象。这个模型更接近于分子结合的实际情况，构成了现在分子对接算法的基础。

分子对接方法的两大课题是分子之间的空间识别和能量识别。一方面，药物分子和靶酶分子是柔性的，要求在对接过程中相互适应以达到最佳匹配。另一方面，分子对接不仅要满足空间形状的匹配，还要满足能量的匹配，底物分子与靶酶分子能否结合以及结合的强度如何，最终由形成该复合体过程中结合自由能的变化值决定。空间匹配是分子之间发生相互作用的基础，能量匹配则保证了分子之间能够稳定结合。对于几何匹配的计算，通常采用格点计算、片段生长等方法，能量计算则使用模拟退火、遗传算法等方法。

分子对接法模拟了小分子配体与受体生物大分子的相互作用，通过计算来预测两者之间的结合模式和亲和力，从而进行药物筛选。该方法主要包括如下三个步骤：①建立大量化合物的三维结构数据库。②在数据库中搜寻具有合理的取向和构象并与受体有高亲和力的小分子。③通过结构优化，寻找结合能较低的对接位置，确保配体与受体的形状和相互作用达到最佳匹配。

在各种分子对接软件中，对分子的结合方式均进行了一定的简化，根据简化的程度和方式，可以将分子对接方法分为三类，即刚性对接、半柔性对接和柔性对接：①刚性对接。刚性对接方法在计算过程中，参与对接的分子构象不发生变化，仅改变分子的空间位置与姿态。刚性对接方法的简化程度最高，计算量相对较小，适合于处理大分子之间的对接。②半柔性对接。半柔性对接方法允许对接过程中的小分子构象发生一定程度的变化，但通常会固定大分子的构象，而且小分子构象的调整也可能受到一定程度的限制，如固定某些非关键部位的键长、键角等。半柔性对接方法兼顾计算量与模型的预测能力，是应用比较广泛的对接方法之一。③柔性对接。柔性对接方法在对接过程中允许研究体系的构象发生自由变化，由于变量随着体系的原子数呈几何级数增长，因此柔性对接方法的计算量非常大、消耗计算机时较多，适合精确考察分子之间的识别情况。

最初的分子对接方法是刚性的分子对接法，后来逐渐发展为柔性的分子对接方法。常用的对接软件有 DOCK、Affinity、Surflex、AutoDock、GOLD 和 MVD 等。其中，DOCK 是开发最早并且目前应用最广泛的分子对接软件。第一个 DOCK 程序由美国加州大学旧金山分校的 Kuntz 于 1982 年开发。他将药物靶标分子与三维数据库中的上百万个小分子化合物逐一对接，不断优化小分子官能团的位置和构象，同时计算结合能，找出与药物靶标分子能够最佳结合的化合物。此后，DOCK 程序得到了不断发展，从最初的刚性对接到引入分子力场势能函数，对表面进行平滑处理，允许原子相互穿透，考虑柔性对接，直到最新的 5.0 版本采用 C++语言编程，引入打分法，能更好地计算配体与受体之间的亲和力。另外，据官方数据显示，AutoDock 是在文献中被引用次数最多的软件。而 MVD 是对接精度最好的软件，甚至超过 Glide、Surflex 和 FlexX 等，但其运行速度较慢。

3. 虚拟筛选技术

计算机辅助药物设计的另一种重要策略和方法是虚拟筛选（virtual

screening)。随着分子生物学、结构生物学及计算机科学的发展，人们发展了一种基于特定药物靶标的高通量虚拟筛选技术。针对疾病特定药物靶标分子的三维结构或定量构效关系模型，从虚拟的大规模小分子库（现有的非肽候选小分子配体类化合物已超过 700 万个）中，通过生物信息学的手段评价候选小分子药物的成药性。对于通过虚拟筛选得到的预期药物，再进行实验制备和验证，这样可显著提高新药发现的效率并降低成本。

虚拟筛选的基础是构建虚拟化合物库（virtual library，VL），它并不是一组真正存在的化合物，但如果需要，可用已知的化学反应和已得到的单体基元分子来合成。根据已有的结构-活性知识设计、产生和贮存虚拟化合物库，利用计算机检索来选择合成可行的化合物。选择方法是多种多样的，包括计算分子的物理化学性质，如亲脂性、分子量或偶极矩，或者各种方法的组合。如果已经发现了活性化合物，就可以用相似的方法从虚拟化合物库中寻找具有相似或更好生物活性的其他化合物。如果已知药物作用药物靶标的三维结构，对化合物库的虚拟筛选就是用各化合物与生物靶分子"对接结合"的计算结果来评价它们与靶分子之间的相互作用，对那些结果较好的化合物再进行合成和药理筛选，就有可能找到具有生物活性的化合物。

利用计算机强大的计算能力，计算机虚拟筛选的具体实现方法是采用三维药效基团模型搜寻或分子对接法，在化合物数据库中寻找可能的活性化合物。一旦获得某一特定的蛋白质药物靶标，就可以利用虚拟筛选进行基于药物靶标结构的筛选和基于药效基团的筛选，从而迅速高效地发现及优化先导化合物。虚拟筛选不存在样品的限制，成本较低，因此在先导化合物发现上具有很大的优势。

（二）计算机直接生成法

这种设计方法的理论来源是锁钥学说，根据药物靶标分子的结构特征及性质要求，由计算机自动构建出与受体活性部位能很好契合的新的药物分子，属于全新的药物设计（denovo drugdesign）。该方法主要包括如下三个步骤：①分析药物靶标分子活性部位，确定活性位点的各种势场和关键功能残基的分布；②采用不同的策略把基本构建单元放置在活性位点中，并生成完整的分子；③计算新生成的分子与受体分子的结合能，预测分子的生物活性。

按照药物分子的构建模式，全新药物设计可以分为三种类型：模板定位法、原子生长法和分子碎片法。模板定位法由 Lewis 于 1989 年最早提出，他主要利用点和线构造出与受体活性部位形状互补的图形骨架，并根据活性部位的性质，给骨架上的点和线赋予具体的原子和键的参数，使骨架转化成分子。1991年，Nishibata等提出了原子生长法，他们利用不同种类的原子直接组合生长出分子。同年，Moon等提出了分子碎片法，根据不同生长方式，现已衍生出碎片连接法和碎片生长法：①碎片连接法。该方法根据受体分子活性位点的特征，在关键位点放置与之相匹配的基团，之后用计算机进行三维模拟，把它们连接成一个完整的分子；②碎片生长法。在这种方法中，计算机根据受体分子的三维结构，从受体活性部位的某一点开始延伸，逐渐形成与受体蛋白活性位点相吻合的小分子。在延伸每一个原子或基团的时候，都要考虑配体和受体的结构特点、基团种类、结合能的大小及分子动力学特征，进行比较优化。再进行下一步的延伸，直至完成。

目前，分子碎片法已经成为全新药物设计的主流方法。通过这种方法得到的分子能够与受体的活性部位很好地契合，而且弥补了三维结构搜寻和分子对接法只能得到已知化合物的不足，但往往需要进行化合物合成。

基于以上两种分子碎片法，研究人员开发了一系列用于全新药物设计的软件，如LUDI、Leapfrog、SPROUT和LigBuilder等。其中，LUDI是进行全新合理药物从头设计的有力工具，其特点是以蛋白质三维结构为基础，通过化合物片段自动生长的方法产生候选药物的先导化合物。该软件可以帮助研究人员在实验之前进行模拟筛选，在合成化合物之前将先导化合物按优先级排队打分，还可以帮助研究人员开发潜在配体的数据库，或者根据蛋白质活性位点给候选药物打分，根据打分结果修改现有的配体。

（三）先导化合物的结构优化

药物分子的活性不仅取决于其基本的活性结构，还受到取代基的种类、位置、大小、电负性等因素的影响，有时，取代基能够直接影响药物的作用机制和临床毒副作用。因此，在用上述两种方法初步确定了先导化合物之后，还要利用一些分析方法对此先导药物分子进行进一步的结构优化和设计，以提高其与药物靶标的匹配性。常用的方法有CoMFA、GRIDS和MCSS等。

二、药物毒性预测和风险评估

药物研发与药理学、毒理学研究密切相关。在化合物进入临床开发阶段之前，对先导物的毒性和有效性进行分析，有助于进行先导化合物的优化及项目风险评估。对药物毒性及机制的深入了解，传统方法只能通过大量的临床前和临床试验，甚至付出惨痛的代价才能获得，而基因组学和蛋白质组学在一定程度上改变了这一状况。

基因的多态性通常会影响药物的代谢、活性、作用途径和不良反应等，使药物的作用呈现多态性。确定与药物作用的靶基因，控制药物活性和分布，识别相关基因中的单核苷酸多态性位点，是药物有效性或安全性分析的关键。这些单核苷酸多态性位点可能位于基因转录的调控区，或者位于调节转录后RNA拼接与剪接等相关的内含子区域，也可能位于编码区，因而直接影响编码蛋白的氨基酸序列和功能。因此，分析这些单核苷酸多态性位点与药物有效性差异和毒副作用的关联程度，是识别与药物有效性与安全性相关的生物标记的有效策略。目前，人类单倍型图谱计划已经产生了多个种群的基因组变异数据，利用各种关联分析技术能够发掘影响药物有效性和安全性的单核苷酸多态性。通过相关研究，一方面，可以减少新药开发的风险，降低药物的毒副作用；另一方面，可以建立个性化用药治疗方案，为药物临床试验选择合适的遗传背景人群，降低药物研发成本。

基因表达是大部分机体对异质物反应的枢纽，因此利用转录组学方法研究毒理学机制具有独特的优势。从转录组水平研究毒物作用对基因表达的相互影响，包括以下三个方面：①寻找并研究毒物作用下影响机体健康的基因；②结合传统的毒理学原理，设计转录组水平化学毒物的安全性评估方法；③建立有毒化合物的表达谱数据库，结合统计学和计算机方法，根据药物作用前后体内或体外基因表达模式的变化，预测药物毒性。

蛋白质是机体对异质物反应最直接的表现形式。很多研究机构已开始采用蛋白质组学技术开展毒性预测工作。蛋白质组学还可用于药物作用机制、药物活性生化基础和药物参与生化途径等的研究。相关的实验数据为阐明药物作用机制和新调节因子的作用模式提供了有力的证据，也为新药研发提供了新的思路。目前，这种方法已经用于人肿瘤细胞系、动物细胞及动物模型，阐述了许多药物的作用机制。除了对动物进行研究，通过蛋白质组的技术还可以检测细菌对抗生素或化学物质的反应。

另外，由于很少有疾病或化合物只作用于单一药物靶标，发现和确认的往往是多个蛋白质药物靶标或生物标记。例如，在心脏疾病和糖尿病等复杂疾病的药物开发中，就包含多个器官中同时发生的病理变化。基因组测序和转录组、蛋白质组学检测技术的进步，使采集到有关系统性能的全面数据并获得基本分子的有关信息成为可能。利用系统生物学方法，能够整合疾病过程中所有可获得的信息，在特定生理状态下同时评估某一给定组织中的基因组、蛋白质组及代谢反应参数。对于各种数据开展整合分析，有助于全面认识疾病的致病机理及药物的作用机制。另外，针对某一特定疾病的系统生物学分析，可以模拟系统中候选药物的作用，有助于先导化合物的优化，并能进行毒副作用预测和基于机制的风险评估。

参考文献

[1] 蔡禄. 生物信息学 ［M］. 北京：科学出版社，2017.

[2] 陈铭. 生物信息学 ［M］. 4 版. 北京：科学出版社，2022.

[3] 樊龙江. 生物信息学 ［M］. 杭州：浙江大学出版社，2017.

[4] 方卫飞，姜明. 生物信息学 ［M］. 长春：吉林科学技术出版社，2019.

[5] 李杰，王亚东. 生物信息学数据分析与实践 ［M］. 哈尔滨：哈尔滨工业大学出版社，2021.

[6] 林昊，郭锋彪，王栋. 简明生物信息学 ［M］. 成都：电子科技大学出版社，2014.

[7] 刘伟，张纪阳，谢红卫. 生物信息学 ［M］. 2 版. 北京：电子工业出版社，2018.

[8] 宋晓峰，姜伟，刘晶晶. 生物信息学 ［M］. 北京：科学出版社，2020.

[9] 宋学坤. 生物信息学和医学大数据研究前沿 ［M］. 西安：西安交通大学出版社，2022.

[10] 邓贤，洪钟时，陈明亮，等. LINC00641 在结肠癌中的表达及其对结肠癌细胞生物学行为的影响 ［J］. 肿瘤预防与治疗，2024，37（6）：468-474.

[11] 陈利军，张天明，第伍丹琲，等. 基于生物信息学分析关键 miR-NAs 在肺鳞癌发生发展中的功能及意义 ［J］. 河北医药，2023，45(16)：2422-2426.

[12] 董金凤，郑华川. 应用生物信息学筛选胃癌诊断和预后的生物标志物 ［J］. 医学理论与实践，2023，36(20)：3425-3429.

[13] 钭张琪，杨华，张彬娥，等. 基于生物信息学鉴定 ANCA 相关性血管炎与新型冠状病毒感染的关键表达基因及潜在治疗靶点 ［J］. 中国防痨杂志，2024，46(S1)：9-12.

［14］古力加汗·艾尔肯，马焱，马尔克亚·卡马力拜克，等．基于生物信息学分析筛选卵巢癌中具有诊断和预后价值的潜在生物标志物［J］．新疆医学，2023，53（9）：1049-1052，1061.

［15］韩慧莹，刘寨华，曹洪欣．基于氧化应激和生物信息学探讨温阳益心调神法治疗冠心病抑郁症的作用机理［J］．中国中医基础医学杂志，2024，30（6）：1025-1036.

［16］贺敏，马飞，王秀青．基于生信分析探索STARD8表达对肺癌A549细胞生物学功能的影响［J］．宁夏医科大学学报，2024，46（6）：577-585.

［17］李凯，毛文卉，刘雅琴，等．面向医学教育的生物信息学仿真分析研究［J］．医学与社会，2024，37（6）：94-101.

［18］马云飞，史学，黄静，等．基于免疫相关基因构建神经母细胞瘤预后模型及潜在干预药物预测［J］．中草药，2024，55（13）：4478-4489.

［19］任佳怡，陈赞豪，李杨，等．基于外泌体exoRBase2.0数据库构建肝细胞癌相关的ceRNA网络并进行相关分析［J］．右江民族医学院学报，2024，46（3）：328-335.

［20］宋添力，王一民，刘绪，等．运用生物信息学探讨正肝方治疗肝癌的作用机制及实验验证研究［J］．中国药理学通报，2024，40（7）：1383-1391.

［21］王若琳．生物信息学：探索大数据蕴含的生命奥秘［J］．考试与招生，2024（Z1）：116-117.

［22］王思萌，王文涛，王延霞，等．结核分枝杆菌潜伏抗原Rv2628的生物信息学分析［J］．中国病原生物学杂志，2024，19（6）：685-689，694.

［23］王英琪，赵红杰．大豆Shaker家族全基因组鉴定［J］．呼伦贝尔学院学报，2023，31（5）：103-109.

［24］吴苏峻，王宇，王艳丽，等．大豆GPAT基因家族鉴定及生物信息学分析［J］．大豆科技，2024（3）：7-15.

［25］谢铱子，詹少锋，黄慧婷，等．生物信息学联合机器学习鉴定重症登革热的预警标志物［J］．中国医科大学学报，2024，53（7）：583-590.

［26］ 原亮，韩晓玺，巩颖超，等．鸡肠炎沙门菌毒力蛋白 SipD 生物信息学分析及原核表达［J］．中国畜牧兽医，2024，51(7)：2998-3007.

［27］ 张彦收，韩磊，刘学良，等．基于生物信息学分析乳腺癌中 UFC1 表达及临床意义［J］．中国老年学杂志，2024，44(13)：3093-3097.

［28］ 张寅良，房伟，张学成．生物信息学课程思政的教学探索与元素挖掘［J］．佳木斯大学社会科学学报，2024，42(3)：171-174.

［29］ 朱鑫琳，陈佳昕，任利．基于生物信息学方法和动物实验方法获取多房棘球蚴病组蛋白 H3K4ME1 的生物学功能和信号通路信息［J］．中国高原医学与生物学杂志，2024，45(2)：124-130.

［30］ 邹宪，宋涛．影响口腔鳞状细胞癌预后潜在靶点的生物信息学分析［J］．口腔颌面外科杂志，2024，34(3)：193-201.